21世纪高等学校计算机应用技术规划教材

U0128826

# 计算机系统维护工程

## （第 2 版）

史秀璋 郭 晨 史京生 主编

清华大学出版社

北 京

## 内 容 简 介

本书由浅入深,比较全面地介绍了计算机硬件的维修和软件的安装与调试的相关知识,内容包括计算机的各个部件,如 CPU、主板、内存、显示卡、显示器、软驱、硬盘、光驱、鼠标、键盘、机箱、电源、声卡、计算机的外设及网络常用设备等配件的结构、工作原理、型号、选购,以及硬件的组装、CMOS 设置、硬盘的初始化、软件的安装和设置及网络的连接方法,还用大量的实例讲述了计算机常见的软硬件故障处理方法及计算机病毒。

本书打破以往的理论教材附实训教材的形式,采用别具一格的理论和实训紧密结合的实训形式,每章除讲解理论外,还配有相对应的实训内容。

本书适合作为大学本科、高职高专计算机专业的教材、计算机硬件培训教材和计算机维护人员的应用手册及广大计算机用户的参考书。

**图书在版编目(CIP)数据**

计算机系统维护工程/史秀璋,郭晨,史京生主编.--2 版.--北京:清华大学出版社,2011.10
(21 世纪高等学校计算机应用技术规划教材)
ISBN 978-7-302-26069-1

Ⅰ. ①计…　Ⅱ. ①史… ②郭… ③史…　Ⅲ. ①计算机维护　Ⅳ. ①TP307

中国版本图书馆 CIP 数据核字(2011)第 132512 号

责任编辑:魏江江　张为民
责任校对:白　蕾
责任印制:王秀菊

出版发行:清华大学出版社　　　　　　　　　　地　　　址:北京清华大学学研大厦 A 座
　　　　　http://www.tup.com.cn　　　　　　　邮　　　编:100084
　　　　　社　总　机:010-62770175　　　　　邮　　　购:010-62786544
　　　　　投稿与读者服务:010-62795954,jsjjc@tup.tsinghua.edu.cn
　　　　　质　量　反　馈:010-62772015,zhiliang@tup.tsinghua.edu.cn
印　刷　者:北京富博印刷有限公司
装　订　者:北京市密云县京文制本装订厂
经　　销:全国新华书店
开　　本:185×260　印　张:18.5　字　数:462 千字
版　　次:2011 年 10 月第 2 版　　印　　次:2011 年 10 月第 1 次印刷
印　　数:1~3000
定　　价:29.50 元

产品编号:037989-01

# 编审委员会成员

（按地区排序）

| | 孙　莉 | 副教授 |
| 浙江大学 | 吴朝晖 | 教授 |
| | 李善平 | 教授 |
| 扬州大学 | 李　云 | 教授 |
| 南京大学 | 骆　斌 | 教授 |
| | 黄　强 | 副教授 |
| 南京航空航天大学 | 黄志球 | 教授 |
| | 秦小麟 | 教授 |
| 南京理工大学 | 张功萱 | 教授 |
| 南京邮电学院 | 朱秀昌 | 教授 |
| 苏州大学 | 王宜怀 | 教授 |
| | 陈建明 | 副教授 |
| 江苏大学 | 鲍可进 | 教授 |
| 中国矿业大学 | 张　艳 | 教授 |
| 武汉大学 | 何炎祥 | 教授 |
| 华中科技大学 | 刘乐善 | 教授 |
| 中南财经政法大学 | 刘腾红 | 教授 |
| 华中师范大学 | 叶俊民 | 教授 |
| | 郑世珏 | 教授 |
| | 陈　利 | 教授 |
| 江汉大学 | 颜　彬 | 教授 |
| 国防科技大学 | 赵克佳 | 教授 |
| | 邹北骥 | 教授 |
| 中南大学 | 刘卫国 | 教授 |
| 湖南大学 | 林亚平 | 教授 |
| 西安交通大学 | 沈钧毅 | 教授 |
| | 齐　勇 | 教授 |
| 长安大学 | 巨永锋 | 教授 |
| 哈尔滨工业大学 | 郭茂祖 | 教授 |
| 吉林大学 | 徐一平 | 教授 |
| | 毕　强 | 教授 |
| 山东大学 | 孟祥旭 | 教授 |
| | 郝兴伟 | 教授 |
| 中山大学 | 潘小轰 | 教授 |
| 厦门大学 | 冯少荣 | 教授 |
| 仰恩大学 | 张思民 | 教授 |
| 云南大学 | 刘惟一 | 教授 |
| 电子科技大学 | 刘乃琦 | 教授 |
| | 罗　蕾 | 教授 |
| 成都理工大学 | 蔡　淮 | 教授 |
| | 于　春 | 副教授 |
| 西南交通大学 | 曾华燊 | 教授 |

随着我国改革开放的进一步深化,高等教育也得到了快速发展,各地高校紧密结合地方经济建设发展需要,科学运用市场调节机制,加大了使用信息科学等现代科学技术提升、改造传统学科专业的投入力度,通过教育改革合理调整和配置了教育资源,优化了传统学科专业,积极为地方经济建设输送人才,为我国经济社会的快速、健康和可持续发展以及高等教育自身的改革发展做出了巨大贡献。但是,高等教育质量还需要进一步提高以适应经济社会发展的需要,不少高校的专业设置和结构不尽合理,教师队伍整体素质亟待提高,人才培养模式、教学内容和方法需要进一步转变,学生的实践能力和创新精神亟待加强。

教育部一直十分重视高等教育质量工作。2007年1月,教育部下发了《关于实施高等学校本科教学质量与教学改革工程的意见》,计划实施“高等学校本科教学质量与教学改革工程(简称‘质量工程’)”,通过专业结构调整、课程教材建设、实践教学改革、教学团队建设等多项内容,进一步深化高等学校教学改革,提高人才培养的能力和水平,更好地满足经济社会发展对高素质人才的需要。在贯彻和落实教育部“质量工程”的过程中,各地高校发挥师资力量强、办学经验丰富、教学资源充裕等优势,对其特色专业及特色课程(群)加以规划、整理和总结,更新教学内容、改革课程体系,建设了一大批内容新、体系新、方法新、手段新的特色课程。在此基础上,经教育部相关教学指导委员会专家的指导和建议,清华大学出版社在多个领域精选各高校的特色课程,分别规划出版系列教材,以配合“质量工程”的实施,满足各高校教学质量和教学改革的需要。

本系列教材立足于计算机公共课程领域,以公共基础课为主、专业基础课为辅,横向满足高校多层次教学的需要。在规划过程中体现了如下一些基本原则和特点。

(1)面向多层次、多学科专业,强调计算机在各专业中的应用。教材内容坚持基本理论适度,反映各层次对基本理论和原理的需求,同时加强实践和应用环节。

(2)反映教学需要,促进教学发展。教材要适应多样化的教学需要,正确把握教学内容和课程体系的改革方向,在选择教材内容和编写体系时注意体现素质教育、创新能力与实践能力的培养,为学生的知识、能力、素质协调发展创造条件。

(3)实施精品战略,突出重点,保证质量。规划教材把重点放在公共基础课和专业基础课的教材建设上;特别注意选择并安排一部分原来基础比较好的优秀教材或讲义修订再版,逐步形成精品教材;提倡并鼓励编写体现教学质量和教学改革成果的教材。

(4)主张一纲多本,合理配套。基础课和专业基础课教材配套,同一门课程可以有针对不同层次、面向不同专业的多本具有各自内容特点的教材。处理好教材统一性与多样化,基本教材与辅助教材、教学参考书,文字教材与软件教材的关系,实现教材系列资源配套。

（5）依靠专家，择优选用。在制定教材规划时依靠各课程专家在调查研究本课程教材建设现状的基础上提出规划选题。在落实主编人选时，要引入竞争机制，通过申报、评审确定主题。书稿完成后要认真实行审稿程序，确保出书质量。

繁荣教材出版事业，提高教材质量的关键是教师。建立一支高水平教材编写梯队才能保证教材的编写质量和建设力度，希望有志于教材建设的教师能够加入到我们的编写队伍中来。

21世纪高等学校计算机应用技术规划教材

联系人：魏江江 weijj@tup.tsinghua.edu.cn

前 言

　　计算机技术的发展,使计算机硬件产品更新换代日益加快,新产品、新器件不断出现,计算机组装与维护是一门重要的计算机应用课。本书除了介绍计算机软硬件的组成安装和设置及网络设备外,还重点介绍硬件组装技术及微机中常出现的故障的处理办法和维护计算机的注意事项,并配有大量的实训内容,以便于教学。本书讲述基础知识中的共性与特点,希望引导读者学会解决问题的思路和方法。

　　本书的示例机型以奔腾系列机为主,在编写时,本着以下原则:

　　(1)重点内容是硬件的安装、升级、保养、故障的确定,以及软件系统的安装、调试、软故障的确定与处理。一般的计算机用户没必要学会维修元器件,因此本书介绍的故障处理定位在板卡维护。

　　(2)为了配合教学,相关章节后有实训,目的是使学生通过实训将所学的知识加以提高和巩固。

　　(3)侧重应用和实践,由浅入深、比较全面地介绍了计算机硬件的维修和软件的安装与调试的相关知识,在技术上具有一定的前瞻性。

　　本书是在第 1 版的基础上进行修改,新增了一些市场上流行的主要硬件设备的介绍,共分 7 章。第 1 章计算机系统维护概述,介绍了计算机软硬系统的类型、网络系统的分类等,配有 2 个实训;第 2 章计算机的硬件组成,详细介绍了硬件系统上各个部件的功能、性能和目前流行的产品及外设的使用,配有 1 个实训;第 3 章计算机网络硬件应用,介绍了网络中使用的设备以及局域网、广域网的结构和网络传输介质等,配有 2 个实训;第 4 章软件系统应用,重点介绍了 CMOS 参数设置、硬盘的分区和格式化、操作系统的安装及设置、网络互联的内容,配有 6 个实训;第 5 章硬件故障分析,介绍了计算机的软硬件故障及故障处理原则和诊断方法,配有 8 个实训;第 6 章计算机系统的维护,学习一些微机维护的系统软件工具操作系统的注册表的使用,来解决微机出现的问题,配有 3 个实训;第 7 章计算机病毒的防范,重点介绍了计算机病毒及如何防止计算机病毒感染,配有 2 个实训。

　　本书第 1 章由叶春蕾编写,第 2 章由史秀璋、史京生编写,第 3 章由郭晨编写,第 4 章由郭晨、史秀璋编写,第 5 章由郭晨、叶春蕾编写,第 6 章由叶春蕾、史秀章编写,第 7 章由史秀璋编写,各章习题由史秀璋编写,全书由史秀璋、郭晨、史京生统稿。在编写过程中得到许多老师的帮助,特别是王凤岭、吴富琐、张群力、覃枚芳、林洁梅、杜鹏、谭秀杰、魏书慧等老师的大力协助和雷田玉、张江川两位老师的指导,在此一并表示感谢。

　　由于编者水平有限,加上时间仓促,书中有不妥之处在所难免,希望读者批评指正。

作 者

2011 年 7 月

# 目 录

# 第1章 计算机系统维护概述

计算机技术的发展,使微机硬件产品更新换代日益加快,新产品、新器件不断出现造成计算机硬件故障与软件系统故障极其复杂,因此有必要了解计算机系统的组成。本章总体介绍了计算机软硬件系统的组成,计算机系统的性能评价。目前计算机的使用主要是网络环节的应用,因此也介绍了计算机网络技术。

**本章学习要求:**

理论环节:

- 计算机的硬件系统。
- 计算机的软件系统。
- 计算机的性能评价。
- 网络系统。
- 网络基础知识。
- 网络系统的分类。

实践环节:

- 计算机系统组成及外设的认识。
- 计算机网络类型。

## 1.1 计算机系统

计算机的种类可以分为巨型机、大型机、中型机、小型机和微型机等。不同种类的计算机,不仅在体积上有很大的差别,而且在性能、特点、组成结构、运算速度、存储容量等方面也有所区别。其中微型机简称微机,也叫个人计算机、PC 或电脑等。由于它的体积小、操作方便,大大地扩展了计算机的应用领域,目前已成为人们日常生活和工作中必不可少的工具。

完整的计算机系统一般由两大部分组成,即硬件系统和软件系统,两者缺一不可。

### 1.1.1 计算机的硬件系统

所谓硬件系统(简称硬件),就是从外观上可以看得到和摸得着的有形实体(设备)的集合。打个比方来说,一套完整的硬件系统就相当于一个人的身躯,它由若干部分组成,每个部分又相当于人的一个器官,各自发挥着独特的作用,同时它们又构成了一个有机的整体,协调工作。在计算机的各个组成部分中,必须有一个指挥中心,即主机。它是计算机的核心,所有的运算和对其他各组成部分的协调控制等均是由主机来完成的。除主机之外的其他所有组成部分统一称为外部设备,简称外设。外设从功能角度来看,基本上可划分为输入设备、输出设备、外部存储设备和通信设备等。

要保证一套完整的计算机系统能正常工作,除了主机和基本的输入输出外部设备是必不可少的之外,有些外部设备是可有可无的,这要根据不同的用户需求自行进行配置。例如,较早的计算机就是由主机、键盘和显示器构成的。随着科学技术的发展和计算机应用领域的进一步扩展,计算机能处理的信息范围也越来越大,于是便出现了多媒体计算机,这也是当前计算机配置的主流,它不但可以综合处理文字、声音、音乐、图画、图形、静态影像、平面和立体动画等信息,而且能使多种信息之间建立联系,并实现交互式操作。于是,各种形形色色的、名目繁多的新产品不断地被研制并推向市场,一些性能差、功能欠缺,使用不便的设备也在不断地被淘汰。很显然,这也符合事物发展的一般规律。

图 1.1　多媒体计算机的硬件组成

下面简要地介绍一下当前社会上最流行的中、高档多媒体计算机的硬件系统的组成情况,如图 1.1 所示,具体内容在后面各章节中有详细阐述。

### 1. 主机的组成

主机是计算机的运算和指挥控制中心,从外观上看,主要由机箱、电源、主板、CPU、内部存储器(简称内存)以及各种电源线和信号线组成,这些部件都封装在主机箱内部。

从结构上看,主机箱内部还安装有硬盘、软盘驱动器、光盘驱动器等外部存储设备以及显示卡、声卡,还可安装网卡、FAX 卡、内置调制解调器(Modem)、股票接收卡等数据通信设备和外部输出设备卡件等。

主机的各组成部件如下:

1) 主机箱

主机箱一般由特殊的金属材料和塑料面板制成,通常分为立式和卧式两种,颜色、形状各异,有防尘、防静电、抗干扰等作用。

主机箱正前面板上有软盘驱动器的软磁盘片插入口,从中可以插入/取出软磁盘片以及光盘驱动器的光盘托盘伸缩口,从此处可以放入和取出光盘片;还有表示主机工作状态的指示灯和控制开关,分别用于开、关主机和显示其工作状态。例如,电源开关、Reset 复位开关,电源指示灯、硬盘工作状态指示灯等,如图 1.2 所示。

主机箱的后面板上一般有一些插座、接口,它们分别用于主机和外部设备的连接。主要有电源插口、散热风扇排风口、键盘接口、用来连接视频设备的视频接口、用于连接打印机的并行端口、用于连接鼠标或调制解调器等设备的串行端口以及其他多媒体功能卡件的接口等,如图 1.3 所示。

图 1.2　主机箱外观(前面)　　　　图 1.3　主机箱外观(背面)

主机箱内部一般安装有电源盒、主机板(包含 CPU 和内存)、硬盘驱动器(简称硬盘)、软盘驱动器(简称软驱)、光盘驱动器(简称光驱或 CD-ROM)、显示卡、多媒体功能卡件(比如网卡、传真卡、声霸卡和视频卡等)和数据通信线,如图 1.4 所示。

2) 主机板

主机板也叫主板或母板,是一块多层印制电路板,一般由 CPU、芯片组(Chipsets)、内部存储器(Memory)、高速缓存器(Cache)、总线扩展槽(I/O槽)、接口电路和各种开关跳线等组成。

3) CPU

CPU 也叫微处理器,是一块高度集成化的芯片,由运算器和控制器组成,是整个计算机运算和控制的

图 1.4　主机箱内部组成结构

核心部件,一台计算机的名称就是根据其 CPU 的型号来命名的。目前,主流多媒体计算机多采用 80486 以上 Pentium 级 CPU。迄今为止,CPU 一直以 Intel 公司的产品为主流,主要型号有 8088、8086、80286、80386、80486、Pentium、Pentium Pro、Pentium Ⅱ、Pentium Ⅲ、Pentium 4、Intel 酷睿 2 双核、酷睿 2 四核,与其兼容产品还有 AMD 公司的 K5、K6、K6-2、K6-3、K7、K8 以及 IBM/Cyrix 公司的 M1、M2 和 Athlon 64 X2 6400+。当然,目前也有许多产品已停止生产和使用,并逐步被淘汰。

4) 内部存储器

内部存储器简称内存,是计算机的数据存储中心,主要用来存储程序及等待处理的数据,可与 CPU 直接交换数据。它由半导体大规模集成电路芯片组成,其特点是存储速度快,但容量有限,不能长期保存所有数据。它的容量大小会直接影响到整机系统的速度和效率。

5) 电源

电源一般单独包装在一个电源盒里,在组装计算机时再将其固定在主机箱内,它的用途是将市电(220V 的交流电)变换为低压直流电,供主机箱内各部件和键盘使用。型号分为 AT、ATX、ATX12V、WTX 及 BTX。其中 ATX12V-1.3 标准版是现在流行的。从功率上可分为 200W、250W、300W 和 350W,它是指额定功率。在实际工作中,一款 200W 的电源峰值可达 250W+。这种电源能够有效地抑制、消除工业电源带来的各种干扰,有较好的稳压功能,能在供电电压波动范围较大的情况下正常工作,而且具有良好的过热、过流、过压等自动保护功能。

**2．外部设备**

计算机外部设备种类繁多,根据其功能特点,可以分为以下 4 类。

1)输入设备

输入设备是指负责将用户程序和数据信号(如数字信号、光学信号、语音信号以及图形、图像信号等)输入到主机的外围设备。目前常用的输入设备有键盘、鼠标、光笔、触摸屏、游戏操纵杆、数字化仪、光学扫描仪、数码照相机、麦克风和摄像机等。

2)输出设备

输出设备是指负责将主机计算和处理后的结果,以用户可以识别的形式(如数字、字符、语音、图形、图像和动画等)记录、显示或打印出来的设备。目前常用的输出设备有显示器、打印机、投影机、绘图仪和音响等。

3)外部存储设备

外部存储设备具有存储容量大、保存信息时间长的特点。根据其记录信息的原理不同,支持这些存储器的硬件设备分别有软驱(目前大多数计算机不配备)、硬盘和光驱等。但是,从计算机硬件组成结构来看,它们都安装在主机箱内部,由主机电源统一提供直流低电压,并通过扁平数据电缆线与主板相连,从而实现信息之间的传输。

4)数据通信设备

数据通信设备可用于计算机之间的通信和连网,以实现软硬件资源的共享。目前,常用的数据通信设备有网卡、传真卡、调制解调器(俗称"猫")和股票接收机等。

综上所述,对计算机硬件结构再做简单归纳,如图 1.5 所示。

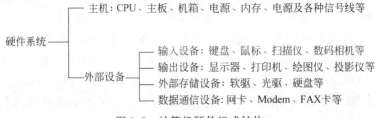

图 1.5　计算机硬件组成结构

## 1.1.2　计算机的软件系统

所谓软件系统(简称软件),是指程序设计、开发人员为了使用、维护、管理计算机所编制的所有程序和支持文档的总称,包括程序、数据及其文档。软件通常分为两大类,即系统软件和应用软件。计算机软件的主要内容如图 1.6 所示。

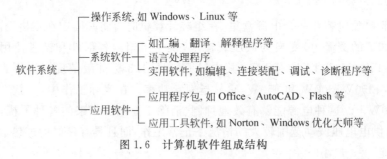

图 1.6　计算机软件组成结构

**1. 系统软件**

系统软件是计算机系统的重要组成部分，是用户与硬件之间联系的桥梁。它是启动、运行、维护、管理计算机应用软件和硬件资源的重要工具，如操作系统和各种语言软件、网络通信、多媒体压缩/解压缩及制作软件等。合理地进行系统配置，可以提高计算机的使用效率。

**2. 应用软件**

应用软件是指专门为不同应用领域的用户的特定目的而开发的程序集合，如办公自动化软件（Office 套餐）、管理信息系统（MIS）、辅助教学/设计/生产软件（CAI/CAD/CAM）、游戏软件等。

软件和硬件是一个统一的整体，无主次之分和轻重之别。同样，系统软件和应用软件两者之间是相辅相成的。没有系统软件，整个系统就无法正常启动、运行；没有应用软件，则系统软件也就失去了它应有的意义。

下面是用户和计算机构成的一个完整的计算机系统结构图，如图 1.7 所示。

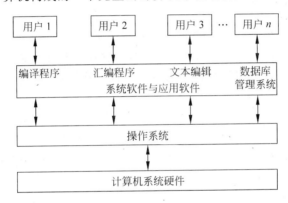

图 1.7　人-机系统结构

通过对计算机系统组成知识的介绍，大家应该明确：计算机的组装技术，既包括硬件系统的组装，又包括软件系统的安装；计算机故障的出现，既可能发生在硬件系统上，也可能发生在软件系统上。计算机故障在很大程度上是软件系统的问题，而且系统软件的可能性更大一些，维护起来也较困难。所以，读者要想真正学会计算机的组装升级、维护维修技术，不但要掌握计算机硬件各组成部分的性能、特点、工作原理，而且要懂得软件的安装、优化升级，尤其要熟练掌握常用诊断、测试、维护工具软件的使用，如 PC Tools、Norton、Ghost、3dmark、pcmark 和 Windows 优化大师等。本书正是围绕这样一条主线来逐步展开阐述和探讨的，希望读者能够深刻理解和把握。

需要再一次提醒大家，软件和硬件是一个统一的整体，无主次之分、轻重之别。同样，系统软件和应用软件两者之间是相辅相成的，没有系统软件，整个系统就无法正常启动、运行；没有应用软件，则系统软件也就失去了它应有的意义。

## 1.1.3　计算机的性能评价

无论在日常生活中，还是在实际工作中，经常会有人问到这样的问题："如何评价一台计算机的性能好坏和效率高低呢?"实际上,评价计算机的性能是一个非常复杂的问题。因为它是由多个组成部分构成的一个复杂系统,它的性能是由多种因素共同决定的,一般应考虑以下几个方面。

### 1. 主频

主频是指 CPU 的时钟频率,它在很大程度上直接决定了计算机的运算速度,是影响整机性能的主要因素之一。它的单位是兆赫兹(MHz),正常 CPU 主频有低端 1GHz 以下和普通 1～4GHz。服务器 CPU 有 4～6GHz 等。主频越高,运算速度越快。

### 2. 基本字长

"字"是计算机处理的基本信息单位。基本字长决定了参与运算的数的基本位数,指通常情况下表示"字"的 1、0 代码的位数。同时它还决定了加法器、数据总线、寄存器的位数(宽度),因而标志着运算精度。基本字长越长,运算精度越高。

### 3. 存储器容量大小

存储器包括内部存储器和外部存储器。它的基本单位为字节(Byte),有 B、KB、MB、GB 等单位。一般来说,内、外存储器容量越大,其能存储的程序和数据量越大,计算机的处理能力就越强,速度也越快。当然,存储器容量不能太小,因为它要受到 CPU 最小需求量的限制。

### 4. 运算速度

早期计算机运算速度的指标是每秒执行加法指令的次数。由于执行不同运算所需的时间不同,通常用等效速度或平均速度来度量,等效速度由各种指令平均执行的时间以及对应的指令运行的比例来计算。

### 5. 指令系统的功能

指令系统功能的强弱直接决定计算机的整体性能以及使用是否方便。从现阶段的主流体系结构讲,指令集可分为复杂指令集和精简指令集两部分。而从具体运用看,如 Intel 的 MMX(Multi Media Extended)、SSE、SSE2(Streaming-Single Instruction Multiple Data-Extensions2)和 AMD 的 3DNow! 等都是 CPU 的扩展指令集,分别增强了 CPU 的多媒体、图形图像和 Internet 等的处理能力。

### 6. 系统的诊断、容错能力

几乎所有的计算机系统内部本身都配有用于诊断常见故障的诊断程序,并固化在计算机 BIOS ROM 中,当计算机开机自检时,能较准确地分析故障原因并定位故障部位。当然,当不同性能的计算机系统出现局部故障时,故障定位和维持基本工作状态的能力不同,也就直接影响到计算机的使用和效率。

### 7. 系统的兼容性

系统的兼容性一般包括硬件的兼容、数据和文件的兼容、系统程序和应用程序的兼容、硬件和软件的兼容等。对于用户而言，兼容性越好，则越便于硬件和软件的维护和使用；对于机器而言，更有利于机器的普及和推广。

### 8. 系统的可靠性和可维护性

系统的可靠性一般用平均无故障时间来衡量。系统的可维护性是指系统出了故障能否尽快恢复，一般用平均修复时间来衡量。它们都是整机系统测试的重要指标。

### 9. 性能价格比

性能一般是指计算机的综合性能，包括硬件、软件等各方面；价格是指购买整个系统的价格，包括硬件和软件的价格。购买时应该从性能、价格两方面来考虑。性能价格比越高越好。

## 1.2　实训一：计算机系统组成及外设的认识

### 1.2.1　实训目的

（1）了解微型计算机系统的软硬件组成。
（2）识别微型计算机硬件系统各组成部件。
（3）了解购置一台微型计算机的配置参数。

### 1.2.2　实训前的准备

（1）微机硬件、系统软件以及常用工具软件数套。
（2）常用微机外设数套。
（3）指导老师把微机硬件组成的部件、卡件等归类、分组。

对于初次接触微机的人来说，似乎觉得它有点神秘。经常有人这样问："买一台微机要花多少钱？"其实这样的问题很难回答。因为微机不同于其他的家用电器，它的各个部件是可以组合的。因此不同用途、不同档次的微机的配置也不完全一致，可结合用户的使用要求、经济能力自行进行配置。不过，基本的要求是：

（1）要选择主流机型。由于微机属于高科技产品，更新速度非常快，几乎每年都要推出一个新档次，因此一定要选择流行的先进机型，而且尽量不要去购买过时产品。

（2）要选择性能价格比高的机型，各组成部件要匹配，完全兼容部件要选择优质产品。

（3）注重微机的内在质量。目前微机市场五花八门，品种繁多，产品进货渠道复杂，单从外表比较难以辨别其优劣，因此选购时尽量买品牌机，即购买一些国内外名牌产品，这些产品的质量和售后均有保证。

（4）要明确购机目的，根据使用需求与经济能力进行配置。因为微机更新换代快，价格一向趋于下跌，建议不要一步到位，必要时再升级。

下面给出一些目前较流行的多媒体微机的配置资料,如表1.1所示。

表 1.1　多媒体微机的配置资料

| 配 置 项 目 | | 名称、型号 | 备注 |
|---|---|---|---|
| 硬件子系统 | CPU | Intel：奔腾双核、酷睿 2 双核系列 | ★ |
| | | AMD：Athlon、羿龙 Ⅱ 系列 | |
| | 主板 | 技嘉、华硕、微星 系列、双敏 狙击手 | ★ |
| | 内存 | 金士顿、Kingmax、威刚 | ★ |
| | 硬盘 | 希捷、WD 鱼子酱 | ★ |
| | 显示卡 | 迪兰恒进火钻、盈通、Acer V233H | ★ |
| | 机箱、电源 | 大水牛、航嘉多核、长城 | ★ |
| | 显示器 | 三星、飞利浦 | ★ |
| | 键盘 | DELL、魔剑高手 | ★ |
| | CD-ROM | 先锋、三星、微星、银狮、英拓 | |
| | 鼠标 | 罗技、多彩 | ★ |
| | 声卡 | 创新 Sound Blaster Audigy 4 Value | ★ |
| | 网卡 | 先锋 DVR-117CH 等系列 | |
| | 打印机 | Canon、Epson、HP、松下 | |
| | 扫描仪 | Canon、紫光、HP、MICROTEK、UMAX 系列 | |
| | 数码相机 | 佳能、富士、Sony、柯达等数码系列 | |
| | 其他 | DVD、投影仪、绘图仪等 | |
| 软件子系统 | 操作系统 | Windows 2000/2003/XP、Linux | ★ |
| | 程序语言 | SQL、VB、C/VC++、Delphi | |
| | 工具软件 | Norton、Windows 优化大师 | |
| | 应用软件 | Office 2003、Photoshop CS、Flash CS、AutoCAD、游戏软件等 | ★ |

注：备注栏中标有"★"符号者,说明在配置微机时是必选项。

## 1.2.3　实训内容及步骤

### 1. 整机的认识

认识一台已组装好的多媒体微机,重点了解它们的配置和连接方式。

### 2. 机箱、电源的认识

(1) 对于机箱,重点认识以下几个方面：

① 机箱的作用、分类。从机箱的材质、便携、易拆卸等特点来进行比较。

② 内部、外部结构。识别机箱内部不同空间大小的含义。

③ 前后面板的结构等。掌握前后面板所能提供的接口和功能。

(2) 对于电源,重点认识以下几个方面：

电源的作用、分类、结构、型号、电源电压输入输出情况等。

### 3. CPU 的识别

CPU 的识别主要内容包括识别 Intel 公司 8086 系列、AMD 系列以及与其兼容的

CPU产品的型号、类型、主频、电压、厂商标志、包装形式等,进而对比了解CPU性能以及各自不同的发展历程。

### 4．主机板、内存的认识

（1）对于主板,对比了解并认识计算机主板的生产厂商、型号、结构、功能组成、接口标准、跳线设置、在机箱中的固定方法及其与其他部件的连接情况等。

（2）对于内存,对比认识计算机系统中RAM、ROM和Cache等不同的功能特点,并进一步加深对内存在计算机系统中的重要性的认识。

### 5．硬盘、软驱、光驱及扁平数据电缆线的认识

（1）软驱:主要包括它的生产厂商、作用、类型、常见型号、外部结构、接口标准（数据及电源接口）以及与主板和电源的连接方式等。

（2）硬盘:主要包括它的生产厂商、作用、分类、常见型号、外部结构、结构标准及其与主板和电源的连接情况等。

（3）光驱:包括光驱的作用、分类、型号、外部结构、接口标准、主要技术参数及其与主板和电源的连接情况等。

（4）数据电缆线:认识软驱、硬盘、光驱等设备与主板相连接的数据线的特点,并加以区别。

**注意**:重点掌握软驱数据线和硬盘数据线的区别,掌握硬盘和光盘的跳线。

### 6．常用插卡件的认识

主要包括对显示卡、网卡、声卡、多功能卡、CPU转换卡、内置调制解调器等卡件的认识。掌握识别的技巧,能够分清各个板卡。

**提示**:可以从各个板卡的插槽区分板卡,也可以从板卡所提供的对外接口来区分和识别板卡的类型。如网卡提供一个网络接口,显卡提供一个显示器接口等。

### 7．常用外部设备的认识

重点包括对显示器、键盘、鼠标、打印机、扫描仪、数码相机、外置调制解调器、音箱等常用外设的作用、分类、型号、主要接口标准及其与主机的连接方法等方面的认识。

### 8．其他

包括组装微机的常用工具、辅助工具的认识等,如螺丝刀、尖嘴钳、镊子、螺丝钉、电烙铁和万用表等。

## 1.2.4　实训注意事项

（1）各小组在实训前要清点实物,做到有序放置。

（2）要按上述步骤有序进行或按实训老师的要求进行操作。

（3）要轻拿轻放，未经指导老师批准，请勿随便拆下任何插卡件。

（4）要做到边实训边记录。

（5）在实验室中没有的配件、卡件、外设等，要做好记录，由老师组织或自己到本地区计算机公司实习并熟悉有关部件。

### 1.2.5　实训报告

实训结束后，按照上述实训内容和步骤的安排，根据所认识或掌握的相关知识写出实训体会。

### 1.2.6　思考题

（1）购置一台微机是花钱越多越好吗？

（2）为什么在组装微机时不能带电插拔卡件？带电插拔卡件容易造成的后果是什么？

（3）什么样的微机最适合家庭使用？

（4）一台微机的最小配置是由哪几部分组成的？

（5）观察你所用的计算机型号及性能指标是什么。

## 1.3　计算机网络系统

随着计算机技术的迅猛发展，人们在使用计算机时不单纯只是单机使用，而是使用计算机的网络功能，尤其是20世纪90年代以来世界的信息化和网络化，使得"计算机就是网络"的概念已经渐渐深入人心。

### 1.3.1　网络基础知识

#### 1. 计算机网络定义

计算机网络是现代通信技术与计算机技术相结合的产物。所谓计算机网络，就是把分布在不同地理区域的具有独立功能的多台计算机系统相互连接在一起，在网络操作软件的支持下进行数据通信，连成一个规模大、功能强的网络系统，从而使众多的用户通过计算机网络可以方便地互相传递信息，共享硬件、软件、数据信息等资源，如图1.8所示。

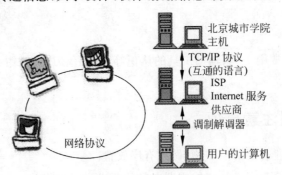

图 1.8　计算机网络

**2．计算机网络的主要功能**

1）资源共享

资源共享是指所有网络用户能够分享计算机系统的硬件资源和软件资源。硬件资源共享表现为全网范围内信息处理设备资源、存储设备资源（如硬盘存储器、读写光盘存储器等）、输入输出设备资源（如激光打印机、绘图仪等）的共享。软件资源共享表现为全网用户的各种类型应用程序和数据库的共享。

2）网络服务

网络服务是在网络软件的支持下为用户提供的网络服务，如文件传输、远程文件访问、电子邮件和电子商务（如电子交易、电子结账、电子报关）等。通过计算机网络，计算机上的数据库和各种信息资源，如图书资料、经济快讯、股票行情、科技动态等可以被上网的用户查询和利用。

3）网络应用

网络应用是采用各种功能的网络应用系统而实现的服务，如气象数据采集系统、民航自动订票系统、银行自动取款系统和证券交易系统等。

## 1.3.2　网络系统的分类

计算机网络可按地理范围、网络结构、传输介质、通信方式、网络应用等进行分类。

**1．按地理范围分类**

通常根据网络范围和计算机之间的距离将计算机网络分为局域网（Local Area Network，LAN）和广域网（Wide Area Network，WAN）。广域网又可以分为城域网（Metropolitan Area Network，MAN）和 Internet 等。它们所具有的特征如表 1.2 所示。

表 1.2　各类计算机网络的特征参数

| 网络分类 | | 缩写 | 分布距离 | 机位 | 传输速率范围 |
|---|---|---|---|---|---|
| 局域网 | | LAN | 10m | 房间 | 4Mbps～2Gbps |
| | | | 100m | 建筑物 | |
| | | | 1km | 校园 | |
| 广域网（WAN） | 城域网 | MAN | 1～10km | 城市 | 50Kbps～100Mbps |
| | 国际互联网 | Internet | 100km 以上 | 国家 | 9.6Kbps～45Mbps |

在表 1.2 中，大致给出了各类网络的传输速率范围。总的规律是距离越长，速率越低。局域网距离最短，传输速率最高。

1）局域网

局域网是指在有限的地理区域内构成的计算机网络，通常以一个单位或一个部门为限。这种网只能容纳有限数量（几台或几十台）的计算机，大约在几百米至几千米，覆盖范围是一个实验室、一栋大楼、一个校园、一个机构或一个企业。局域网传输速率较高，具有高可靠性和低误码率，如图 1.9 所示。

2）广域网

广域网也称为远程网。网络的地理范围是一个地区、省或国家，甚至跨越洲际，大约在

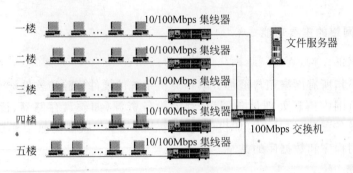

图 1.9　局域网结构

几十千米以上,Internet 就是典型的广域网。它是将成千上万个局域网和广域网互联形成一个规模空前的超级计算机网络,是一种高层技术。目前,世界上发展最快、也最热门的网络就是 Internet。它是世界上最大的、应用最广泛的网络。广域网的数据传输速率相对较慢,信道容量相对较低。广域网通常除了计算机设备以外,还要涉及一些电信通信方式,如图 1.10 所示。

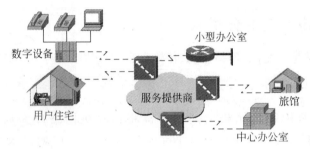

图 1.10　广域网

广域网的通信方式种类如下:

(1) 公用电话网(Public Switched Telephone Network,PSTN)。公用电话网用户端的接入速度是 2.4kbps,通过编码压缩,一般可达 9.6～56kbps,它需要异步调制解调器和电话线。使用调制解调器和电话上网投资少,安装调试容易,常常用做拨号访问方式。通常家庭访问 Internet 多采用此种方式。

(2) 综合服务数字网(Integrated Service Digital Network,ISDN)。ISDN 的用户使用普通电话线加上一个专用设备接 Internet,但需要电信提供 ISDN 业务。它的特点是数字传输、拨通时间短,费用约为普通电话的 4 倍,并与电话共用同一条电话线。ISDN 的入网费、通信费较高,用户还要购买一个接入设备,因此适合于单位接入 Internet 时使用。

(3) DDN(Digital Data Network)专线。DDN 专线的速度为 64Kbps～2.048Mbps,它需要配同步调制解调器。比如,中国教育科研网的主干网就租用了信息产业部的 DDN 专线。

(4) 帧中继(Frame Relay)。帧中继是一种高性能的 WAN 协议,它运行在 OSI 参考模型的物理层和数据链路层。它是一种数据包交换技术,是 X.25 的简化版本。帧中继的速度为 64Kbps～2.048Mbps,它采用一点对多点的连接方式、分组交换,大多数连接都要使用光缆。

**2．按网络结构分类**

计算机网络的结构，其实就是网络信道分布的拓扑结构。在计算机网络中，常常把网络的组成形式称为拓扑结构。常见的拓扑结构有 5 种：总线型、星型、环型、树型和网状。

1）总线型

总线型的拓扑结构是用一条公共线即总线作为传输介质，所有的节点都连接在总线上，如图 1.11 所示。任何一个节点发送信号，沿主干线进行传输，其他节点都能接收。总线型拓扑结构具有结构简单、维护方便、易于安装和扩充等优点。缺点是网络有竞争、易出错和难以检测故障及定位等。局域网中的以太网就是一种总线型拓扑结构的网络。

图 1.11　总线型　　　　　　图 1.12　星型

2）星型

星型拓扑结构是由中心节点连接所有其他节点的计算机网络，如图 1.12 所示。中心节点为主节点，其他节点为从节点。主节点可以与任何从节点通信，而从节点之间必须经主节点转接才能通信。星型结构具有便于管理、结构简单、易于检测故障和定位等优点。缺点是中心节点的负荷较重，容易出现网络的瓶颈，一旦中心节点发生故障，将导致整个网络瘫痪。客户端和主机的联机系统采用的就是星型拓扑结构，属于集中控制式网络。

3）环型

环型拓扑结构是网络上的所有节点都在一个闭合的环路上，网络上的数据按照相同的方向在环路上传输，如图 1.13 所示。由于信号单向传递，适宜使用光纤，可以构成高速网络。环型拓扑结构简单，易于安装，传输延迟固定，网络较好地解决了网络竞争，但是如果网络上的一个节点出现故障，将会影响到整个网络。环型节点的添加和撤销的过程都很复杂，网络扩展和维护都不方便。IBM 令牌环网就是一种环型结构网络。

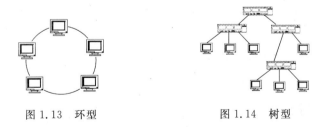

图 1.13　环型　　　　　　图 1.14　树型

4）树型

树型拓扑结构网络又称为分级的集中式网络，是星型结构的扩展。它采用分层结构，具有一个节点和多层分支节点，如图 1.14 所示。顶端是根节点，根下是分支节点，底层是叶节点。数据的传输需经根节点，然后再以广播方式发送至全网。树型拓扑结构的特点是网络成本低，结构简单，网络覆盖面广，易于扩充，易于隔断故障，但各节点对根节点的依赖性太大。适用于分级管理的场合，或者是控制型网络的使用。TCP/IP 网间网、著名的 Internet

采用的就是树型结构。

5) 网状

网状拓扑结构是一种无规定的连接方式,其中的每个节点均可能与任何节点相连,如图 1.15 所示。这种网络结构的主要优点是任何两节点之间都有多条路径,可以绕过有故障路径和忙节点,能动态分配网络流量,有容错能力和很高的可靠性。网络扩充和主机入网比较灵活、简单。缺点是网络机制复杂,构造成本高,建网不易。目前大型广域网都采用这种网络结构,目的在于通过电信部门提供的线路和服务,将若干个不同位置的局域网连接在一起。

以上介绍的网络拓扑结构是基本结构。在实际组网时,网络拓扑结构不是单一类型的,而是几种基本类型混合而成的。如局域网常采用总线型、星型、环型和树型结构,广域网常采用树型和网状的混合网结构,如图 1.16 所示。

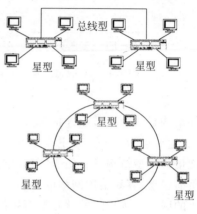

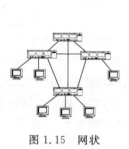

图 1.15　网状　　　　　　　　　　　　图 1.16　混合网

### 3. 其他分类

根据网络通信方式,可以将网络分为点对点通信方式网和广播式结构网。根据网络的传输介质,可以将网络分为有线网和无线网。有线网又根据线路的不同分为同轴电缆网、双绞线网和光纤网;无线网有卫星无线网和使用其他无线通信设备的网络。按网络适用范围和用途分类,可以将网络分为校园网、企业网、内联网和外联网等。

## 1.4　实训二:认识计算机网络类型

### 1.4.1　实训目的

(1) 了解计算机网络的形成,认识"计算机就是网络"的含义。

(2) 初步掌握计算机网络定义、计算机网络功能及计算机网络的分类。

(3) 掌握按地理范围分类网络,即局域网、广域网、都市网和因特网。

(4) 掌握计算机网络的 5 种结构,即总线型、星型、环型、树型和网状。重点掌握总线型和星型。

(5) 学会使用网络的软硬件资源。

## 1.4.2　实训前的准备

到学校计算机中心、计算机公司了解计算机网络结构。

## 1.4.3　实训内容及步骤

组织学生两三人为一小组,分别到学校计算中心、计算机公司或单位的计算中心完成本次实训的内容,并写出实训报告。

**1. 观察计算机网络的组成**

本实训是以电子图书馆为例,观察计算机网络的组成,并画出网络拓扑结构图(学生可根据现有的条件,到相关的计算机网络基地观察)。

(1)记录连网计算机的数量、配置、使用的操作系统、网络拓扑结构、网络建成的时间等数据。

(2)了解服务器、光盘镜像服务器、磁盘阵列是如何连接到计算机上的(根据现有条件,了解相应的网络设备)。

(3)认识并记录网络中使用其他硬件设备的名称、用途及连接的方法。

(4)画出拓扑结构图,如图 1.17 所示。

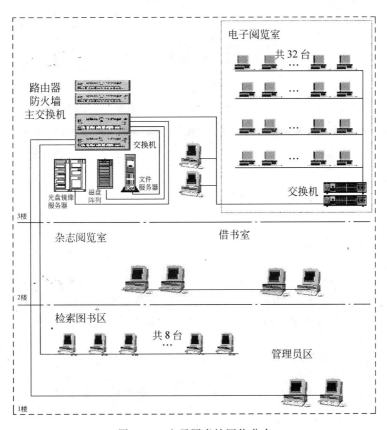

图 1.17　电子图书馆网络分布

(5) 分析网络使用的结构及其所属类型。

电子阅览室的计算机采用总线型连接,各楼层和服务器之间采用星型连接方法。

**2. 参观网络中心校园网的组成**

组织学生到学校网络中心或其他单位的网络中心,参观网络中心的网络组成,认识网络所使用的网络设备,并画出网络拓扑结构图。

(1) 记录服务器的数量、配置、使用的操作系统、网络拓扑结构、网络建成的时间等数据。

(2) 了解各个服务器的功能,认识网络设备,如交换机、防火墙、路由器,了解它们的用途及连接的方法。

(3) 画出拓扑结构图,如图 1.18 所示。

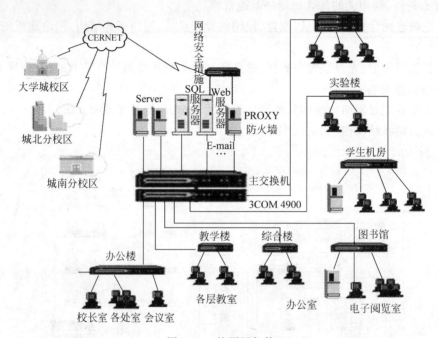

图 1.18　校园网拓扑

## 1.4.4　实训注意事项

(1) 在学校的网络中心了解校园网的服务器和网络设备时,注意询问每台服务器的功能和数量,根据校园网的规模,服务器的数量不一定是越多越好,而是够用为佳。

(2) 校园网的结构应注意是混合型结构,即树型和网状相结合。

## 1.4.5　实训报告

实训结束后,按照上述实训内容和步骤的安排,根据所认识或掌握的相关知识写出实训体会。

## 1.4.6　思考题

（1）根据电子阅览室、网络中心的计算机网络结构，分析网络的各部分属于什么网络类型？为什么使用这种网络类型？

（2）网络中各部分的网络设备是什么？作用何在？

（3）在电子阅览室中的网络拓扑结构是局域网还是广域网，如何区分？

（4）局域网和广域网有严格的界限吗？

# 习题

（1）计算机共有几种类型？

（2）计算机硬件系统主要由哪几部分组成？

（3）主机箱内部是由哪几部分组成的？

（4）CPU 的主流型号有哪些？

（5）计算机工作电压有几种？各是几伏？

（6）计算机软件系统主要由哪几部分组成？

（7）计算机中硬件系统重要，还是软件系统重要？

（8）计算机的性能评价指标是什么？

（9）购置计算机时应注意的主要问题是什么？

（10）为自己购置一台目前市场主流多媒体计算机，写出所需配置部件的型号和名称。

（11）计算机网络是什么？

（12）计算机网络的主要功能是什么？

（13）网络系统共分为几类？按地理分为哪几类？按结构分为哪几类？

（14）局域网有几种结构？分别是什么？广域网的通信方式有几种？分别是什么？

# 第2章

# 计算机的硬件组成

通过上一章的学习,大家对计算机系统有了一个初步的了解,再通过系统地学习本章计算机的硬件设备知识,了解硬件设备的外观、性能和在微机中的应用以及微机的内部结构和性能,就可以合理充分地使用微机的硬件资源为日常办公自动化服务。

**本章学习要求:**

理论环节:

- 重点掌握组成微机系统的 CPU、主板、硬盘、内存、显卡等各核心部件的原理和功能。
- 了解打印机、投影仪、扫描仪、数码设备等外部设备的功能。
- 了解组成微机系统的各部件之间的搭配关系。
- 掌握配置、选购微机配件的方法。
- 掌握组装微机的方法。

实践环节:

- 识别微机部件和外部设备。
- 微机硬件的组装技术。

## 2.1 计算机的核心部件

### 2.1.1 CPU

#### 1. CPU 的发展

人们常说,好的计算机要有一个好的心脏。所谓计算机的心脏,就是指计算机有一个强大的处理器,即 CPU。目前,主要的 CPU 生产厂家有 Intel 公司、AMD 公司、Cyrix 公司和 VIA 公司等。

Intel 公司无疑是生产 CPU 的龙头老大,它的全系列产品涵盖了高、中、低端。

1971 年,世界上第一块微处理器 4004 在 Intel 公司诞生了。它出现的意义是划时代的,它是一个包含了 2300 个晶体管的 4 位 CPU。功能相当有限,而且速度还很慢。

1978 年,Intel 公司首次生产出 16 位的微处理器,命名为 i8086,同时还生产出与之相配合的数学协处理器 i8087,这两种芯片使用相互兼容的指令集。由于这些指令集应用于 i8086 和 i8087,因此人们也将这些指令集统一称为 x86 指令集。这就是 x86 指令集的来历。

1979 年,Intel 公司推出了 8088 芯片,它是第一块成功用于个人计算机的 CPU。它仍旧是属于 16 位微处理器,内含 29 000 个晶体管,时钟频率为 4.77MHz,地址总线为 20 位,寻址范围仅仅是 1MB 内存。8088 内部数据总线都是 16 位,外部数据总线是 8 位,而它的兄弟 8086 是 16 位,这样做只是为了方便计算机制造商设计主板。

1981 年,8088 芯片首次用于 IBM PC 中,开创了全新的微机时代。

1982 年,Intel 推出 80286 芯片,它比 8086 和 8088 都有了飞跃的发展,虽然它仍旧是16 位结构,但在 CPU 的内部集成了 13.4 万个晶体管,时钟频率由最初的 6MHz 逐步提高到 20MHz。其内部和外部数据总线皆为 16 位,地址总线为 24 位,可寻址 16MB 内存。80286 也是应用比较广泛的一块 CPU。

1985 年,Intel 推出了 80386 芯片,它是 x86 系列中的第一种 32 位微处理器,而且制造工艺也有了很大的进步。80386 内含 27.5 万个晶体管,时钟频率从 12.5MHz 发展到33MHz。80386 的内部和外部数据总线都是 32 位,地址总线也是 32 位,可寻址高达 4GB内存,可以使用 Windows 操作系统了。

1989 年,Intel 推出 80486 芯片,它的特殊意义在于这块芯片首次突破了 100 万个晶体管的界限,集成了 120 万个晶体管。80486 是将 80386 和数学协处理器 80387 以及一个8KB 的高速缓存集成在一个芯片内,并且在 80x86 系列中首次采用了 RISC(精简指令集)技术,可以在一个时钟周期内执行一条指令。它还采用了突发总线(Burst)方式,大大提高了与内存的数据交换速度。

1993 年,Intel 公司又推出了 80586,为 32 位微处理器,其正式名称为 Pentium。Pentium 含有 310 万个晶体管,时钟频率有 60MHz 和 66MHz 两种,后提高到 200MHz。66MHz 的 Pentium 微处理器的性能比 33MHz 的 80486DX 提高了 3 倍多,而 100MHz 的Pentium 则比 33MHz 的 80486DX 快了 6～8 倍。

1995 年,Intel 公司推出新一代 32 位微处理器 Pentium Pro,即 P6。Pentium Pro 含有550 万个晶体管,时钟频率为 133MHz,处理速度几乎是 100MHz 的 Pentium 的两倍。

1997 年,在 Pentium(P54C)和 Pentium Pro 的基础上又有了新的发展,一块 Pentium(P54C)加上 57 条多媒体指令构成了多功能 Pentium MMX(P55C)。MMX(Multitude Media X)技术主要是将一些重要的多媒体和通信技术融入到 CPU 中。

1999 年,又推出了名为 Katmai 的 Pentium Ⅲ 处理器,它在以往 MMX 指令的基础上增加了 70 条多媒体指令的 SSE 技术,其中包含提高 3D 图形运算效率的 50 条 SIMD 浮点运算指令、12 条 MMX 整数运算增强指令和 8 条优化内存中连续数据块传输指令。

2001 年,又推出了 Pentium 4 微处理器。Pentium 4 微处理器是 Intel 公司继 Pentium Pro 微处理器之后推出的第一种全新的微处理器。Pentium Ⅲ、Pentium 4、Celeron 和 Xeon等多种微处理器全都采用了 Pentium Pro 微处理器的 P6 微架构。

2005 年,最引人注目的代号为 Smithfield 的桌面双核心处理器发布。同时发布三款型号：X40(3.2GHz)、X30(3GHz)和 X20(2.8GHz)。Smithfield 处理器的每个核心都将拥有1MB 的 L2 Cache,这样每个处理器就包含 2MB 的 L2 Cache。

2006 年 7 月,推出了 65nm 的 Merom 和 Conroe 双内核处理器。这两款处理器是针对移动和台式机市场而分别设计的。Yonah 为 Intel 酷睿双/单核处理器的开发名称,它采用 60nm 制程,Socket479 接口针脚,前端总线提升至 667MHz,引入了双核技术,通过 SmartCache 共享 2M L2 缓存,并且开始加入了 SEE3 多媒体指令集。

2008 年,Intel Core i7 的发布把桌面 CPU 性能提升到全新高度,成为目前全球最强的桌面 CPU。

2009 年,发布了八核心的"蒙特利尔",用于服务器和工作站市场,规格方面变化巨大,比如每核心 1MB 二级缓存(共计 8MB)、6~12MB 三级缓存,支持 DDR3 内存,真正 4X HT 3.0 总线,支持 AMD-V 虚拟化技术,改用 Socket G3 Piranha 接口等。

到了 2015 年,Intel 将会推出尺寸小于所有 IA 核心的 CPU 产品,每一款产品将会基于低功耗处理器架构,与此同时,这些 CPU 将会具备非常高的性能。目前,Intel 公司已经指定其 Austin 设计团队进行相关处理器核心的研发工作。

微处理器的出现是一次伟大的工业革命,从 1971 年到 2009 年,在短短的 40 年内,微处理器的发展日新月异,令人难以置信,更新换代的速度越来越快。可以说,人类的其他发明没有微处理器发展得那么神速,影响那么深远。

**2. CPU 的主要性能指标**

CPU 作为整个计算机系统的核心,它的性能指标十分重要。了解 CPU 的主要技术特性和基本测试项对正确选择和使用 CPU 将有一定的帮助。下面简要介绍一些 CPU 的主要性能指标。

1) 主频

主频是 CPU 内核运行的时钟频率,即 CPU 的时钟频率(Clock Speed),主频的高低直接影响 CPU 的运算速度。一般来说,主频越高,CPU 的速度就越快。但由于内部结构不同,相同时钟频率的 CPU 的性能可能会有很大不同,因此不能单纯依据 CPU 的时钟频率来判断其性能的好坏。

2) 前端总线(FSB)频率

前端总线频率(即总线频率)可直接影响 CPU 与内存之间的数据交换速度。数据传输最大带宽取决于所有同时传输的数据位的宽度和传输频率,即数据带宽＝(总线频率×数据宽度)/8。

3) 一级缓存和二级缓存的容量与工作速率

L1 Cache(一级缓存)和 L2 Cache(二级缓存)的容量与工作速率对提高计算机速度起着关键的作用,尤其是二级缓存对提高 2D 图形处理较多的软件的运行速度有显著的作用。二级缓存是为了弥补一级缓存容量不足而设计的。

CPU 的二级缓存分为内部和外部两种芯片。设在 CPU 芯片内的二级缓存运行速度一般与主频相同,而 CPU 芯片外部的二级缓存运行速度一般为主频的一半。

4) 支持扩展指令集

CPU 增加扩展指令集的目的是提高 CPU 处理多媒体数据的能力。目前生产的所有 80x86 系列 CPU 都支持 MMX(多媒体扩展指令集),但对 SSE(因特网数据流单指令扩展)和 3DNow! 的支持分为两大阵营：Intel 公司的 CPU 只支持 SSE,AMD 公司的 CPU 仅支持 3DNow!,而其他品牌的 CPU 有支持 SSE 的,也有支持 3DNow! 的。

5) CPU 内核工作电压

随着 CPU 运行频率越来越高,其核心电路规模越来越大,CPU 的工作功率也越来越高,随之而来的是发热量的增加。为了降低功率、减少发热量,CPU 生产厂商一直致力于改进制造工艺,降低 CPU 的工作电压。

6) 地址总线宽度

地址总线宽度决定了 CPU 可以访问的物理地址空间。对于 80486 以上的计算机系统,地址总线的宽度为 32 位,最多可以直接访问 4096MB 的物理空间。

7) 数据总线宽度

数据总线宽度决定了 CPU 与二级高速缓存、内存及输入输出设备之间一次数据传输的宽度,80386、80486 为 32 位;Pentium 以上 CPU 的数据总线宽度为 $2 \times 32$ 位$=64$ 位,一般称之为准 64 位。

### 3. 主流 CPU 产品介绍

目前生产 CPU 的厂家主要有 Intel 公司和 AMD 公司。一些辅助的厂家有 IDT 公司、VIA 公司。目前,国产 CPU 也纷纷问世。下面将各个生产厂家设计的 CPU 的体系结构、时钟频率、系统总线频率、一级缓存的大小和二级缓存的大小等简单介绍一下。

1) Intel 系列

Intel 公司是 x86 体系 CPU 最大的生产厂家。Intel 公司的 x86 CPU 与 Microsoft(微软)公司的 DOS、Windows 一起组成了微机的主要软硬件系统。

(1) Intel Pentium 处理器。Intel Pentium 也称为经典奔腾(Intel Pentium Classic),它是真正的第五代处理器,也称为 P5。P5 家族的第一代处理器是 1993 年 3 月生产的,采用 $0.80\mu m$ 制造工艺,集成了超过 330 万个晶体管。处理器的时钟频率达到 75~200MHz,总线频率为 50~66MHz。从这时起,Pentium 处理器开始采用"总线频率×倍频=CPU 工作频率"设置,Pentium 处理器如图 2.1 所示。

(2) Intel Pentium MMX 处理器。Pentium MMX 即 P55 处理器,CPU 本身的晶体管数为 450 万。它在原有 Pentium 的基础上进行了重大的改进,一级缓存增加到以前的两倍,特别是新增加了 57 条 MMX 多媒体指令。这些指令专门用于处理音频、视频等数据,从而大大缩短了 CPU 在处理多媒体数据时的等待时间,使 CPU 拥有更强大的数据处理能力。Pentium MMX 的最高频率是 233MHz,Pentium MMX 处理器如图 2.2 所示。

图 2.1　Pentium 处理器

图 2.2　Pentium MMX 处理器

（3）Intel Pentium Ⅱ处理器。Pentium Ⅱ是 P6/x86 家族产品的典型代表,诞生于 1997 年 5 月,如图 2.3 所示。Pentium Ⅱ的发展经历了三个阶段。第一阶段的 Pentium Ⅱ代号为 Klamath,使用 0.35μm 制造工艺,CPU 的电压为 2.8V,耗电量达到 43W,工作在 66MHz 总线频率下,主要频率有 233MHz、266MHz 和 300MHz 三种。

图 2.3　Pentium Ⅱ CPU

第二阶段的 Pentium Ⅱ的代号为 Deschutes,使用 0.25μm 制造工艺,CPU 的电压大幅度下降为 2.0V,也工作在 66MHz 总线频率下,主要频率有 300MHz、333MHz 等。

第三阶段的 Pentium Ⅱ在第二代的基础上,工作在 100MHz 总线频率下,主要频率有 350MHz、400MHz 和 450MHz 等。

Pentium Ⅱ与传统的奔腾处理器有较大的不同,最大的变化就是它采用了 Slot 1 架构,这从外表上即可明显看出。Pentium Ⅱ也支持 MMX 指令集。

（4）Intel Pentium Ⅲ 处理器。Pentium Ⅲ（简称 P Ⅲ）处理器是 Intel 公司于 1999 年 2 月推出的新一代产品,分为 Katmai 核心、Coppermine 核心和 Tualatin 核心三种,如图 2.4 所示。

图 2.4　Pentium Ⅲ 处理器

Katmai 核心的 Pentium Ⅲ 处理器采用 0.25μm 制造工艺。Pentium Ⅲ 拥有 32KB 一级缓存和 512KB 二级缓存,包括 MMX 指令和 Intel 公司的 3D 指令 SSE。其系统总线频率为 100MHz。

由于 Coppermine 核心 Pentium Ⅲ 与 Katmai 核心 Pentium Ⅲ 在频率上有重叠,因此 Intel 在频率后增加了 E 和 B 两种后缀以示区别,其中 E 代表 Coppermine 核心,B 代表 133MHz 外频。两个后缀可以单独使用,也可以结合使用。例如,600B/512/133/2.05V 代表这是一款外频为 133MHz、主频为 600MHz、拥有 512KB 二级高速缓存的 Katmai 核心 Pentium Ⅲ 处理器。667MHz、733MHz 以后的 Pentium Ⅲ 后面没有 E 或 B 字样。

（5）Intel Pentium 4 处理器。Pentium 4 处理器是目前 Intel 公司零售市场上速度最快的系列 CPU。到目前为止,共有三种 Pentium 4 处理器面市。

最先推出的是 Willamette 核心的 Pentium 4 处理器,如图 2.5 所示。采用 0.18μm 铝制造工艺,带有 256KB 二级全速缓存,其内核集成 3400 万个晶体管,采用三层多级封装模式,Socket 423/478 接口,400MHz 外频。

Northwood 核心的 Pentium 4 处理器采用的是 0.13μm 制造工艺,带有 512KB 二级高速缓存,集成 5500 万个晶体管,Socket 478 接口,100/133MHz 外频,400/533MHz 系统总线频率,如图 2.6 所示。

图 2.5　Willamette Pentium 4

图 2.6　Northwood Pentium 4

（6）Intel Celeron（赛扬）处理器。为了降低成本，以低价占领低端市场，Intel 公司于 1998 年 4 月推出了基于 Covingto 核心的 Celeron 处理器，如图 2.7 所示。这款处理器采用 66Hz 外频，与当时同频的 PentiumⅡ处理器相比，区别就在于去掉了所有的二级缓存，这使得它的整数运算能力很差，因此也只推出了 266MHz 和 300MHz 两款。

2000 年 3 月，Intel 公司发布了 Coppermine 核心的 CeleronⅡ（赛扬 2 代），采用 $0.18\mu m$ 制造工艺，并减小了管芯的面积，大大提高了 CPU 主频的极限和电压的消耗。CeleronⅡ的核心与 Coppermine PentiumⅢ的核心一样，包含了多媒体指令、全速二级缓存及其他 Coppermine PentiumⅢ中的特性。新赛扬最大的优点就是将二级缓存集成到主芯片中，使得一级缓存和二级缓存可以并行工作，这样不仅使一级缓存和二级缓存之间的延迟时间缩短，同时一级缓存和二级缓存也能并行运行和同时存取，从而极大地提高了 CPU 的性能。但 CeleronⅡ的二级缓存使用 128KB，只有 Coppermine PentiumⅢ的一半，因此性能也受到很大影响。早期的 CeleronⅡ使用 66MHz 的外频，从 Celeron 800MHz 开始使用 100MHz 外频，如图 2.8 所示。

图 2.7　Celeron CPU

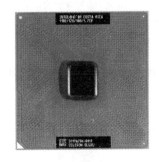

图 2.8　Coppermine Celeron

图 2.9 所示就是前面提到的 Tualatin 核心的 Celeron 处理器，尽管它比相同核心的 PentiumⅢ少了一半的二级缓存，但它仍然拥有 256KB 的全速二级缓存，达到了与 Coppermine PentiumⅢ相同的水平。唯一不足的是它的外频仍然只有 100MHz，这是因为 Intel 公司把它定位成一款低端产品，而不是产品本身的问题。

**注意**：Socket 370 接口的 Tualatin Celeron 处理器无法直接在支持 Coppermine CPU 的主板上使用，这是因为 Intel 公司对其引脚进行了重新定义，同时 Tualatin Celeron 使用了更低的核心电压（1.475V）。因此，在为 Tualatin Celeron 选择主板时，一定要查看主板是否支持这款 CPU。

2002 年，Intel 公司推出了 Willamette 核心的 Celeron 处理器，如图 2.10 所示。它采用

Socket 478 接口,128KB 二级缓存,外频为 400MHz。

图 2.9　Tualatin Celeron

图 2.10　Willamette Celeron

2005 年,Intel 在 Dothan 和 Yonah 之后推出了下一代处理器,其中桌面版代号为 Conroe,移动版代号为 Merom,服务器版代号为 Woodcrest。受到 Pentium M 处理器架构和管线的启发,后续的处理器采用双核心设计,并搭配 2～4MB 二级缓存。

2006 年,Intel 公司宣布了酷睿双核处理器,如图 2.11 所示。这是第一款面向便携式计算机设计的双核处理器,拥有极佳的性能,至少比 P4 快多了。这也是第一款真双核 x86 处理器,共享缓存设计,之前的 Pentium D 双核更像是一个外壳内封装两个处理器。酷睿处理器是 Intel 迅驰平台的重要组成部分,在市场上取得了巨大的成功。唯一的缺点就是还是 32 位处理器,不像 P4 那样支持 64 位技术。酷睿 2 架构在市场上拥有众多型号,主要根据配置的不同来划分等级,包括核心数量的不同(从 1 到 4,单核到四核),缓存大小(从 512KB 到 12MB),FSB 快慢(从 400MHz 到 1600MHz)。

三款基于 Intel 全新架构 Nehalem 的酷睿 i7 处理器采用 4 核心设计,主频在 2.66～3.20GHz 之间。

Intel 公司于 2008 年发布的酷睿 i7(Core i7)有三个型号:920、940 和 965,其中 965 为至尊版。如图 2.12 所示。根据 Intel 的产品规划,2009 年增加一款主流版本的 i7-950 和一款至尊版的 i7-975。酷睿 i7-965 至尊版的主频为 3.20GHz,并具有 6.4GT/s 的 QPI(QuickPath 接口)带宽,这是和主流版本的关键区别。

图 2.11　酷睿双核处理器

图 2.12　Core i7-940 处理器

2) AMD 系列

AMD 公司是世界第二大微处理器公司,成立于 1969 年。AMD 公司生产的微处理器也属于 80x86 架构,早期的 CPU 与 Intel 的 CPU 完全兼容,可以直接安装在一般 P54C 类主板上,是 x86 计算机的一种经济型配置。虽然 AMD 推出 CPU 产品的时间较晚,但性能比同档次的 Intel CPU 要好。后来,AMD 处理器形成了自己的产品系列,与 Intel 公司在台式机 CPU 市场展开了激烈的竞争。

（1）AMD am486/586 处理器。AMD am486/586 处理器的代号为 X5，于 1995 年 11 月上市，主频为 133MHz，采用 Socket3 架构，集成 160 万个晶体管，核心电压为 3.45V。

（2）AMD K5 处理器，如图 2.13 所示。为了与 Intel Pentium 系列处理器竞争，AMD 推出了 K5 CPU。这一款有 75～166MHz 等几个版本。它采用 0.60 或 0.35$\mu$m 制造工艺生产，具备 32KB 的 L1 高速缓存，L2 高速缓存则集成在主板上。

K5 的性能一般，整数运算能力不如 Cyrix 的 6x86P，比 Pentium 略强；浮点运算能力远远比不上 Pentium，但稍强于 Cyrix 公司的产品。

（3）AMD K6 处理器。K6 处理器是与 Pentium MMX 同一个档次的产品，与 AMD K5 相比，这一款 Intel 的竞争产品在时钟频率上提升了 66～100MHz。

（4）AMD K6-2 处理器。K6-2 是 K6 处理器的后继产品，于 1998 年 4 月推出，如图 2.14 所示。它在 K6 的基础上做了大幅度的改进，其中最重要的是支持 3DNow! 扩展指令集。K6-2 CPU 带有 64KB 的一级缓存（32KB 用于存储指令，另 32KB 用于存储数据）。

图 2.13　AMD K5 CPU

图 2.14　AMD K6-2 CPU

在推出 Athlon K7 之后，AMD 仍旧为 Socket 7 持续开发了 K6-2 的新产品——K6-2＋，如图 2.15 所示。它具备了全速的 128KB 二级高速缓存。

（5）AMD K6-Ⅲ 处理器，如图 2.16 所示。运算能力最强的 Socket 7 处理器就是这一款 AMD K6-Ⅲ。它的 256KB L2 高速缓存是 K6-2＋ 的两倍。此外，在主板上有与系统总线频率同步的三级缓存，容量大小在 512KB～2MB 之间。它的晶体管数为 2130 万个，最大耗电量则为 29.5W。经测试，K6-Ⅲ/500 的性能领先于 Intel Pentium Ⅱ/450。

图 2.15　AMD K6-2＋

图 2.16　AMD K6-Ⅲ

（6）AMD Athlon(K7)处理器。Athlon（中文译名阿斯龙、速龙）又叫 K7，如图 2.17 所示。第一款 Pluto 核心的 Athlon K7 时钟频率范围为 500～700MHz 不等，内含超过 2200 万个晶体管，支持 3Dnow! 和 MMX 指令集，一级缓存大小为 128KB，同时有 512KB 的二级缓存外接在处理器模块上。此后没过多久，AMD 小到 0.18$\mu$m 的 Orion 核心（K75）更上一层楼，使其 Slot A 版本最高时钟频率达到了 1000MHz。

2000 年 6 月，AMD 发布了新款 Thunderbird(雷鸟)核心的 Athlon，如图 2.18 所示。雷鸟集成了 128KB 全速一级缓存和 256KB 全速二级缓存，运行频率也很快提升至 1～1.4GHz。

图 2.17　AMD K7 CPU

图 2.18　AMD Thunderbird Athlon

(7) AMD Athlon XP 处理器。如图 2.19 所示，它实际上就是新版本的 Athlon。AMD 公司采用了新的型号标示系统，此后的产品型号将不直接以处理器时钟频率来标示。例如，Athlon XP PR1500＋的实际运行频率并不是 1500MHz，而是 1330MHz。因为 AMD 公司经过测试认为，其主频为 1330MHz 的 CPU 性能不低于 Intel 公司 1500MHz 的 CPU，因此将其标注为 PR1500＋。

图 2.19　Palomino AthlonXP

下面有一个公式可以计算 Athlon XP 的实际频率。

$$实际频率 = 2 \times (PR 标称值 + 5000)/3$$

Athlon XP 与先前采用雷鸟(Thunderbird)核心的桌上型 Athlon 相比较，的确快了 3%～7%，因为它采用的是新的 Palomino 核心。这款核心同时应用在了 AMD 的支持 SMP 版本 Athlon XP 以及笔记本电脑使用的 Mobile Athlon 4 处理器上。

继 Palomino 之后，AMD 又对 Thoroughbred 核心做了进一步改进，先后推出了 Thoroughbred "A"版与"B"版的 Athlon XP 处理器，并将其制造工艺转换到了 0.13$\mu$m。Thoroughbred "B"版与"A"版核心不同，内部连接层数从 7 层加到了 8 层，而且在外频上也有些差异。XP 1700＋到 XP 2400＋等型号仍旧使用 133MHz 外频，而 XP 2600＋和 XP 2800＋则能够增加到 166MHz 外频。Thoroughbred "B"版的 XP 2800＋即将上市。

Barton 核心是 AMD Athlon 处理器的第七代核心。Barton 核心 AMD Athlon 采用 0.13$\mu$m 制造工艺，集成了 5430 万个晶体管，拥有 128KB 全速一级缓存和 512KB 全速二级缓存。与上一版本的同型号处理器相比，其真实时钟频率稍稍降低了一些，这也是 AMD 在同一代处理器中首次出现同型号 CPU 比前一版本频率稍低的状况。

图 2.20　三核羿龙
　　　　处理器

在 2005 年，AMD 的新的顶级处理器诞生了，这个被命名为 Athlon 64 FX 的处理器采用 0.09$\mu$m 制造工艺，频率可达到 2.8GHz，将逐渐取代 FX-57。

AMD 于 2008 年发布了三核羿龙 8000 系列处理器(AMD Phenom X3 8000)，如图 2.20 所示。在相同的主频上，三核羿龙处理器的多线程应用性能优于双核处理器。

基于三核羿龙处理器和 AMD 780G 芯片组的 PC 可以支持

DirectX 10 游戏,从而玩家将获得增强的游戏体验,例如逼真的 3D 图形和动态交互等。

3) Cyrix 系列

Cyrix 公司原是第三大 x86 芯片制造商,是一家很有名气的 CPU 公司,因 Cyrix 公司在产品开发和性能上发展得不好,在 1999 年 6 月被目前最大的主板兼容芯片组厂商威盛电子(VIA)并购。

(1) Cyrix 6x86/6x86L/M1 处理器。Cyrix 的 586 级 CPU 被命名为 6x86,是 Cyrix 公司在奔腾级处理器市场的第一个产品,如图 2.21 所示。Cyrix 6x86 处理器采用 PR 等级来标记 CPU 频率,芯片的时钟频率为 90～200MHz。浮点运算能力差是 Cyrix 的主要问题。

(2) Cyrix 6x86 MX、MⅡ 处理器。6x86 MX 是 Cyrix 包含 MMX 指令的处理器,Cyrix 的 MMX 指令与 Intel 的 MMX 指令不兼容。6x86 MX 采用 $0.35\mu m$ 制造工艺,其一级缓存增加到 6x86 的 4 倍,即 64KB。

Cyrix MⅡ 是 Cyrix 相当于挑战 300MHz Pentium Ⅱ 的处理器,但事实上 Cyrix MⅡ 的 300MHz 的主频实际只有 233MHz。Cyrix MⅡ 内有 64KB 的一级缓存,是 Pentium Ⅱ 的两倍,同时也支持 MMX,如图 2.22 所示。

图 2.21 Cyrix 6x86 CPU

图 2.22 Cyrix MⅡ CPU

Cyrix MⅡ 的性能价格比还不错,但对于 3D 游戏就显得力不从心了,这是因为其真实的时钟频率较低的缘故。

(3) Cyrix Meida GX 处理器。Cyrix Meida GX 处理器是面向低端市场的一种低价处理器。它在 5x86 内核的基础上增加了 PCI 及内存控制器,在此芯片中还整合有一个图形加速器及声卡,其一级缓存大小为 16KB,采用 $0.5\mu m$ 制造工艺。

4) IDT 系列

IDT 公司是 1997 年新进入处理器市场的公司,其微处理器事业部已被威盛公司收购。

1997 年,IDT 推出了第一个微处理器 WinChip C6。C6 属于 x86 级 CPU,C6 的价格低廉,提供 60MHz、66MHz、75MHz 的系统总线频率,系统时钟频率为 180～240MHz。

1998 年 5 月,IDT 推出了第二代产品 WinChip C6-2,采用 $0.25\mu m$ 的制造工艺,带有 64KB 的一级缓存,其二级缓存位于主板上,容量在 512KB～2MB 之间,同时还支持 MMX 及 3DNow! 指令。它的工作时钟频率为 200～300MHz,与 C6 的主要不同点在于浮点运算更快。

还有一款带有 3DNow! 指令的 WinChip 2-3D,这一代的处理器也带有 MMX 指令,其最高的频率是 300MHz,采用 Super 7(Socket 7)结构的主板都可以支持。

IDT 的最后一款 CPU 是 WinChip 2＋NB,其内部集成了 64KB 的与 CPU 同频率的缓存。尽管它也采用了 Socket 7 的结构,不过要使用专门的主板。

5) VIA 系列

威盛(VIA)公司是全球最大的兼容芯片组厂商,但长期以来却一直只能依靠 Intel 公司的授权过日子。它先后将 IDT 公司和 Cyrix 公司收购,在 2000 年 2 月推出第一款 CPU,命名为 VIA Cyrix Ⅲ。

VIA Cyrix Ⅲ(C3)处理器如图 2.23 所示,其最大的特点就是价格低廉,性能实用。C3 采用了先进的 0.13μm 制造工艺,具有很小的功耗和发热量,非常适合那些对系统性能要求不高,对价格较为敏感的用户使用,目前有的笔记本电脑和移动 PC 正在使用 C3。C3 目前的工作频率最高已经达到了 1GHz。1GHz 的 VIA C3 拥有目前最小的 x86 处理器芯片核心,内置全速 128KB 高速一级缓存及 64KB 的高速二级缓存。可支持 100MHz、133MHz 的前端总线,支持 MMX、3Dnow! 等多媒体指令集。

对于上述介绍的几大 CPU 生产厂商的产品,用户可根据产品的性能选购,但需要提醒大家的是,在购买 CPU 的时候千万不能期望"一步到位",因为按照所谓的"摩尔定律",CPU 速度(频率)每 18 个月就将提高 1 倍。因此,对广大用户来说,只需考虑够用就行了。

6) 国产 CPU

21 世纪,国产 CPU 如雨后春笋,频频展露出喜人的"尖尖角"。

2001 年 3 月,中星微电子公司开发出数码影像处理芯片"星光 1 号"。

2001 年 7 月,方舟公司的"方舟 1 号"嵌入式 CPU 问世。

2002 年 9 月,中科院计算所研制成功我国首款通用高性能 CPU——"龙芯 1 号"。龙芯 2 号(英文名称为 Godson-2)于 2003 年正式完成并发布,如图 2.24 所示。龙芯 2 号是 64 位元处理器,内频为 300～500MHz,500MHz 版约与 1GHz 版的 Intel[Pentium Ⅲ]、Pentium4 拥有相近的效能水平。

图 2.23　VIA Cyrix Ⅲ

图 2.24　国产 CPU

2002 年 11 月,上海复旦微电子公司推出高性能嵌入式 32 位微处理器——"神威 1 号"。

2002 年 12 月,北京大学的"众志 1 号"面世。

2003 年 2 月,上海交通大学的"汉芯 1 号"面世。

2006 年 9 月 13 日,"64 位龙芯 2 号增强型处理器芯片设计"(简称龙芯 2E)通过科技部验收,该处理器最高主频达到 1.0GHz,实测性能超过 1.5GHz 奔腾 IV 处理器的水平。

这些国产 CPU 有三个特点:

一是群体性,不是一两家企业,而是一批企业在同一时间段陆续推出;

二是技术先进,有的接近世界领先水平或与之相当;

三是在信息化建设的第一线迅速产生效益。

人们在为国产 CPU 实现群体突破感到欣欣鼓舞的同时,更加关心的是国产 CPU 怎样才能真正形成产业,带动我国信息产业的发展。

发展国产CPU,结束中国信息产业无"芯"的局面,这是萦绕在几代爱国科技工作者心中多年的梦想。

## 2.1.2 系统主板

系统主板是计算机系统的中心,它包含有决定整个系统计算能力和速度的电路。特别重要的是,它包含了组成系统的核心微处理器和控制设备。计算机主板上的主要部件包括微处理器插座、只读存储器(ROM)、随机存储器(RAM)插槽、高速缓存部件、扩展槽接口和用于协调系统运行的微处理器辅助集成电路等。

### 1. 主板的组成

主板是计算机中最重要的部件之一,是整个计算机工作的基础。主板的作用是为CPU、内存、外存、输入输出设备等提供电源,连接并协调各个部分的工作。

计算机设计技术已非常成熟,几乎都是模块化的设计,主板的设计也是如此。各种不同的主板都可以分为许多个功能块,每个功能块由一些芯片或元件来完成。大致来说,主板由以下几个部分组成:CPU插槽(插座),内存插槽,高速缓存局域总线和扩展总线,硬盘、软驱、串口、并口等外设接口,时钟和CMOS(主板BIOS控制芯片)等。典型的系统板配置如图2.25所示。

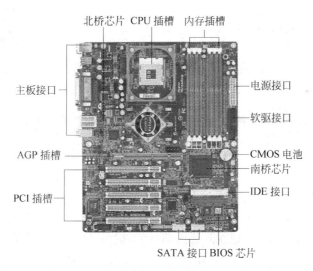

图2.25 典型的系统主板配置

1) CPU插槽(插座)

主板上的CPU插槽(插座)有两种类型:一种是Socket(插座),如图2.26所示;另一种是Slot(插槽),如图2.27所示。例如,Intel CPU架构类型中的Slot(插槽)类型有Slot 1、Slot 2,Socket(插座)类型有Socket 7、Socket 370、Socket 423、Socket 478、Socket 771;AMD CPU架构中的Slot(插槽)类型有Slot A,Socket(插座)类型有Socket 7、Socket 754、Socket 940和Socket F等。

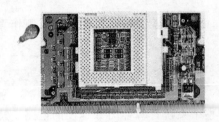

图 2.26　Socket 插座

图 2.27　Slot 插槽

　　CPU 一定要使用有与之相配的插槽或插座的主板,有些插槽或插座之间可以通过转接配件实现转接。如可以通过 Socket 370 转 Slot 1 转接卡在只有 Slot 1 插槽的主板上使用 Socket 370 接口的 CPU。

　　2) 芯片(组)

　　一般情况下,人们会认为 CPU 是计算机系统的核心部件,因为 CPU 的频率基本上决定了系统的性能。但实际上并非如此。计算机作为一个系统,其中包含了众多的组成部分,其中有一个芯片(组)的地位几乎与 CPU 相当,那就是主板芯片(组)。

　　这里的芯片或芯片组实际上指的是同一个概念,因为在设计主板芯片时,一些设计会使用两个芯片来配合实现所需的全部功能,而另一些设计则把全部功能集成起来,用一个芯片实现。这就是为什么要使用"芯片(组)"的方式来表达,而不用"芯片"或"芯片组"。

　　图 2.28 为支持 Intel Pentium 4 CPU 的 Intel 848 芯片组。

　　(1) 北桥芯片。

　　① 定义。北桥芯片(NorthBridge)是主板芯片组中起主导作用的最重要的组成部分,也称为主桥(HostBridge)。如图 2.28 中右下方芯片所示。一般来说,芯片组的名称就是以北桥芯片

图 2.28　Intel 848 芯片组

的名称来命名的,例如 IntelGM45 芯片组的北桥芯片是 G45,最新的则是支持酷睿 i7 处理器的 X58 系列的北桥芯片。主流的有 P45、P43、X48、790GX、790FX 和 780 等。NVIDIA 还有 780i、790 等。

　　② 作用。北桥芯片负责与 CPU 的联系并控制内存(仅限于 Intel 除 i7 系列以外的 CPU,AMD 系列 CPU 在 K8 系列以后就在 CPU 中集成了内存控制器,因此 AMD 平台的北桥芯片不控制内存)、AGP 数据在北桥内部传输,提供对 CPU 的类型和主频、系统的前端总线频率、内存的类型(SDRAM、DDR SDRAM 和 RDRAM 等)和最大容量、AGP 插槽、ECC 纠错等支持。整合型芯片组的北桥芯片还集成了显示核心。

　　③ 特点。北桥芯片就是主板上离 CPU 最近的芯片,这主要是考虑到北桥芯片与处理器之间的通信最密切,为了提高通信性能而缩短传输距离。因为北桥芯片的数据处理量非常大,发热量也越来越大,所以现在的北桥芯片都覆盖着散热片,用来加强北桥芯片的散热,有些主板的北桥芯片还会配合风扇进行散热。因为北桥芯片的主要功能是控制内存,而内存标准与处理器一样变化比较频繁,所以不同芯片组中北桥芯片是肯定不同的,当然这并不是说所采用的内存技术就完全不一样,而是不同的芯片组北桥芯片间肯定在一些地方有差别。

(2) 南桥芯片。

① 定义。南桥芯片(South Bridge)是主板芯片组的重要组成部分,如图 2.28 中右上方芯片所示。一般位于主板上离 CPU 插槽较远的下方,PCI 插槽的附近,这种布局是考虑到它所连接的 I/O 总线较多,离处理器远一点有利于布线。相对于北桥芯片来说,其数据处理量并不算大,所以南桥芯片一般都没有覆盖散热片。南桥芯片不与处理器直接相连,而是通过一定的方式与北桥芯片相连。

② 作用。南桥芯片负责 I/O 总线之间的通信,如 PCI 总线、USB、LAN、ATA、SATA、音频控制器、键盘控制器、实时时钟控制器、高级电源管理等,这些技术一般相对来说比较稳定,所以不同芯片组中可能南桥芯片是一样的,不同的只是北桥芯片。所以现在主板芯片组中北桥芯片的数量要远远多于南桥芯片。例如早期 Intel 不同架构的芯片组 Socket 7 的 430TX 和 Slot 1 的 440LX 其南桥芯片都采用 82317AB,而近两年的芯片组中 Intel945 系列芯片组都采用 ICH7 或者 ICH7R 南桥芯片,但也能搭配 ICH6 南桥芯片。更有甚者,有些主板厂家生产的少数产品采用的南北桥是不同芯片组公司的产品。例如 KG7-RAID 主板,北桥采用了 AMD 760,南桥则是 VIA 686B。

③ 特点。不同的南桥芯片可以搭配不同的北桥芯片,虽然其中存在一定的对应关系,但是只要连接总线相符并且针脚兼容,主板厂商完全可以随意选择。最明显的例子莫过于 AMD-ATI 芯片组,其北桥芯片既可以搭配自家的南桥芯片,也可以使用 ULI 或者 VIA 的南桥芯片。此外,很多典型芯片组也可以使用不同的南桥。譬如当年 Intel 845E 既可以搭配 ICH2,也可以搭配 ICH4。即便是如今 P965 主板大量采用的 ICH8 南桥,也存在不同版本的区别,从而表现出明显的功能差异。

南桥芯片的发展方向主要是集成更多的功能,例如网卡、RAID、IEEE 1394 和 WI-FI 无线网络等。

(3) 北桥芯片与南桥芯片的区别。

北桥、南桥是主板上芯片组中最重要的两块,它们都是总线控制器,是总线控制芯片。相对来讲,北桥要比南桥更加重要。北桥连接系统总线,担负着 CPU 访问内存的重任。同时连接着 AGP 插口,控制 PCI 总线,割断了系统总线和局部总线,在这一段上速度是最快的。南桥不和 CPU 连接,通常用来作 I/O 和 IDE 设备的控制,所以速度比较慢。一般情况下,南桥和北桥中间是 PCI 总线。

① 北桥芯片主要负责 CPU 与内存之间的数据交换,并控制 AGP、PCI 数据在其内部的传输,是主板性能的主要决定因素。随着芯片的集成度越来越高,它也集成了不少其他功能。例如,由于 Althon64 内部整合了内存控制器,nVidia 在其 NF3 250、NF4 等芯片组中去掉了南桥,而在北桥中则加入千兆网络、串口硬盘控制等功能。现在主流的北桥芯片的牌子有 VIA、NVIDIA 及 SIS 等。

当然,这些芯片的好坏并不是由主板生产厂家所决定的,但是主板生产商采取什么样的芯片生产却是直接决定了主板的性能。例如,同样是采用 VIA 的芯片,性能上则有 KT600＞KT400A＞KT333＞KT266A 等。目前主流的 AMD 平台上可选的芯片组有 KT600、NF2、K8T800 和 NF3 等;对于 INTEL 平台,则有 915、865PE、PT880、845PE 和 848P 等。

② 南桥芯片主要是负责 I/O 接口等一些外设接口的控制、IDE 设备的控制及附加功能等。常见的有 VIA 的 8235、8237 等;INTEL 的 CH4、CH5 和 CH6 等;nVIDIA 的 MCP、

MCP-T 和 MCP RAID 等。在这部分上,名牌主板与一般的主板并没有很大的差异,但是名牌主板凭着其出色的做工,还是成为不少人的首选。用芯片在主板上的位置辨别南桥芯片和北桥芯片:北桥芯片就是位于 CPU 插槽附近的一块芯片,其上面一般都覆盖了散热片。

3) BIOS 芯片

BIOS(Basic Input/Output System,基本输入输出系统)是集成在主板上的一个 ROM 芯片中的一组程序。大家知道,计算机包括硬件和软件两部分,二者缺一不可,而软件最终是要对硬件进行操作的,BIOS 就是连接软件和硬件的桥梁。BIOS 程序完成了最底层、最直接的硬件控制。

BIOS 的种类很多,除了主板的 BIOS 以外,还有各种适配板卡和设备的 BIOS,如显卡 BIOS、驱动控制器 BIOS、网卡 BIOS 和 SCSI 卡 BIOS 等。通过对 BIOS 的调用,操作系统、应用软件可完成对硬件的操作。主板 BIOS 的主要功能包括加电自检,初始化硬件和引导操作系统,程序服务处理和硬件中断。常见的主板 BIOS 芯片如图 2.29 所示。

图 2.29　BIOS 芯片

早期主板 BIOS 采用的是 EPROM,必须通过特殊的设备进行修改(如借助紫外线),若想升级的话,还需更换 ROM,很麻烦。现在主板上的 BIOS 一般都是 Flash EPROM,可以通过软件进行升级。

BIOS 是软件和硬件的一个接口,当软件需要使用到一些硬件设备时会通过 BIOS 来处理。因此,对于不同的硬件系统,需要使用不同的 BIOS 程序。

现在主板中广泛使用的主板 BIOS 基本上来自三个厂商:AWARD Software Inc 公司、American Megatrends Inc(AMI)公司和 Phoenix Technologics LTD 公司(已被 AWARD 公司收购)。其中,AWARD BIOS 程序采用纯文本的界面,非常直观,功能齐全,操作简便,是现在市场占有率最高的产品。

通过以上介绍,大家知道平常所说的 BIOS 有两个含义:一个指的是 BIOS 程序,另一个指的是 BIOS 芯片,在阅读相关文章的时候要注意区分这两个含义。

4) 内存插槽

内存插槽是内存与系统的接口。根据内存种类的不同,内存插槽也有所不同,不同种类的内存之间不能混用。

一般根据内存引脚数的多少来区分内存插槽,也就是所谓的线数,如 30 线的内存插槽主要在 80486 以下的计算机中使用;72 线内存插槽在 80486 以上的计算机中使用;而 168 线内存插槽在 Pentium 主板上才能使用。VX 与 TX 的 Pentium 主板上同时留有 72 线和 168 线的内存插槽。一般情况下,不同线数的内存条不能插错插槽,除非主板手册有特别说明。目前应用于主板上的内存插槽主要有:

(1) SIMM(Single Inline Memory Module,单内联内存模块)。内存条通过金手指与主板连接,内存条正反两面都带有金手指。金手指可以在两面提供不同的信号,也可以提供相同的信号。SIMM 就是一种两侧金手指都提供相同信号的内存结构,最初一次只能传输 8 位数据,后来逐渐发展出 16 位、32 位的 SIMM 模组,其中 8 位和 16 位的 SIMM 使用 30 针接口,而 32 位的 SIMM 则使用 72 针接口。由于 SIMM 的性能有限,已被 DIMM 技术所取代。

（2）DIMM（Dual Inline Memory Module，双内联内存模块）。DIMM 与 SIMM 相类似，不同的只是 DIMM 的金手指两端不像 SIMM 那样是互通的，它们各自独立传输信号，因此可以满足更多数据信号的传输需要。DIMM 分为两种：一种是 SDRAM DIMM，为168 针脚，如图 2.30 所示。金手指每面为 84 针脚，金手指上有两个非对称卡口，用于避免插入插槽时错误地将内存反向插入而导致烧毁；另一种是 DDR DIMM，采用 184 针脚DIMM 结构，金手指每面有 92 针脚，金手指上只有一个非对称卡口，如图 2.31 所示。卡口数量的不同是两者最为明显的区别。

图 2.30　SDRAM DIMM 168 针脚插槽

图 2.31　DDR DIMM 184 针脚插槽

（3）DDR2 DIMM。DDR2 DIMM 为 240 针脚 DIMM 结构，金手指每面有 120 针脚。与 DDR DIMM 一样，金手指上也只有一个卡口，但是卡口的位置与 DDR DIMM 稍微有一些不同，如图 2.32 所示。因此 DDR 内存是插不进 DDR2 DIMM 的，同理，DDR2 内存也是插不进 DDR DIMM 的，因此在一些同时具有 DDR DIMM 和 DDR2 DIMM 的主板上不会出现将内存插错插槽的问题。

图 2.32　DDR2 DIMM 240 针脚插槽

（4）RIMM（Rambus Inline Memory Module，Rambus 内嵌式内存模块）。RIMM 是Rambus 公司生产的 RDRAM 内存所采用的接口类型，RIMM 内存与 DIMM 的外型尺寸差不多，金手指同样也是双面的。RIMM 也有 184 针脚的针脚，在金手指的中间部分有两个靠得很近的卡口。由于 RDRAM 内存的价格太高，未能获得市场的支持，因此市场上很少见到这种内存插槽。

5）总线扩展槽

主板的作用是为 CPU、内存、外存、输入输出设备等提供电源，连接并协调各个部分的工作，在各种设备之间传递信息。一般的主板除了为 CPU 和内存提供专门的数据通道外，还把系统总线作为其他所有设备的数据通道。而各种设备与主板相连接时，就要通过系统扩展插槽来实现。

扩展槽可以把多种多样的 PC 兼容型选件连接到系统中。这些选件有视频显示器、硬盘或软驱、图形打印机、调制解调器、网卡、游戏杆以及其他诸如光笔和鼠标之类的设备、声音发生和识别系统等。而且，这一选件列表仍在不断地扩展。常见的总线结构有 ISA

(Industry Standard Architecture，工业标准体系结构)、
MCA、EISA、VESA 和 PCI（Peripheral Component
Interconnect，外设部件互连标准）总线结构，其对应的扩展
槽有 ISA 扩展槽、MCA 扩展槽、EISA 扩展槽、VESA 扩展
槽和 PCI 扩展槽。其中后面两种为局部总线标准，前三种
为总线标准。Pentium 以上的主板扩展槽最常见的为 ISA
总线扩展槽和 PCI 局部总线扩展槽，PentiumⅢ 以上的主板
扩展槽使用的是 PCI 局部总线扩展槽。在图 2.33 中，最左
侧最长的是 ISA 插槽，最右侧位置偏下的是 AGP 插槽，中
间的 5 条均为 PCI 插槽。

图 2.33　ISA、PCI 和 AGP 插槽

　　（1）ISA 扩展槽。ISA 扩展槽是 IBM 公司最早在计算机上使用的总线标准，该标准定
义了一条系统总线标准，数据总线宽度为 16 位，工作频率为 8MHz，数据传输速率最高为
8Mbps（8 兆位每秒）。ISA 扩展槽为黑色，传统的插卡都插在 ISA 插槽上。

　　（2）局部总线(Local Bus)插槽。通过在微处理器和已安装的外部设备之间设计一条特
殊的总线，以提高微处理器与可选外设之间的数据传输速度和带宽。这一特殊的总线被称
为局部总线。局部总线通过一个专用的扩展槽将特定的外设连接到系统主板上，并且允许
外设最大程度地接近微处理器运行速度。

　　（3）PCI 扩展槽。PCI 局部总线扩展槽是 IBM、Intel、DEC、NCT 和 Compaq 等公司联
合开发的。PCI 是在 CPU 和原来的系统总线之间插入的一级总线，能在高时钟频率下保持
高性能，它为显卡、声卡、网卡和 Modem 等设备提供了连接接口，它的工作频率为
33MHz/66MHz。

　　这一总线设计结合了三个要素：一是低成本、高性能的局部总线；二是对已安装的扩
展接口卡进行自动配置；三是随着新的微处理器和外设的引进而进行扩充的能力。PCI 是
目前个人计算机中使用最为广泛的接口，几乎所有的主板产品上都带有这种插槽。PCI 插
槽也是主板带有最多数量的插槽类型，在目前流行的台式机主板上，ATX 结构的主板一般
带有 5～6 个 PCI 插槽，而小一点的 MATX 主板也都带有 2～3 个 PCI 插槽，可见其应用的
广泛性。

　　最早提出的 PCI 总线工作在 33MHz 频率之下，传输带宽达到了 133MBps，基本上满足
了当时处理器的发展需要。随着对更高性能的要求，1993 年又提出了 64 位的 PCI 总线，后
来又提出把 PCI 总线的频率提升到 66MHz。目前广泛采用的是 32 位，33MHz 的 PCI 总
线，64 位的 PCI 插槽更多地应用于服务器产品。

　　由于 PCI 总线只有 133MBps 的带宽，虽然对声卡、网卡和视频卡等绝大多数输入输出
设备显得绰绰有余，但对性能日益强大的显卡则无法满足其需求，因此才诞生了 AGP 标
准。目前 PCI 接口的显卡已经不多见了，只有较老的 PC 上才有，厂商也很少推出此类接口
的产品。

　　PCI 插槽的颜色一般为乳白色，位于主板上 AGP 插槽的下方，ISA 插槽的上方。

　　PCI 外设在主板内存中拥有 256B 的空间，用于保存设备类型的信息。外设分为大容量
存储设备、网络接口、显示器和其他硬件设备。配置信息空间中包括控制、状态和等待定时
的各项数值。

（4）PCMCIA 总线。PCMCIA 总线是为了适应计算机市场上的笔记本电脑和亚笔记本电脑的连续空间而发展起来的。目前有三种类型的 PCMCIA 适配器。1990 年推出的 PCMCIA Ⅰ 型卡厚 3.3mm，用做存储器扩展单元。1991 年推出的 PCMCIA Ⅱ 型卡厚 5mm，可以有效地支持任何传统的扩展功能。除了可拆卸的硬盘以外，PCMCIA Ⅱ 型扩展槽是向后兼容的，PCMCIA Ⅰ 型卡插入其中也可以工作。当前，PCMCIA Ⅲ 型卡已经生产出来了，这种卡厚 10.5mm，主要与可拆卸的硬盘一起使用。

6）AGP（Accelerated Graphics Port，加速图形接口）插槽

虽然现在计算机的图形处理能力越来越强，但要完成大型 3D 图形描绘，PCI 总线结构的性能仍然是有限的。为了提高计算机的 3D 应用能力，Intel 公司开发了 AGP 标准，主要目的就是要大幅度提高计算机的图形处理能力。严格来说，AGP 不是一种总线，因为它是点对点连接，即连接控制芯片和 AGP 显示卡。AGP 在主内存与显示卡之间提供了一条直接的通道，使得 3D 图形数据越过 PCI 总线直接传送到显示系统。AGP 标准可以让显卡通过专用的 AGP 接口调用系统内存作为显示内存，是一种解决显卡内存不足的方法。

AGP 插槽的形状与 PCI 插槽相似，位置在 PCI 插槽与 CPU 插槽之间，一般为褐色，如图 2.25 所示。AGP 插槽只能插显卡，因此主板上的 AGP 接口只有一个。

随着图形芯片技术的飞速发展，GPU 的处理速度也越来越快，甚至超过了 CPU，因此 AGP 接口的标准也在不断改进，从最初的 AGP 发展到 AGP 2X、AGP 4X，一直到现在的 AGP 8X。不同标准的 AGP 插槽对针脚的定义以及所提供的电压会有所不同，因此应该注意显卡与 AGP 插槽是否兼容。

AGP 标准在使用 32 位总线时有 66MHz 和 133MHz 两种工作频率，最高数据传输率为 266Mbps 和 533Mbps，而 PCI 总线理论上的最大传输率仅为 133Mbps。目前最高规格的 AGP 8X 模式下，数据传输速度达到了 2.1GBps。

7）AMR（Audio/Modem Riser）插槽

Intel 公司开发的 AMR 音频/调制解调器是一套音频系统标准，若采用这种标准，可以通过附加的解码器实现软件音频功能和软件调制解调器功能。AMR 插槽是主板上一个褐色的插槽，比 AGP 插槽短一些。AMR 是由 Audio Riser（AR）和 Modem Riser（MR）两部分组成的。AMR Modem 扩展卡就属于 MR 的一部分，AR 部分一般都集成在主板上，所以就没有了 AMR 声卡。

在声卡、调制解调器和视频卡上均有接口、模拟电路、解码器、控制器和数字电路，控制器和数字电路很容易集成在主板上或整合在芯片组中，而接口电路和模拟电路部分集成在主板上则有一定的困难。例如，由于电磁干扰，以及电话接头和电信标准的不同，调制解调电路和接口电路就不宜集成在主板上。

Intel 公司制定 AMR 标准的目的就是解决上述问题，它将模拟 I/O 电路留在 AMR 插卡上，而将其他部件集成在主板上。AMR 标准的基本用途是将音频和 Modem 的接口电路、模拟电路和解码器制作在一块 AMR 接口卡上。

实际生产时，厂商将音频解码芯片及其接口集成在主板上，将 Modem 的调制解调电路及解码芯片留给 AMR Modem 接口卡。

8）CMOS 芯片

CMOS 是计算机主板上的一块可读写的 RAM 芯片，用于保存当前系统的硬件配置和

用户对某些参数的设定。CMOS 由主板上的电池供电,即使关闭机器,信息也不会丢失。CMOS RAM 本身只是一个存储器,具有数据保存功能,而对 CMOS 中各项参数的设定要通过专门的程序。现在将 CMOS 设置程序做到了 BIOS 芯片中,在开机时通过特定的按键就可以进入 CMOS 设置程序,以方便对系统进行设置,因此 CMOS 设置又叫做 BIOS 设置。

9) 电源插座

主板、键盘和所有接口卡都是由电源插座供电的。传统的 AT 主板使用 AT 电源,ATX 主板使用 ATX 电源。在推出 Pentium 4 处理器后,为满足 Pentium 4 处理器的大功率需求,Intel 公司对 ATX 主板和电源提出了补充,在标准 ATX 电源接头之外附加了一个四芯方形的插头,在 ATX 主板上也提供了一个相应的四芯方形的插座,这就是人们常说的"奔 4 电源"。

AT 主板的电源插座是 12 芯单列插座,没有防错结构,电源插座分两个插头,其编号为 P8 和 P9。在插接时,应注意将 P8 与 P9 的两根接地黑线紧靠在一起。现在的主板上已经很少用 AT 电源插座,相应地,AT 电源逐渐被 ATX 电源所代替。

ATX 电源插座是 20 芯双列插座,如图 2.25 所示,具有防错结构,在软件的配合下,ATX 电源可以实现软件关机,以及远程唤醒等电源管理功能。

10) 硬盘接口

硬盘接口是硬盘与主机系统间的连接部件,作用是在硬盘缓存和主机内存之间传输数据。不同的硬盘接口决定着硬盘与计算机之间的连接速度,在整个系统中,硬盘接口的优劣直接影响着程序运行快慢和系统性能好坏。从整体的角度上,硬盘接口分为 IDE、SATA、SCSI 和光纤通道 4 种。IDE 接口硬盘多用于家用产品中,也部分应用于服务器。SCSI 接口的硬盘则主要应用于服务器,而光纤通道只在高端服务器上,价格昂贵。SATA 是一种新生的硬盘接口类型,还正处于市场普及阶段,在家用市场中有着广泛的前景。在 IDE 和 SCSI 的大类别下,又可以分出多种具体的接口类型,又各自拥有不同的技术规范,具备不同的传输速度,比如 ATA100 和 SATA、Ultra160 SCSI 和 Ultra320 SCSI 都代表着一种具体的硬盘接口,各自的速度差异也较大。

(1) IDE 接口。

IDE(Integrated Drive Electronics,电子集成驱动器)的本意是指把"硬盘控制器"与"盘体"集成在一起的硬盘驱动器。对用户而言,硬盘安装起来也更为方便。IDE 技术从诞生至今就一直在不断发展,性能也不断提高,其拥有的价格低廉、兼容性强的特点为其造就了其他类型硬盘无法替代的地位。

IDE 代表着硬盘的一种类型,但在实际的应用中,人们也习惯用 IDE 来称呼最早出现的 IDE 类型硬盘 ATA-1。这种类型的接口随着接口技术的发展已经被淘汰了,而其后发展分支出更多类型的硬盘接口,比如 ATA、Ultra ATA、DMA 和 Ultra DMA 等接口都属于 IDE 硬盘。

几乎所有 Pentium 主板上都集成了 IDE 接口插座,该功能也可以通过 BIOS 设置来屏蔽。IDE 接口为 40 针双排针插座,主板上有两个 IDE 设备接口,分别标注为 IDE 1 或 Primary IDE 和 IDE 2 或 Secondary IDE。一些主板为了方便用户正确插入电缆插头,取消未使用的第 20 针,形成了不对称的 39 针 IDE 接口插座,以区分连接方向。有的主板还在接口插针的四周加了围栏,其中一边有个小缺口,标准的电缆插头只能从一个方向插入,避免了错误的连接方式。根据 PC 99 认证规定,IDE 2 插座为白色。主板 IDE 插座如图 2.34(a)所示。

(2) SATA 接口。

使用 SATA(Serial ATA)口的硬盘又叫串口硬盘,是未来 PC 硬盘的趋势。2001 年,由 Intel、APT、Dell、IBM、希捷、迈拓这几大厂商组成的 Serial ATA 委员会正式确立了 Serial ATA 1.0 规范。2002 年,虽然串行 ATA 的相关设备还未正式上市,但 Serial ATA 委员会已抢先确立了 Serial ATA 2.0 规范。Serial ATA 采用串行连接方式,串行 ATA 总线使用嵌入式时钟信号,具备了更强的纠错能力。串行接口还具有结构简单、支持热插拔的优点。其外观如图 2.34(b)所示。

(a) IDE 插座       (b) SATA 插座

图 2.34   IDE 插座和 SATA 插座

(3) SCSI 接口。

SCSI(Small Computer System Interface,小型计算机系统接口)是同 IDE(ATA)完全不同的接口,IDE 接口是普通 PC 的标准接口,而 SCSI 并不是专门为硬盘设计的接口,是一种广泛应用于小型机上的高速数据传输技术。SCSI 接口具有应用范围广、多任务、带宽大、CPU 占用率低以及热插拔等优点,但较高的价格使得它很难如 IDE 硬盘般普及,因此 SCSI 硬盘主要应用于中、高端服务器和高档工作站中。

11) 软驱接口插座

Pentium 以上的主板都集成了软驱接口插座,取代了多功能 I/O 卡的作用。该功能也可以通过 BIOS 或跳线开关来屏蔽。主板上的软驱接口一般为 34 针双排针插座,标注为 Floppy、FDC 或 FDD。一个软驱接口可以接两台软驱,如一台 3 英寸 1.44MB 和一台 5 英寸 1.2MB 软驱。

12) 跳线开关

跳线(Jumper)是控制电路上电流流动的小开关,最常见的就是主板上的跳线。主板为了与各种类型的处理器、设备相兼容,必须有一定的灵活性,通过跳线的设置可以增加对各种处理器和其他设备的连接。跳线分为两部分:一部分是固定在主板上的,由两根或两根以上金属跳线针组成;另一部分是"跳线帽",这是一个可以移动的部件,外层是绝缘塑料,内层是导电材料,可以插在跳线针上面,将两根跳线针连接起来。跳线帽扣在两根跳线针上时是接通状态,有电流通过,称之为 ON;反之,不扣上跳线帽时称之为 OFF。最常见的跳线主要有两种:一种是两根针,另一种是三根针。

跳线最常用的地方就是主板,一般可以用于设置 CPU 的频率、电压等。首先,在设置 CPU 的频率时要注意:

$$CPU 的主频 = 总线频率 \times 倍频$$

另外,CPU 的电压也通过跳线来设置。在 Pentium 芯片上,CPU 采用单电压的设置,一般都用 3.3V 或 3.52V 的电压。而现在的 CPU 电压都采用了双电压的设置,这样可以有效减少热量的产生。大多数的 CPU 上面都刻有工作电压。电压过高会造成发热量的剧增,对 CPU 的危害很大,所以在设置 CPU 的工作电压时一定要注意设置正确,以免造成不必要的损失。

由于使用跳线对 CPU 的主频进行设置比较烦琐,且操作时需打开机箱,同时需要直接接触主板,这对一般用户来讲有一定的难度。现在的主板一般无须进行跳线设置,也就是说,主板会"认识"它所能支持的各种CPU,自动进行检测和设置。即使为了超频,需要对CPU进行设置,也不必再打开机箱了。现在的主板一般都将类似跳线的操作加入了BIOS,也就是可以通过修改BIOS参数来进行类似CPU主频设置的操作。

13) 键盘、鼠标插座

(1) 键盘插座。传统AT主板的键盘插座是一个圆形5芯插座,这种键盘接口在外观上要比PS/2键盘接口大一些。

ATX主板使用PS/2型的6针微型DIN型键盘接口插座,该插座集成在ATX主板上,如图2.35所示。也可以通过AT转换为PS/2或PS/2转换为AT的转换线,转换不同类型的键盘接口。

(2) PS/2鼠标插座。PS/2接口因最初应用于IBM PS/2计算机而得名。很多原装品牌机上采用PS/2接口来连接鼠标和键盘。现在的主板上都做有PS/2接口插座以备将来扩充使用。

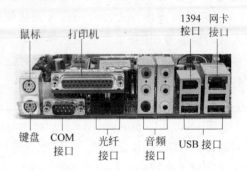

图2.35　ATX主板上集成的插座

对于AT主板,要通过主板上的PS/2接口与专门的PS/2连接插座配合使用。PS/2鼠标插座是一个6针微型DIN接口。对于ATX主板,PS/2鼠标插座已集成在主板上了。

14) 扩展接口

扩展接口是主板上用于连接各种外部设备的接口。通过这些扩展接口,可以把打印机、外置Modem、扫描仪、闪存盘、MP3播放机、DC、DV、移动硬盘、手机和写字板等外部设备连接到计算机上。而且,通过扩展接口还能实现计算机间的互连。

目前,常见的扩展接口有串行接口(Serial Port)、并行接口(Parallel Port)、通用串行总线接口(USB)和IEEE 1394接口等。

(1) 串行接口。串行接口简称串口,也就是COM接口,是采用串行通信协议的扩展接口。串口一般用来连接鼠标和外置Modem以及老式摄像头和写字板等设备。目前部分新主板已开始取消该接口。

(2) 并行接口。并行接口简称并口,也就是LPT接口,是采用并行通信协议的扩展接口。并口的数据传输率比串口快8倍,标准并口的数据传输率为1Mbps,一般用来连接打印机、扫描仪等。所以并口又被称为打印口。

(3) USB。USB(Universal Serial Bus,通用串行总线)不是一种新的总线标准,而是应用在PC领域的接口技术。USB是在1994年年底由Intel、康柏、IBM和Microsoft等多家公司联合提出的。

USB目前有两个版本:USB 1.1的最高数据传输率为12Mbps,USB 2.0则提高到480Mbps。

**注意**:这里的b是位的意思,1MBps(兆字节/秒)=8Mbps(兆位/秒)。

市面上的某些USB相关产品标注为USB 2.0 Full Speed的其实就是USB 1.1,而标注为USB 2.0 High Speed的才是真正的USB 2.0。USB接口有三种类型,如图2.36所示。

(a) A 类型　　　　　　(b) B 类型　　　　　　(c) Mini 型

图 2.36　USB 接口

① A 类型：一般用于接 PC，如图 2.36(a)所示。

② B 类型：一般用于接 USB 设备，如图 2.36(b)所示。

③ Mini 型：一般用于接数码相机、数码摄像机、测量仪器以及移动硬盘等，如图 2.36(c)所示。

(4) IEEE 1394。IEEE 1394 是一种高效的串行接口标准，功能强大且性能稳定，而且支持热拔插和即插即用。IEEE 1394 可以在一个端口上连接多达 63 个设备，设备间采用树型或菊花链拓扑结构。

IEEE 1394 标准定义了两种总线模式，即 Backplane 模式和 Cable 模式。其中 Backplane 模式支持 12.5Mbps、25Mbps、50Mbps 的传输速率；Cable 模式支持 100Mbps、200Mbps、400Mbps 的传输速率。目前最新的 IEEE 1394b 标准能达到 800Mbps 的传输速率。IEEE1394 是横跨 PC 及家电产品平台的一种通用界面，适用于大多数需要高速数据传输的产品，如高速外置式硬盘、CD-ROM、DVD-ROM、扫描仪、打印机、数码相机和摄影机等。

### 2. 主板的分类

常见的计算机主板分类方式有以下几种。

1) 按主板上使用的 CPU 分类

主板按照 CPU 的接口分为 Socket 7、Super 7、Slot 1、Socket 370、Slot A 和 Socket A、Socket AM2、Socket F。

(1) Socket 7 主板可配合 586 级 CPU，如 Pentium、Pentium MMX、K5、K6 和 6x86 等 CPU。

(2) Super 7 主板的前身是 Socket 7 主板。Super 7 结构是 AMD 公司集合各大主板兼容芯片厂商共同推出的一种主板结构，主要用于 AMD 的 K6 系列 CPU。Super 结构在以前的 Socket 7 结构的基础上增加了 AGP 插槽和 100MHz 总线频率。

(3) Slot 1 主板配合的 CPU 有 Intel PentiumⅡ、Celeron 和 PentiumⅢ。Slot 1 接口的主板价格比较高。

(4) Socket 370 主板是 Intel 公司放弃 Socket 7 市场后重返低价市场的产物，有较好的性能价格比。Socket 370 主板配合 Intel Celeron 370 架构的 CPU 使用。

(5) Slot A、Socket A 主板配合 AMD 的 Athlon(K7)CPU 使用。

(6) Socket AM2 支持 DDR2 内存的 AMD64 位桌面 CPU 的插槽标准，是目前低端的

Sempron、中端的 Athlon 64、高端的 Athlon 64 X2 以及顶级的 Athlon 64 FX 等全系列 AMD 桌面 CPU 所对应的插槽标准。

(7) Socket F 支持 DDR2 内存的 AMD 服务器/工作站 CPU 的插槽标准,首先采用此插槽的是 Santa Rosa 核心的 LGA 封装的 Opteron。

2) 按芯片组分类

目前芯片组的结构类型基本上可分为传统的"南、北桥型"和新型的"中心控制型"两种。其中,南、北桥型,如 845E 芯片组的北桥芯片是 82845E,875P 芯片组的北桥芯片是 82875P 等;中心控制型则是以 Intel 公司的 i810 为代表,以 GMCH(Graphics & Memory Controller Hub,图形、内存控制中心)、ICH(I/O Controller Hub,I/O 控制中心)和 FWH (Firmware Hub,固件控制中心)三块芯片结构组成的芯片组。

(1) 南、北桥型芯片组。传统的南、北桥型芯片组一般由两块芯片组成。其中一片负责支持和管理 CPU、内存和图形系统器件;另一片负责支持和管理 IDE 设备,即一种高速串、并行口的能源管理。两片芯片之间的信息是由 PCI 总线连通的。芯片组的作用就像桥梁或组带一样将计算机系统中各个独立的器件和设备连接起来形成一个整体。

(2) 中心控制型芯片组。这种架构的芯片组与南、北桥型芯片组之间的最大差别是中心控制型芯片组中三片集成电路之间的连接(信息通道)改用数据带宽为 266Mbps(比 PCI 总线高了一倍)的新型专用高速总线。芯片组之间采用这种专用高速总线进行数据通信,显然比 PCI 总线进行连接的传统南、北桥型芯片组的运行速率要快得多。而且连接各种设备或器件与 CPU 交换数据时,可以不经 PCI 总线而直接通过内部专用高速总线进行,这就是"中心控制型"芯片组定义的缘由。

(3) Intel P31/G31+ ICH7 南、北桥。支持 Intel 四核心 Yorkfield 和双核心 Wolfdale CPU、PCIE 千兆网卡主板,提供支持 1333MHz 的前端总线,并且支持最新的 Intel 四核心 Yorkfield 和双核心 Wolfdale 处理器,四相供电设计保证了处理器在超频时的安全性与稳定性。可支持双通道 DDR2 800 内存,提供 4 根内存插槽,最大容量高达 4GB。具备一根 PCI Express x16 插槽,并且提供了 4 个 SATAII 3.0 Gbps 接口。同时该主板配备基于 PCI Express 线路的千兆网卡,以及 HDMI_SPDIF 接口。

3) 按主板结构分类

当生产主板时,必须遵循行业规定的技术结构标准,以保证主板在实际安装时的兼容性和互换性。结构标准决定了主板的尺寸和类型,在用户实际装机或升级时,不同结构的主板对机箱规格和箱内电源的技术规格要求也有所不同。

主板结构分为 AT、Baby-AT、ATX、Micro ATX、LPX、NLX、Flex ATX、EATX、WATX 以及 BTX 等。

(1) AT 和 Baby-AT 是多年前的旧主板结构,现在已经淘汰。

(2) LPX、NLX、Flex ATX 则是 ATX 的变种,多见于国外的品牌机,国内尚不多见。

(3) EATX 和 WATX 多用于服务器/工作站主板。

(4) ATX 是目前市场上最常见的主板结构,扩展插槽较多,PCI 插槽数量在 4～6 个,大多数主板都采用此结构。

(5) Micro ATX 又称为 Mini ATX,是 ATX 结构的简化版,就是常说的"小板",扩展插槽较少,PCI 插槽数量在 3 个或 3 个以下,多用于品牌机并配备小型机箱。

（6）BTX 则是 Intel 制定的最新一代主板结构。

4）按功能分类

（1）PnP 功能。带有 PnP BIOS 的主板配合 PnP 操作系统（如 Windows 9x/2003），可帮助用户自动配置主机外设，做到"即插即用"。

（2）节能（绿色）功能。主板一般在开机时有"能源之星（Energy Star）"标志，它的功能是在用户不使用主机时自动进入等待和休眠状态，从而降低 CPU 及各部件的功耗。

（3）无跳线主板。这是一种新型的主板，是对 PnP 主板的进一步改进。在这种主板上，甚至 CPU 的类型、工作电压等都无须用跳线开关，均能自动识别，只需用软件略做调整即可。

### 3．主板的选购

目前市场上主机板的生产厂商和品牌非常多，价格差别甚大，质量也参差不齐，但是所能提供的功能却类似。选择主板必须关注下列因素。

1）性能和速度

首先是性能和速度，一般都是专门的一些测试软件来评估主板在实际应用环境下的速度。不过一般性能和速度只有不同产品之间比较才有意义，由于只有在完全相同的硬件和软件环境下的数据才具有可比性，因此普通用户难以做到，只有一些专业媒体才会进行同类产品的横向比较。

2）必要的功能

考虑主板是否实现了必要的功能，例如是否支持大容量硬盘，主机板的接口如 Power、HD 工作指示灯、Reset、扬声器等是否正常工作，BIOS 的种类，系统实时时钟是否正常等。

3）稳定和可靠

一般来说，稳定性和可靠性与不同厂商的设计水平、制作工艺、选用的元器件质量等有非常大的关系，但是它很难精确测定，常用的测试方法有三种：

（1）负荷测试。在主机板上尽可能多地加入外部设备，例如插满内存，使用可用的频率最高的 CPU 等，在重负荷情况下（包括软件使用资源需求比较大的 Windows NT 而不是 Windows 98），主机板功率消耗和发热量均增大，主机板如果有稳定性和可靠性方面的问题比较容易暴露。

（2）烧机测试。让主机板长时间运行，看看系统是否能持续稳定运行。

（3）物理环境下的测试。可以改变环境变量，包括温度、湿度和振动等，查看主板在不同环境下的表现。

4）兼容性

对兼容性的考察有其特殊性，因为它很可能并不是主板的品质问题。例如有时主板不能使用某个功能卡或者外设，可能是卡或者外设的本身设计就有缺陷。不过从另一个方面看，兼容性问题基本上是简单的有和没有，而且一般通过更换其他硬件也可以解决。对于自己动手装计算机的用户（DIY）来说，兼容性是必须考虑的因素，如果用户还是请装机商动手的话就不容易碰到。

5）升级和扩充

购买主板的时候都需要考虑计算机和主板将来升级扩展的能力，尤其扩充内存和增加扩展卡最为常见,还有升级 CPU,一般主板插槽越多,扩展能力就越好,不过价格也更贵。

6) 价格

价格是用户最关心的因素之一。不同产品的价格和该产品的市场定位有密切的关系,大厂商的产品往往性能好一些,价格也就贵些。有的产品用料比较差一些,成本和价格也就可以更低一些。用户应该按照自己的需要考察最好的性能价格比,完全抛开价格因素而比较不同产品的性能、质量或者功能是不合理的。

还有其他一些因素:

(1) 技术支持和售后服务,主要是看看厂商对产品的技术支持、售后服务如何,大的厂商往往有比较固定的代理商,提供比较好的服务。

(2) 主板是否容易使用,说明书是否简洁明了、附件是否齐全、跳线说明是否清晰等。

(3) 电磁兼容性,电磁泄漏大的产品会影响使用者的身体健康。

# 2.2 存储部件

## 2.2.1 内存

内存储器即内存,也称主存,是计算机系统中存储器的一种。存储器是存放数据与指令的半导体存储单元,通常分为只读存储器(Read Only Memory,ROM)、随机存储器(Read Access Memory,RAM)和高速缓冲存储器(Cache)。通常所说的内存就是 RAM。

### 1. 内存的种类

目前市场上能够见到的内存种类比较多,按照不同的标准可以进行不同的划分。

1) 按照适用机种来划分

不同机种的计算机对内存有着不同的要求。根据内存条所适用的机种不同,内存产品也有各自不同的特点。台式机内存是攒机(DIY)市场内最为常见的内存,价格也相对便宜。笔记本电脑内存则对尺寸、稳定性、散热性方面有一定的要求,价格要高于普通台式机内存。而应用于服务器的内存则对稳定性、电气性能以及内存纠错功能有更为严格的要求。

(1) 台式机内存。台式机是最为常见的计算机,台式机内存也是市场上最为常见的内存。相对于笔记本电脑和服务器而言,台式机内存是最简单的内存产品。图 2.37 所示是几种不同的台式机内存产品。

(2) 笔记本电脑内存。笔记本电脑内存是专门应用于笔记本电脑的内存产品,笔记本电脑内存只是使用的环境与台式机内存不同,在工作原理方面并没有什么区别。但笔记本电脑对内存的稳定性、体积、散热性方面有更严格的要求,故笔记本电脑内存在这几方面要优于台式机内存,价格也要高于台式机内存。笔记本电脑内存如图 2.38 所示。

大多数笔记本电脑并没有配备单独的显存,而是采用内存共享的形式,内存要同时负担内存和显存的存储作用,因此内存对笔记本电脑性能的影响很大。

图 2.37　台式机内存

图 2.38　笔记本电脑内存

（3）服务器内存。服务器是企业信息系统的核心，因此对内存的可靠性要求非常高。服务器上运行着企业的关键业务，内存错误可能造成服务器错误并使数据永久丢失。因此，服务器内存在可靠性方面的要求很高，所以服务器内存大多都带有 Buffer（缓存器）、Register（寄存器）、ECC（错误纠正代码），以保证将错误发生的可能性降到最低。服务器内存具有普通 PC 内存所不具备的高性能、高兼容性和高可靠性，如图 2.39 所示。

图 2.39　服务器内存

2）按照传输类型来划分

内存是计算机内部最为关键的部件之一，对其有着很严格的制造要求，而其中的传输标准则代表着对内存速度方面的标准。按照传输类型，大致可以将内存划分为 SDRAM、DDR SDRAM 和 RDRAM。

**2. 内存的接口**

内存的接口类型一般是根据内存条上导电触片的数量来划分的，内存条上的导电触片习惯上被称为金手指或针脚。不同的内存采用的接口类型针脚数一般是不同的，例如，笔记本电脑内存一般采用 144 针脚或 200 针脚接口；台式机内存则基本使用 168 针脚或 184 针脚接口。对应于内存的不同接口类型，主板上内存插槽的类型也不同。台式机系统主要有 SIMM、DIMM 和 RIMM 三种类型的内存插槽；而笔记本电脑内存插槽则是在 SIMM 和 DIMM 插槽基础上发展而来的，基本原理并没有变化，只是在针脚数上略有改变。

金手指（Connecting Finger）是内存条上与内存插槽之间的连接部件，内存的供电和所有信号的传输都是通过金手指进行的。金手指由众多金黄色的导电触片组成，因其表面镀金而且导电触片排列如手指状，所以被称为"金手指"。目前主板、内存和显卡等设备的"金手指"几乎都采用锡材料，只有部分高性能服务器/工作站的配件接触点才会继续采用镀金的做法，价格自然也高出许多。

对于内存储器，大多数现代的系统都已采用单内联内存模块或双内联内存模块来替代单个内存芯片。这些小板卡插入到主板或内存卡上的特殊连接器里,具体内容在前面已经介绍了。

### 3. 内存的性能指标

#### 1) 速度

对于内存来说,速度是一项非常重要的性能指标。基本上可以根据内存的速度推测出其大致的性能。内存的速度用每存取一次数据所需要的时间来衡量(单位为 ns)。这个时间越短,内存的速度就越快,内存的性能也就相对越高。

#### 2) 存取周期

内存的速度用存取周期来表示。存储器从读出指令到把信息"写"到存储器为止的时间间隔称为取数时间(TA);两次独立的存取操作之间所需要的最短时间称为存储周期(TMC)。其单位为 ns,这个时间越短,速度也就越快,标志着内存的性能越高。半导体存储器的存取周期一般为 60~100ns。

#### 3) 数据宽度和带宽

内存的数据宽度是指内存同时传输数据的位数,以位(bit)为单位。内存带宽是指内存的数据传输速率。

#### 4) 内存的"线"数和容量

所谓内存条是多少"线",就是指内存条与主板插接时有多少个接触点。30 线内存条用在 80386 计算机上,常见容量有 256KB、1MB 和 4MB,提供 8 位有效数据位。72 线内存条用在 80486、80586 计算机上,常见容量有 4MB、8MB、16MB 和 32MB,提供 32 位有效数据位。168 线内存条用在 Pentium 以上级别的计算机上,常见容量有 16MB、32MB、64MB 和 128MB,提供 64 位有效数据位。而 DDRII3 普遍为 1~2GB。

#### 5) 虚拟通道存储器

虚拟通道存储器(Virtual Channel Memory,VCM)是目前大多数最新的主板芯片组都支持的一种内存标准,是由 NEC 公司开发的一种"缓冲式 DRAM",该技术在大容量 SDRAM 中被采用。它集成了所谓的"通道缓冲",由高速寄存器进行配置和控制。在实现高速数据传输的同时,VCM 还与传统的 SDRAM 高度兼容,所以通常也把 VCM 内存称为 VCM SDRAM。VCM 与 SDRAM 的差别在于不管数据是否经过 CPU 处理都可以先在 VCM 进行处理,而普通的 SDRAM 则只能处理经 CPU 处理以后的数据,这就是为什么 VCM 要比 SDRAM 处理数据的速度快 20% 以上的原因。

### 4. 内存的选购

选购内存时,首先要确定所需的内存种类,这可以参考主板的用户手册,避免购买到主板不能支持的内存产品。其次,相对其他计算机配件而言,内存是一种技术含量相对较低的产品,市场上的假冒伪劣产品很多,选购时一定要注意仔细辨别。

挑选内存时,应该尽量购买名牌大厂的产品,购买之前最好先了解一下其产品情况,避免买到假冒产品。另外,每种品牌内存均有自己的编号系统,根据内存标签上的编号可以了解到一些关于内存的具体信息,如内存颗粒的速度、生产周期等。

现在常见的内存条品牌有以下几种:

1）现代（HY）

原厂现代和三星内存是目前兼容性和稳定性最好的内存条，现代的 D43 等颗粒也是目前很多高频内存所普遍采用的内存芯片。目前，市场上超值的现代高频条有现代原厂 DDR500 内存，采用了 TSOP 封装的 HY5DU56822CT-D5 内存芯片，其性价比很不错。

2）金士顿（Kingston）

作为世界第一大内存生产厂商的 Kingston，其金士顿内存产品在进入中国市场以来，就凭借优秀的产品质量和一流的售后服务赢得了众多中国消费者的心。

3）胜创（Kingmax）

胜创科技有限公司是一家名列中国台湾省前 200 强的生产企业（Commonwealth Magazine，May 2000），同时也是内存模组的引领生产厂商。

Kingmax 推出的低价版的 DDR433 内存产品采用传统的 TSOP 封装内存芯片，工作频率为 433MHz。Kingmax 推出的 SuperRam PC3500 系列的售价和 PC3200 处于同一档次，这为那些热衷超频又手头不宽裕的用户提供了一个不错的选择。此外，Kingmax 也推出了 CL-3 的 DDR500 内存产品，其性能和其他厂家的同类产品大同小异。

4）海盗船（Corsair）

Corsair 是一家较有特点的内存品牌，其内存条都包裹着一层黑色金属外壳，这层金属壳紧贴在内存颗粒上，可以屏蔽其他的电磁干扰。其代表产品如 Corsair TwinX PC3200（CMX512-3200XL）内存，其在 DDR400 下可以稳定运行在 CL2-2-2-5-T1 下，将潜伏期和寻址时间缩短为原来的一半。这款内存并不比一些 DDR500 产品差，而且 Corsair 为这种内存提供终身保修。

5）宇瞻（Apacer）

在内存市场，Apacer 一直以来都有着较好的声誉，其 SDRAM 时代的 WBGA 封装也响彻一时，在 DDR 内存上也树立了良好形象。宇瞻的 DDR500 内存（PC4000 内存）采用金黄色的散热片和绿色的 PCB 板搭配。金属散热片的材质相当不错，在手中有一种沉甸甸的感觉，为了防止氧化，其表面被镀成了金色。

## 2.2.2 存储设备

### 1. 软盘

1）软驱的结构

软驱是计算机的标准配置，它由读/写磁头、磁头传动机构、主轴电机、电路板、数据线接口及电源线接口等组成。

（1）软驱的机构组成。

无论何种类型的软驱，均由下列机构组成。

① 盘片驱动机构。盘片驱动机构是由驱动盘的直流伺服电机、主轴及稳速电路组成，当驱动器门关上以后，磁头加载电路使磁头与盘面接触，它以 300rpm 的恒速带动盘片旋转，等待读/写命令的到来。

② 磁头定位机构。磁头定位机构采用四相双拍步进电机，由步进电机带动磁头小车沿磁盘半径方向做径向直线运行。从适配器接口送来的"方向"和"步进"控制脉冲，驱动步进

电机使磁头定位到需要寻址的磁道和扇区,如图 2.40 所示。

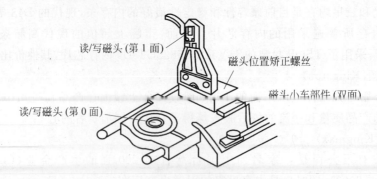

图 2.40　软驱的磁头结构

　　③ 数据读/写/抹电路系统。读/写/抹磁头作为一个整体安装在一起,上、下两个磁头共用一套读/写电路,完成数据的读出和写入。

　　④ 状态检测系统。状态检测系统包括 4 个检测装置,它们各自向适配器输送相应的接口信号。

　　⑤ 整机控制系统。整机控制系统负责控制软驱。

　　软驱安装于主机箱内部,前面有插入软盘部分以协调工作。

　　(2) 软驱的位置。

　　软驱的前面有软盘的缝隙或活门,并有工作指示灯,后部设有连接电源和软驱卡的接口插座。当软盘插入软驱内工作时,驱动器的主轴带动盘片旋转,而同时读/写磁头与盘片接触,并可做径向移动,从而可以读出盘片上所有的记录信息。

　　2) 软驱的主要参数

　　软驱的主要技术参数如下:

　　(1) 道-道访问时间(Track-Track Access Time)。是指磁头从一个磁道移动到相邻磁道上所需的时间。

　　(2) 平均访问时间(Average Access Time)。是指读/写数据的平均时间。平均访问时间与最大磁道数、道-道访问时间、寻道定位时间有关。平均访问时间越小,读/写数据的速度就越快。

　　(3) 寻道定位时间(Setting Time)。是指从其他磁道移动到待读/写磁盘上后,磁头稳定可以读/写数据的时间。当磁头刚移动到待读/写的磁道上时,磁头并不能立即处于稳定状态,而是处于抖动状态,需要经历一段时间后才能稳定,这一时间称为寻道定位时间,该时间越短越好。

　　(4) 道密度和位密度。道密度是每英寸位数(b/in),即每英寸可以存放的二进制数,b/in 沿磁道方向计算。位密度是每英寸磁道数(t/in),t/in 沿径向计算。这两个数值越大,磁盘的容量就越大。

　　(5) 出错率(Error Rate)。分为软出错率和硬出错率两个方面。

　　软盘的容量太小,已经不能适用于当今计算机应用软件的需要,故基本趋于淘汰的地位。

**2. 硬盘**

1) 外部结构

硬盘是计算机中广泛使用的外部存储设备,它具有比软盘大得多的容量,速度快,可靠性高,几乎不存在磨损问题等优点。硬盘的存储介质是若干个钢性磁片,硬盘由此得名。

目前市场上的硬盘除了个别为 5.25 英寸的结构外,其他绝大多数都为 3.25 英寸产品,如图 2.41 所示。

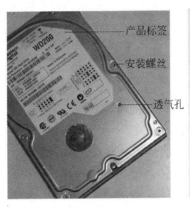

(a) 正面　　　　　　　　　　　　　(b) 背面

图 2.41　硬盘的外部结构

2) 内部结构

硬盘内部结构由固定面板、控制电路板、盘头组件、接口及附件等几部分组成,而盘头组件(Hard Disk Assembly,HDA)是构成硬盘的核心,它封装在硬盘的净化腔体内,包括浮动磁头组件、磁头驱动机构、盘片及主轴驱动机构、前置读/写控制电路等,如图 2.42 所示。

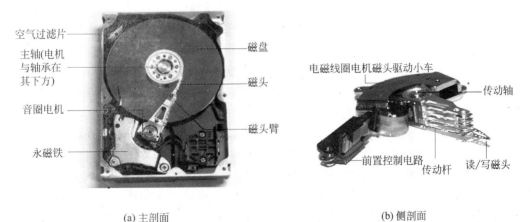

(a) 主剖面　　　　　　　　　　　　(b) 侧剖面

图 2.42　硬盘的内部结构

(1) 浮动磁头组件。浮动磁头组件由读/写磁头、传动杆和传动轴三部分组成。它采用了非接触式盘头结构,加电后在高速旋转的磁盘表面飞行,飞高间隙只有 $0.1 \sim 0.3\mu m$,可以获得极高的数据传输速率。

(2) 磁头驱动机构。磁头驱动机构由音圈电机、磁头驱动小车组成,新型大容量硬盘还具有高效的防震动机构。高精度的轻型磁头驱动机构能够对磁头进行正确的驱动和定位,并在很短的时间内精确定位于系统指令指定的磁道上,保证数据读/写的可靠性。

(3) 盘片和主轴组件。盘片是硬盘存储数据的载体,现在的盘片大都采用金属薄膜磁盘,这种金属薄膜较之软磁盘的不连续颗粒载体具有更高的记录速度。

(4) 前置控制电路。前置控制电路由前置放大电路控制磁头感应信号、主轴电机调速、磁头驱动和伺服定位等组成,由于磁头读取的信号微弱,故将放大电路密封在腔体内可减少外来信号的干扰,以提高操作指令的准确性。

3) 分类

目前计算机的硬盘可按盘径尺寸和接口类型进行分类。

(1) 按盘径尺寸分类。目前的硬盘产品按内部盘片分为 5.25、3.5、2.5 和 1.8 英寸几种(后两种通常用于笔记本电脑及部分袖珍精密仪器中),目前在台式机中使用最为广泛的是 3.5 英寸的硬盘。

(2) 按接口类型分类。硬盘的接口是指硬盘与计算机之间连接的通道,当今主流硬盘的接口界面有 EIDE(Enhanced Integrated Device Electronics,增强型 IDE)和 SCSI(Small Computer System Interface,小型计算机系统接口)。此外还有 IEEE 1394 接口、USB(Universal Serial Bus)接口和 FC-AL(FiberChannel-Arbitrated Loop,光纤通道和仲裁环路)接口的产品,但是市场上很少见到。

① IDE 接口。IDE(Integrated Drive Electronics)是指控制器与盘体集成在一起的硬盘驱动器,常说的 IDE 接口也叫 ATA(Advanced Technology Attachment)接口,现在计算机上使用的硬盘大多数是与 IDE 接口兼容的,只需用一根电缆将它们与主板或接口卡连接起来就可以了。

② SCSI 接口。它最早是为小型机研制的一种接口技术,但随着计算机技术的发展,现在已被完全移植到了普通计算机上。现在的 SCSI 可以划分为 SCSI-1、SCSI-2(SCSI Wide 与 SCSI Wide Fast)和最新的 SCSI-3 等几种,SCSI-2 是流行的 SCSI 版本。SCSI 广泛应用于硬盘、光驱、ZIP、MO、扫描仪、磁带机、JAZ、打印机、光盘刻录机等设备上。

SCSI 接口硬盘具有占用 CPU 时间极低、支持更多的设备和在多任务下工作等明显的优点,但是由于 SCSI 设备较贵,且用户还需多购买一块几百元的 SCSI 卡,因此仅在硬件发烧友和中高端服务器市场上流行。

③ IEEE 1394 和 USB。IEEE 1394 接口(也称火线或者烽线)和 USB 接口都是随着 PC 功能增强而出现的新一代接口标准,USB 接口速度较慢,1.1 标准速率仅为 1.5Mbps,现已普及的 2.0 标准速率为 480Mbps。IEEE 1394 目前的传输速率是 200Mbps(相当于 25MBps),将向 50MBps、100MBps 或更高的 125MBps 发展。这些接口的出现使硬盘成为非常优秀的外置大容量移动存储介质,而不像以前硬盘仅能在单机上使用。

4) 主要参数

大家知道,硬盘是计算机中的一个重要部件。在 CMOS 中设置硬盘的工作参数十分重要,如果设置不对,将造成计算机不能启动或不能正常工作。使用时,要注意硬盘的常用参数及其对硬盘性能的影响。一般情况下是用 BIOS 自检硬盘参数,并对硬盘参数自动设置。

(1) 磁头数(Heads)。

硬盘的磁头数与硬盘体内的盘片数目有关,由于每一盘片均有两个磁面,每面都应有一个磁头,因此磁头数一般为盘片数的两倍。每面磁道数及磁道所含的扇区数与硬盘的种类及容量有关。

(2) 柱面(Cylinders)。

硬盘通常由重叠的一组盘片(盘片最多为 14 片,一般均在 1～10 片之间)构成,每个盘面都被划分为数目相等的磁道,并从外缘的"0"开始编号,具有相同编号的磁道形成一个圆柱,称之为硬磁盘的柱面。磁盘的柱面数与一个盘面上的磁道数是相等的。由于每个盘面都有自己的磁头,因此盘面数等于总的磁头数。

(3) 每磁道扇区数(Sectors)。

在硬盘中磁道进一步划分为扇区,每一扇区是 512B,这一点与软盘相同。这些参数一般标注在硬盘的标签上,供安装时参考。

格式化后硬盘的容量由 3 个参数决定,即:

$$硬盘容量 = 磁头数 \times 柱面数 \times 扇区数 \times 512(B)$$

例如,某 IDE 接口硬盘的磁道数为 1120,磁头数为 16,每磁道有 59 个扇区,则硬盘容量为:

$$1120 \times 16 \times 59 \times 512 = 541\ 327\ 360B = 541MB$$

(4) 容量(Volume)。

目前硬盘容量的单位一般为吉字节(GB),主流硬盘容量一般为 100GB 以上。

(5) 交错因子(Interleave)。

交错因子是硬盘低级格式化时需要给定的一个重要参数,取值为 1∶1～5∶1 之间,具体数值由硬盘类型决定。交错因子对硬盘的存取速度有很大的影响。

5) 性能指标

目前生产硬盘的厂家和品牌较多,在技术规格上有几项重要的指标是购买硬盘时的主要考虑因素。

(1) 平均寻道时间(Average Seek Time)。

平均寻道时间是指硬盘磁头移动到数据所在磁道时所用的时间,单位为 ms。平均寻道时间越短越好,现在选购硬盘时应该选择平均寻道时间低于 9ms 的产品。

(2) 平均潜伏期(Average Latency)。

平均潜伏期是指当磁头移动到数据所在的磁道后,等待所要的数据块继续转动(半圈或多些、少些)到磁头下的时间,单位为 ms。

(3) 道-道时间(Single Track Seek Time)。

道-道时间是指磁头从一磁道转移至另一磁道的时间,单位为 ms。

(4) 全程访问时间(Max Full Seek Time)。

全程访问时间是指磁头开始移动直到最后找到需要的数据块所用的全部时间,单位为 ms。

(5) 平均访问时间(Average Access Time)。

平均访问时间是指磁头找到指定数据的平均时间,单位为 ms。通常是平均寻道时间和平均潜伏时间之和。

**注意**：现在不少硬盘广告中所说的平均访问时间大部分都是用平均寻道时间所代替的。

(6) 最大内部数据传输速率(Internal Data Transfer Rate)。

最大内部数据传输速率也叫持续数据传输速率(Sustained Transfer Rate)，单位为Mbps。它是指磁头至硬盘缓存间的最大数据传输速率，一般取决于硬盘的盘片转速和盘片数据线密度。

(7) 外部数据传输速率。

通常所称的突发数据传输速率(Burst Data Transfer Rate)是指从硬盘缓冲区读取数据的速率。它在硬盘特性表中常以数据接口速率代替，单位为 Mbps。目前主流硬盘普遍采用的是 Ultra ATA/66，它的最大外部数据传输速率为 66.7Mbps。而在 SCSI 硬盘中，采用最新的 Ultra 160/m 的 SCSI 接口标准，其数据传输速率可达 160Mbps。若采用 Fiber Channel(光纤通道)，最大外部数据传输速率可达 200Mbps。

(8) 主轴转速。

主轴转速是指硬盘内主轴的转动速度，目前 ATA(IDE)硬盘的主轴转速一般为 5400～7200rpm，主流硬盘的转速为 7200rpm；而对于笔记本电脑用户则是以 4200rpm、5400rpm为主，虽然已经有公司发布了 7200rpm 的笔记本电脑硬盘，但在市场中还较为少见。至于SCSI 硬盘的主轴转速一般可达 7200～10 000rpm，而转速最高的 SCSI 硬盘的转速高达15 000rpm。

(9) 数据缓存。

数据缓存是指在硬盘内部的高速存储器，目前硬盘的高速缓存一般为 512KB～2MB，主流 ATA 硬盘的数据缓存为 2MB；而在 SCSI 硬盘中，最大数据缓存现在已经达到了16MB。对于大数据缓存的硬盘，在存/取零散文件时具有很大的优势。

(10) 硬盘表面温度。

硬盘表面温度是指硬盘工作时产生的温度使硬盘密封壳温度上升的情况。硬盘工作表面温度较低的硬盘读/写数据更稳定。如果在转速高的 SCSI 硬盘上加一个硬盘冷却装置，则硬盘的工作稳定性能进一步得到保障。

### 3. 硬盘的选购

对于硬盘来说，容量、速度、安全性永远是用户最关心的三大指标。

容量对用户来说应该在价格承受能力下越大越好，目前硬盘的价格已经很低，400GB正成为主流。而且 600GB 和 800GB 的硬盘价格相差不多，但容量却相差了很多。

硬盘是计算机的外存，但因为流行的 Windows 操作系统可以利用硬盘作为虚拟内存，同时计算机中的数据传输量也与日俱增，所以硬盘的性能直接关系到整个计算机系统的速度，在购买时应考虑高速硬盘(7200rpm)，在价格允许的情况下还应该考虑是否支持 ATA100 等高级接口技术。

安全性应该是用户考虑比较多的因素，因为数据丢失远比容量小、速度低等因素造成的损失严重得多。目前硬盘采用的安全技术有如下几种：Seagate 的 Seashield DST(Drive Self Test)，昆腾的 DPS(Data Protection System)、SPS(Shock Protection System)，WD 的Data Lifeguard(数据卫士)，IBM 的 DFT(Drive Fitness Test)，以及 Maxtor 的 ShockBlock

和 Maxsafe 等。它们虽然名称不同,各自的特点也不同,但大致目的都是为了:

(1) 提高硬盘的抗震和抗瞬间冲击的性能。

(2) 通过软、硬结合对硬盘进行监测和自我诊断,尽早发现存在的问题,并结合硬盘具有的自我修复能力将故障消灭在萌芽状态中。

总的来说,在考虑上述因素的情况下,可以结合"够用就好"和"考虑升级"两个因素选择硬盘。

## 2.2.3　移动存储设备

### 1. U盘

U 盘又称优盘、闪盘,是现在最常用的移动存储设备,目前市场上常见的 U 盘如图 2.43 所示。

U 盘一般以 Flash 闪存芯片作为存储介质,配以控制电路,具有防磁、防震和防潮等特性,可靠性非常高,擦写次数可多达 100 万次。U 盘一般使用 USB 接口,体积小巧,携带方便,容量较大,功能较多,且在 Windows 2000/XP 等常用操作系统下不需要专门安装驱动程序,当前流行容量为 512MB~4GB 的产品。

现在一些厂家开始注重提高 U 盘的附加性能,如杀毒功能、保密功能、邮件收发功能等,用户在选择产品时可以根据实际需求进行挑选。

U 盘的 USB 接口标准有 USB 1.1 和 USB 2.0 两种,目前市面上销售的 USB 2.0 标准的产品越来越多,USB 1.1 标准的产品正逐渐被淘汰。

### 2. 移动硬盘

移动硬盘是一种大容量的移动存储设备,虽然其便携性稍差,但其容量可高达几百 GB,如图 2.44 所示。

图 2.43　U 盘

图 2.44　移动硬盘

移动硬盘是由一个硬盘盒和一块硬盘组成的,硬盘盒中有标准硬盘接口和控制电路。硬盘盒通过一条 USB 连接线与计算机主机的 USB 接口相连。

由于有些 USB 接口供电不足,硬盘盒一般都配有一条额外的连接线用单独电源供电。也有的是通过计算机的 PS/2 接口或另外一个 USB 接口供电。

常用的硬盘盒有两种:一种是配合台式机的 5 英寸硬盘使用的,另一种是配合笔记本电脑的 3 英寸硬盘使用的。5 英寸硬盘的容量较大,目前市面上有 200GB 的产品销售,其转速高,速度快,但其体积、重量和发热量也较大,便携性较差。而3英寸硬盘体积小,重量轻,便于携带,但容量较小,价格较贵。

移动硬盘的USB接口标准也有USB 1.1和USB 2.0两种,目前市面上销售的基本上都是USB 2.0标准的移动硬盘。

### 3. 移动存储设备的选购

如今众多厂商蜂拥而至,推出众多品牌的USB移动存储设备,使得市场上的此类产品品目繁多,消费者不知买哪一款产品才合算。说到底产品的价值是通过实际使用得到体现的,所以只要确定了购买它的主要用途是什么,由此出发货比三家就一定能买到满意的好产品。

(1) 普通家庭使用者。

这部分消费者选购USB移动设备应以实用为主,以经济实惠为购买原则,免得花了冤枉钱买来奢侈的摆设。所谓实用就是存储容量相对较大,价格中档,售后服务比较完备的品牌产品。多少的存储容量算是合适呢?目前市场上的U盘为1～100GB。USB移动硬盘的存储容量在100～400GB之间,一般家庭用户选择200～400GB容量的产品基本就已经足够应付日常的使用需要。

(2) 学生及游戏玩家。

学生和游戏玩家的身份都很特殊,选用USB移动硬盘的目的性也更明确。便携性和低价位是购买产品的关键决定因素。一部轻便快捷随身携带的USB移动硬盘对学生来说意味着随时保存和交流学习资料,随时保存所作的作业,下载喜欢的歌曲和影视作品,更方便地获取新的信息等。游戏玩家则再也不用为要到朋友家里拷贝游戏而把自己的计算机大卸八块而发愁。有了USB移动硬盘,这些琐碎的烦恼便一扫而光。学生和一般游戏玩家经济实力一般,只能购买价格相对较低,更方便于携带的DIY或者低端品牌产品。

由于闪盘很小巧,各家所采用的技术差别不大,价格也只有几十元,因此对于用户来讲,选一个外观漂亮的就显得很重要了。需要注意的是,市场里有些产品外面的颜色是后喷上去的,时间一长很容易被磨掉一些,这样挂在脖子上可就不太好看了。所以最好还是选一个有"特色"的产品,这方面如朗科的无驱型、联想的魔盘等就很值得推荐,特别是联想的魔盘,不仅不会掉色,样式也是目前市场中最漂亮的,除此之外,它的价格也比较便宜。

## 2.2.4　光盘驱动器与光盘

根据光盘存储技术,光盘驱动器分为CD-ROM(只读光盘驱动器)、CD-R(可写光盘驱动器)、CD-R/W(可擦写光盘驱动器)、DVD-ROM(数字视频只读光盘驱动器)和DVD-RAM(数字视频可反复擦写光盘存储器)。CD-ROM已经成为计算机的标准配置,随着价格的下降,CD-R/W及DVD-ROM正逐渐被用户接受,有望取代CD-ROM和软驱。

### 1. CD-ROM

CD-ROM(Compact Disc-Read Only Memory)简称光驱,已经成为计算机的基本配置。

1) CD-ROM 的外观

（1）光驱的控制面板。图 2.45 所示是一款普通的内置式 CD-ROM,其各部分名称及作用如下：

① 耳机插孔（Headphone Jack）。用于连接耳机或音箱,可输出 Audio CD 音乐,与随身听（WalkMan）的功能一样。

② 音量旋钮（Volume Control）。用于调节输出的 CD 音乐音量的大小。有的用两个数字按键代替模拟的旋钮。

图 2.45　CD-ROM 的外观

③ 工作指示灯（Busy Indicator）。该灯亮或闪烁时,表示驱动器正在读取数据。

④ 强制弹出孔（Emergency Eject Hole）。用于断电或其他非正常状态下插入曲别针或细牙签,弹出光盘托架。

⑤ 打开/关闭键（Open/Close Button）。用于控制光盘托架的进/出。如果正在播放 CD,将停止播放。

（2）光驱的背面。几乎所有光驱的背面都有如下的插口：

① 电源插座（Power-in Connector）。使用与硬盘相同的四线电源线。

② 数据线插座（Interface Connector）。连接数据线,数据线的另一端连接 CD-ROM 控制器接口。如果是 IDE 接口的光驱,与 IDE 硬盘的连接方法相同。

③ 主盘/从盘/CSEL 盘模式跳线（Master/Slave/CSEL Jumper）。用于设置 IDE 设备的主从位置,与 IDE 硬盘的跳线功能相同。如果跳线冲突,机器将不能启动。如果在一个 IDE 口上同时安装硬盘和光驱,硬盘应该设置为 Master,光驱设置为 Slave。硬盘与光驱最好分别接在不同的 IDE 接口上,即 IDE 1 口接硬盘,设置为 Master；IDE 2 口接光驱,也设置为 Master。

④ 模拟音频输出连接口（Analog Audio Output Connector）。光驱与声卡的连接口可实现 Audio CD 的播放。安装时将光驱或声卡附带的音频线一端插入此接口,音频线的另一端与声卡的对应接口相连。不同的声卡,音频线的排列顺序可能不同。

**注意**：音频线只对播放 Audio CD 有用,VCD 及多媒体光盘的声音是通过 CPU 处理后再经声卡输出的,所以,如果不使用光驱播放 CD 或者播放 CD 时将音箱接在光驱前面板的声音输出插口上,可不接音频线。

⑤ 数字音频输出连接口（Digital Audio Output Connector）。可以连接到数字音频系统或数码音乐设备。对目前的计算机,一般没有使用。

2) CD-ROM 的内部结构

由于 CD-ROM 集光、电、机械于一体,故内部结构非常复杂。从总体上来看,它主要由控制电路和机芯组成,其机芯结构有主体支架、光盘托架、激光头组件、电路控制板。其中,激光头组件是光驱的核心,其基本结构如图 2.46 所示。它主要由主轴电机、伺服电机、激光头和机械运动部件等组成。而激光头则由一组透镜、反射镜和二极管激光发射器组成。

光盘的数据存储格式与硬盘中的同心圆磁道方式不同,光盘是以连续的螺旋形轨道来存储数据的,其轨道中各个区域的尺寸和密度都是相同的。

3) CD-ROM 的性能指标

CD-ROM 有如下一些主要的性能指标。

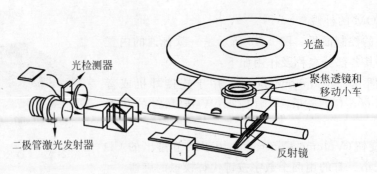

图 2.46　光驱中激光头组件

（1）倍速。CD-ROM 的速率指的是传输速率,最初的单倍速传输速率相当于音频 CD 的标准——150kbps。CD-ROM 的倍速均是指单速的倍数,即 2×（双速）、4×（4 速）、8×（8 速）、24×（24 速）、32×（32 速）、40×（40 速）、50×（50 速）,52×（52 速)等。

（2）接口。目前常用的光驱接口有 IDE 和 SCSI。与 IDE 接口的驱动器相比,SCSI 接口的驱动器占用的 CPU 资源较少,对于同样的任务,性能自然要好得多。但是,由于现在大多数主板只集成了 IDE 接口,SCSI 接口卡需要另外购买,因此成本较高。

（3）旋转方式。光盘在主轴电机的带动下高速旋转,光驱中的激光头在光盘表面横向移动,读取存储在光盘数据轨道上的数据。主轴电机带动光盘旋转通常采用两种方式:一种是改变光盘转速;另一种是改变传输速率。

（4）纠错能力。纠错能力即读取质量较差的光盘的能力。纠错能力是光驱很重要的一项指标,因此要使用纠错能力强的光驱。

（5）CPU 的占用率。CPU 的占用率可以反映光驱 BIOS 的水平。优秀产品可以尽量减少对 CPU 的占用率。

（6）平均读取时间。平均读取时间（Average Seek Time）是指 CD-ROM 从激光头定位到开始读盘的时间,一般是时间越短越好,不能超过 95ms。

（7）缓存。缓存通常用 Cache 或者 Buffer Memory 表示,其作用是提供一个数据的缓冲区域,将读取的数据暂时保存于此,然后一次性地将其传输和转换,这样做的目的是解决光驱与计算机其他部分速度不匹配的问题。Cache 最少要有 128KB,现在的光驱缓存一般是 256KB 或者 512KB。当然,缓存越大越好。

### 2．CD 刻录机

经过数年发展,CD 刻录机及其配套产品的技术已经非常成熟,价格也已接近底限。光盘刻录产品以大容量、低成本、易保存的优势和较高的性能价格比逐渐成为外存储设备的选购焦点。

1）CD-R/RW 的原理与外观

CD-R（Compact Disc-Recordable）通常称为光盘刻录机,它采用一次写入技术,在刻入数据时,利用高功率的激光束反射到 CD-R 盘片,使盘片上的介质层发生化学变化,模拟出二进制数据 0 和 1 的差别,把数据文件正确地存储在 650MB/74min 的 CD-R 盘片上。CD-R 光盘可以在所有 CD-ROM 中读出。

CD-RW(Compact Disk-ReWritable)称为可擦写光盘刻录机,它采用先进的相变(Phase Change)技术,在刻录数据时,高功率的激光束反射到 CD-RW 盘片的特殊介质上,产生结晶和非结晶两种状态,并通过激光束的照射,介质层可以在这两种状态间相互转换,达到多次重复写入(1500 次左右)的目的。由于 CD-RW 仍兼容 CD-R 的盘片,并且 CD-RW 刻录机价格与 CD-R 刻录机价格相差无几,从功能上讲 CD-RW 更具竞争力。

2) CD 刻录机的性能指标

CD 刻录机的性能指标有多个,但关键的有以下几个:

(1) 速度。速度是 CD 刻录机主要的技术指标,它包括数据的读取速度和写入速度。写入速度(Write Speed)是最重要的指标,CD 刻录机的价格一般与其写入速度成正比。

CD-RW 常用的标准速度格式为"写×擦×读",其中"写"为写入速度,"擦"为擦写速度,"读"是读取速度,如 8×4×32。在选购刻录机的时候注意类似的表达方式就可以了解产品的主要性能。

(2) 接口方式。刻录机主要有三种接口方式,即 SCSI、IDE 和并行口。并行口方式的刻录机已基本趋于淘汰。按传统理论,性能最好的应该是采用 SCSI 接口的刻录机。IDE (ATAPI)刻录机虽然安装简单,但有时会出现与 CD-ROM 只读光驱不兼容的情况,而且使 CPU 的占用率较高,会在一定程度上影响刻录质量。不过,随着技术的进步,目前 IDE 接口的刻录机已成为选购时的最佳选择,因其具有最高的性能价格比。

(3) 放置方式和进盘方式。按照放置方式,刻录机可以分为内置式(Internal)和外置式 (External)两种。内置式刻录机一般安装在 5.25 英寸驱动器托架上,使用主机的电源。就安装操作来看,与安装一部普通光驱相同。外置产品配有独立的机壳与电源。在同样的配置下,内置式产品的价格较低,节约空间,多采用 IDE 接口或并行口。刻录机按进盘方式有托架式(Tray)和卡匣式(Caddy)两种。

(4) 缓存容量(Buffer size)。刻录机缓存的大小是衡量 CD 刻录机性能的重要技术指标之一,刻录时数据必须先写入缓存,刻录软件再从缓存区调用要刻录的数据,因而缓冲区的容量越大,刻录的成功率就越高。市场上的 CD 刻录机的缓存容量一般在 512KB~2MB 之间,建议选择缓存容量较大的产品。

(5) 盘片兼容性。盘片是刻录数据的载体,有 CD-R 和 CD-RW 盘片两种。CD-R 盘片根据介质层分为金盘、绿盘和蓝盘三种。其中绿盘作为基本规范,兼容性好;金盘是在绿盘的基础上改良而成的,兼容性更好;蓝盘的特点在于价格便宜,但可能会有兼容性问题。常见的 CD-R 盘片的容量为 650MB,记录时间为 74min。相对而言,CD-RW 的盘片选择就比较简单,因为这类盘片介质层的制造厂商不多,盘片性能也相差不大,与 CD-RW 刻录机的兼容性也较好。

(6) 防欠载技术。防欠载技术主要有 Burn-Proof 和 JustLink,分属于三洋和理光的专利。它们的基本原理如下:

① 刻录时,系统随时监视刻录机缓存内的数据堆积情况。

② 假如由于某种原因,从计算机传来的数据流速度慢于刻录速度,缓存内堆积的数据便会逐渐减少。

③ 一旦堆积的数据量低于某个警戒水平,若继续刻录,便会出现缓存欠载(Underrun)的情况,那么刻录工作会自动暂停,并等待系统的下一步指示。

④ 暂停期间,继续从计算机那里接收数据,并在缓存内堆积。

⑤ 一旦积累了足够多的数据,紧接着便在刚才中断的地方继续刻录,同时继续监视缓存内的数据堆积情况。

(7) 超长时间刻录。所谓"超长时间刻录(OverBurning)"是指在一张可刻录光盘上写入比标准容量更多的数据。这是如何实现的呢?简单地说,便是利用了光盘厂商本来保留作为其他用途的空间,比如用于引导的第一个区段,或特意设为不允许刻录的空间等。

### 3. DVD-ROM

DVD(Digital Video Disc,数字视频光盘)作为与 CD 同样大小的光盘,却具备了 CD 无法与之相媲美的优势。在几乎不增加成本的基础上,数倍甚至几十倍地提升了存储的容量,而且 DVD 的速度也是 CD 无法比拟的。例如,16× 的 DVD 的传输速率相当于 140× 左右的 CD 的传输速度(这里指的是读 DVD 盘的速度),并且驱动器与当今的 CD 光盘向下兼容,所有的 DVD 驱动器都可以读取 CD-Audio 和 CD-ROM 光盘,所以,DVD 逐渐取代 CD,成为主流光存储设备。

DVD 格式大致上可以分为 4 类,即只读形式、记录形式、可以多重记录形式和视频记录形式。其中,由于只读形式发展最早,因此现在比较成熟,而其他三种形式还处于发展阶段。

1) 只读形式

只读形式是我们了解和接触最多的形式,分为 DVD-ROM(Digital Versatile Disc Read Only Memory)、DVD-Video 和 DVD-Audio 三种,分别指的是只读数据盘、DVD 影碟和 DVD 音乐。它们的支持是最广泛的,换句话说,就是在所有的 DVD 驱动器上都可以使用的格式。

2) 记录形式

记录形式的应用很广泛,目前有 DVD-R(G)(DVD-R for General)、DVD-R(A)(DVD-R for Authoring)和 DVD+R 三种。DVD-R(G)和 DVD-R(A)的不同之处在于记录时激光的波长不同。DVD-R(G)使用 650nm 波长的激光,而 DVD-R(A)使用的是 635nm 波长的激光。DVD-R(G)主要是针对家庭和公司用户用于记录不连续的存档文件,并且有防止复制技术。而 DVD-R(A)允许记录原作形式,不过对于它的支持要比 DVD-R(G)差一些。DVD+R 是最新发展的一种记录形式,它是由 DVD+RW 在 2001 年制定的标准,现在不是所有的驱动器都支持这种格式。不过 DVD+RW 联盟的实力不可忽视。

3) 多重记录形式

多重记录形式分 DVD-RAM(Digital Versatile Disc Random Access Memory)、DVD-RW(Digital Versatile Disc ReRecordable)和 DVD+RW(Digital Versatile Disc ReWritable)三种。DVD-RAM 以 Panasonic(松下)、Hitachi(日立)和 Toshiba(东芝)等公司为代表,可以读取所有的 DVD-ROM,且兼容 DVD-VR 视频格式,它的最大优势是可以重写 100 000 次以上,在所有的多重写记录形式中排在第一。DVD-RW 的优势就是兼容性好,它是发展最早的多重记录形式,可以用于存储视频、音频和其他数据,而且所有 DVD-ROM 的驱动器都可以很好地读取 CD-R 和 CD-RW 的数据。DVD-RW 盘可以重写 1000 次,驱动器价格也是三种中最便宜的。DVD+RW 最大的特色就是它的速度在这些格式中是最快的,其他多重记录形式一般都是 2.77MBps。DVD+RW 能为用户提供 11~26MBps

的写入速度。DVD＋RW 的视频技术也是一种较新的技术，由 Philips 公司于 2001 年 9 月发布，以回应 DVD-RAM 阵营的 DVD-VR 视频格式。

4）视频记录形式

DVD-VR 是在 DVD-RAM 基础上发展起来的一种视频规范，可以提供 2h 的 MPEG-2 高品质视频，并且提供视频编辑功能，还可以记录不同格式的静态图像。松下、东芝、三星、日立等厂商都推出过这种产品，性能如表 2.1 所示。

表 2.1 DVD 光盘容量格式及区别

| DVD 形式 | 盘片格式 | 说明 | 容量 |
|---|---|---|---|
| DVD-Video Player、DVD-ROM | DVD-5 | 单面单层 | 4.7GB 或 2h 以上 |
| | DVD-9 | 单面双层 | 8.5GB 或 4h 以上 |
| | DVD-10 | 双面单层 | 9.4GB 或 4.5h 以上 |
| | DVD-14 | 双面单层或双面双层 | 13.2GB 或 6.5h 以上 |
| | DVD-18 | 双面双层 | 17.1GB 或 8h 以上 |
| DVD-RAM(DVD-VR) | DVD-RAM 1.0 | 单面单层 | 2.6GB |
| | | 双面单层 | 5.2GB |
| | DVD-RAM 2.0 | 单面单层 | 4.7GB |
| | | 双面单层 | 9.4GB |
| DVD-R | DVD-R 1.0 | 单面单层 | 3.9GB |
| | DVD-R 2.0 | 单面单层 | 4.7GB |
| | | 双面单层 | 9.4GB |
| DVD-RW | DVD-RW 2.0 | 单面单层 | 4.7GB |
| | | 双面单层 | 9.4GB |
| DVD＋R、DVD＋RW | | 单面单层 | 4.7GB |
| | | 双面单层 | 9.4GB |

表 2.1 是根据不同格式各自的说明规范而列出的，同时 DVD 的格式是多种多样的，特别是一些格式还处于制定和发展中，很难确定什么格式是最有前途的，也许今后有些格式会成为标准，而有的则会淘汰消失，一切还未确定。

**4. DVD 刻录机**

1）DVD 刻录的标准

CD 刻录规格具有统一的规格 CD RW，因此不存在规格兼容性的问题，市面上也只有一种类型的 CD 刻录机。而 DVD 刻录则不同，DVD 刻录规格并没有建立起统一的规格，目前有三种不同的刻录规格：DVD-RAM、DVD-RW、DVD＋RW，而且它们互不兼容，都有各自支持的厂商。目前市场上 DVD＋RW 占主流地位，而 DVD-RW 和 DVD-RAM 的市场份额较小。

（1）DVD＋RW 标准。DVD＋RW 是目前最易用的、与现有格式兼容性最好的 DVD 刻录标准，其产品价格也较便宜。DVD＋RW 标准的最大优势是可以与现有的 DVD 播放器、DVD 驱动器标准全部兼容，也就是说 DVD＋RW 不仅可以作为 PC 的数据存储，还可以直接以 DVD 视频的格式刻录视频信息。

DVD＋RW 的单面容量为 4.7GB,双面容量为 9.4GB;最长刻录时间单面为 4h 视频,双面为 8h;激光波长为 650nm(与 DVD 视频相同)。

(2) DVD-RW 标准。DVD-RW 产品最初定位于消费类电子产品,可记录高品质多媒体视频信息。然而随着技术发展,DVD-RW 的功能也慢慢扩充到了计算机领域。DVD-RW 的刻录原理与普通 CD-RW 刻录类似,也采用相位变化的读/写技术,同样是固定线性速度(CLV)的刻录方式。

DVD-RW 的优点是兼容性好,而且能够以 DVD 视频格式来保存数据,因此可以在影碟机上进行播放。但是,其缺点是格式化需要花费大约一个半小时的时间。

DVD-RW 提供两种记录模式: 种是视频录制模式;另一种是 DVD 视频模式。前一种模式功能较丰富,但与 DVD 影碟机不兼容。用户需要在这两种格式中做选择,使用起来不太方便。

(3) DVD-RAM 标准。它也使用了类似于 CD-RW 的技术。但由于在介质反射率和数据格式上的差异,多数标准的 DVD-ROM 光驱都不能读取 DVD-RAM 盘。

第一个 DVD-RAM 于 1998 年年初推出,支持的盘片容量分别为 2.6GB(单面)和 5.2GB(双面)。支持单面容量为 4.7GB 的产品于 1999 年年末问世,而支持双面容量为 9.4GB 的产品在 2000 年才被投放市场。DVD-RAM 可以读取 DVD 视频、DVD-ROM 和 CD。

DVD-RAM 的优点是格式化时间很短,不到 1min,格式化后的光盘不需特殊的软件就可进行写入/擦写,也就是说可以像软盘一样轻松使用,而且价格便宜,但只供有相关驱动器的计算机专用。从这一点看,与其他 DVD 刻录机相比,DVD-RAM 更像 MO 一类的专用、高性能产品。

(4) DVD-Multi 标准。DVD-Multi 技术以 DVD-RAM 为主要架构,兼容 DVD-RAM、DVD-R、DVD-RW 和 CD-R/CD-RW 等。严格地说,DVD-Multi 并不是一项技术,而是将影音与刻录规范进行结合后的设计规范,是前两种 DVD 刻录规格组合而衍生出来的产物。DVD-Multi 在媒体格式上支持 DVD-Video、DVD-ROM、DVD-Audio、DVD-R/RW、DVD-RW、DVD-RAM、DVD-VR,当然也包括对 CD-R/RW 的支持。目前,DVD-Multi 标准已得到众多厂商的支持,其中包括日立、松下、三菱电机、Intel、LG 电子、NEC、先锋、三星电子和夏普等。

(5) DVD-Dual 标准。DVD-Dual 标准又称为 DVD-Dual RW 标准,是由索尼公司设计并率先推行的。

包括索尼、NEC 等在内的厂商针对 DVD-R/RW 与 DVD＋R/RW 不兼容的问题,提出了新的 DVD Dual 规格,也就是 DVD±R/RW 的设计。DVD Dual 并没有 DVD Multi 那样统一的规范,而是可以让厂商们自由发挥。DVD±RW 刻录机可以同时兼容 DVD-R/RW 和 DVD＋R/RW 这两种规格,使得使用者可以不必担心 DVD 刻录盘搭配的问题。

不过 DVD Dual 刻录机也有一个缺点,就是需要缴纳两份专利费,生产成本会增加一些,价格也要贵一点。相比之下,由于 DVD-RAM 与 DVD-R/RW 同属 DVD 官方论坛,因此在授权费用方面要占有优势。就目前市场上的情况来看,日本和欧美方面的厂商大部分属于 DVD-Multi 阵营,中国台湾方面的厂商大部分属于 DVD-Dual 阵营。

2) DVD 刻录机的性能指标

(1) 可支持的盘片标准。是指该刻录机所能读取或刻录的盘片规格。在选购时,如果有特殊要求,就应该根据自己的需要选购适合自己用途的产品;如果没有特殊要求,则应该选用支持较多标准的设备,以达到良好的兼容性。

(2) 最大 DVD 覆写速度。是指 DVD 刻录机在刻录相应规格的 DVD 刻录光盘且当光盘上存储有数据时,对其进行数据擦除并重新刻录数据的最大刻录速度。目前市场中的 DVD 刻录机能达到的最高刻录速度为 16 倍速。对于 2～4 倍速的刻录速度,每秒数据传输量为 2.76～5.52MB,刻录一张 4.7GB 的 DVD 盘片需要 15～27 分钟的时间;而采用 8 倍速刻录则只需要 7～8 分钟,只比刻录一张 CD-R 的速度慢一点。考虑到其刻录的数据量,8 倍速的刻录速度已达到了很高的程度。DVD 刻录速度是购买 DVD 刻录机的首要因素,在资金充足的情况下,尽可能选择高倍速的 DVD 刻录机。

(3) 接口类型。目前 DVD 刻录机与系统接口的类型主要有 ATA/ATAPI 接口、USB 接口、IEEE 1394 接口、SCSI 接口和并行接口等。

(4) 缓存容量。在刻录光盘时,系统会把需要刻录的数据预先读取到缓存中,然后再从缓存中读取数据进行刻录,缓存就是数据与刻录盘之间的缓冲地带。现在的刻录机都支持各种防刻死技术,不过还是采用大容量缓存的刻录机会更稳定些,同时大容量缓存还能协调数据传输速度,保证数据传输的稳定性和可靠性。

### 5. COMBO

1999 年,三星电子推出了第一台多功能光驱——COMBO(康宝),如图 2.47 所示。这是一种能够同时兼容 CD-ROM、CD-R、CD-RW 以及 DVD-ROM 的多功能驱动器。

1) COMBO 光驱的技术特点

简单来说,COMBO 光驱是整合了 DVD-ROM 和 CD-RW 的多功能光驱,但在技术上却远非这么简单。

总的来说,COMBO 光驱的技术可分为光驱通用的技术和 COMBO 独有的技术两种。在通用技术方

图 2.47 SAMSUNG COMBO 驱动器

面,主要是光驱的机芯以及传动机构等机械构造和来自刻录机上的防刻死技术。而 COMBO 光驱独有的技术中,最重要的就是激光头技术。

COMBO 光驱与普通光驱最大的不同就是它的激光头。大家知道,无论是普通的 CD-ROM、DVD-ROM 还是 COMBO 光驱,它们的激光头的好坏和寿命差不多能够代表整个光驱的好坏和寿命。目前市场上的 COMBO 光驱激光头技术主要有三种:三星激光头、飞利浦激光头和日系激光头。

### 6. 光盘规范

因为 CD(Compact Disc,压缩盘)是根据激光原理制成的,所以一般称之为光盘。

1) CD-DA(CD Digital Audio)

CD-DA(数字音频光盘)要求与 MPC LEVEL 1.0 兼容,也允许声音和其他类型的数据交叉,所以记录的声音可以伴有图像,即人们常说的 CD。CD-DA 盘片上印有"Compact Disc Digital Audio"字样。

2) CD-ROM(CD Read Only Memory)

CD-ROM 盘是计算机上使用最多的 CD 光盘。CD-ROM 盘存储全数字化的文字、声

音、动画和全活动视频影像。它有两种模式：用于计算机数据的 CD-ROM 模式 1(Mode1)和用于压缩音频、视频、图像数据的 CD-ROM 模式 2(Mode2)。

3) CD-ROM/XA(Extended Architecture)

CD-ROM/XA 可以在 CD-ROM 中交叉存储音频和其他类型的数据，并且允许同时存取，可以同时播放视频动画、图片和音频信息等。

CD-ROM/XA 需要在 CD-ROM/XA 系统上才能播放，但通过软件驱动也能在 CD-ROM 驱动器上读出。

4) CD-I(Compact Disc-Interactive)

CD-I 即交互光盘，主要用于存储用 MPEG 压缩算法获得的立体声视频信号，国外大多数影视产品均以该标准制作发行。它主要通过 CD-I 播放机在普通电视机或立体声系统中欣赏 CD-I 的内容。这种光盘也能在解压卡或解压软件下播放，但其在 DOS 下无法用 DIR 命令列出目录。

5) CD-R(Compact Disc-Recordable)

CD-R 即可记录光盘，也称一次写多次读的 CD 盘，其盘片颜色可以是金色、绿色或蓝色。其内部结构类似于 CD-ROM，信息存储格式与 CD-ROM 盘相同，区别仅在于用户在专用的 CD-R 刻录机上可以向 CD-R 中写入数据。

6) CD-RW(Compact Disk-ReWritable)

CD-RW 即可重复擦写光盘，采用先进的相变(Phase Change)技术。刻录数据时，高功率的激光束反射到 CD-RW 盘片的特殊介质上，产生结晶和非结晶两种状态，并通过激光束的照射，介质层可以在这两种状态中相互转换，达到多次重复写入(1500 次左右)的目的。

7) Photo-CD

Photo-CD 是柯达和飞利浦制定的将彩色照片存储到光盘上的标准，一张 Photo-CD 盘最多可存储 99 张照片。

8) VCD(Video Compact Disc)

VCD 即通常所说的"小影碟"，用于记录压缩了的带伴音的视频信息，如电视剧、电影和卡拉 OK 等内容。VCD 用于保存采用 MPEG 标准压缩的声音、视频信号，可以存储74min 的动态图像。VCD 盘片上除印有"Compact Disc Digital Video"字样外，还有"Video CD"字样。要特别注意的是，Video CD 和 CD-Video 是不相同的，后者(简称 CD-V)采用的是模拟格式，如 LD 光盘等。

此外，还有其他格式的 CD 盘，如 CD-G、Photo-CD、CD-V 和 DVD 等，这些 CD 盘一般不能在 CD-ROM 驱动器上使用。

**7. 光盘驱动器的选购**

1) CD-ROM 的选购

选择光驱不能像挑选 CPU 那样仅考虑速度因素。对于光驱而言，纠错和噪声减震技术显得更为重要。各个厂家在纠错和减震技术上都提出了自己的卖点，主要有下述三个方面。

(1) 动态双悬浮减震系统(DDSS)。从实际的使用效果来说，动态双悬浮减震系统克服了主轴电机高速旋转时产生的纵向震动，在对付密度不均匀和不平整的盘片时效果也十分理想。

(2) 人工智能纠错技术(AIEC)。人工智能纠错技术有点类似于模糊控制技术,由厂家事先在市场上收集上万张光盘的质量信息,对有缺陷的光盘进行参数分析和计算,记录下偏心、密度不均、划痕、反射层薄、沟槽不整等缺陷状况,研究开发出相应的应付方法存储在光驱的固件中,在遇到某些读盘不好的情况时,就用事先制定好的方案进行纠错工作。因此,人工智能纠错可以较好地提高光盘正确读取数据的能力。

(3) 智能变功纠错技术(Intelligent Variable Power Correct,IVPC)。IVPC 技术使光驱激光头在读标准盘时保持低耗高能(以低发射功率产生高能激光束,从而降低激光头的消耗)的正常工作状态。采用 IVPC 技术的光驱的纠错能力会很高,又由于激光头以合理的变功方式(可变发射功率方式)工作,因此在同样的条件下,采用 IVPC 技术的光驱的寿命也会很长。

另外,如果光驱的机芯是钢制的话,会减少震动,降低发热量,提高读盘能力。这种光驱拿在手上会明显有沉甸甸的感觉。而塑料机芯由于耐热能力较差,长时间使用会发生变形。

现在市场上光驱种类繁多,购买光驱时应注意:首先是品牌,目前品牌较好的光驱主要有华硕(ASUS)、明基(BenQ)、NEC、三菱钻石、Sony、三星和 LG 等。名牌产品的质量一般都有保障,保修时间较长,读盘能力也很优秀。此外,这些品牌的光驱在售后服务上也做得很好,如提供月包换、保修等承诺。一些没有正规包装的散装光驱或者水货在质量上都存在着潜在的问题,建议不要购买。

2) CD 刻录机的选购

刻录机最关键的性能还是 CD-R 刻录;CD-RW 复写的性能次之,但随着刻录机逐渐普及化、家用化,这方面的性能也绝非可有可无;读盘性能则应排在最后考虑。

至于刻录速度,当然越快越好。不过,除了价格问题之外,用户同时也要考虑盘片的问题,并不是所有盘片都支持高速刻录。

光盘刻录技术发展到今天,高速刻录已不大容易刻出坏盘。如果用户要多一层保险,只好多掏一点钱购买采用了 Burn-Proof 和 JustLink 技术的产品。但这些技术对刻录机寿命的影响,迄今为止仍无定论。

刻录机、软件和盘片这三者的配合至关重要。空白盘片的质量越好,刻录机与它的兼容性越好;而刻录机的质量越好,软件对它的支持越好。刻录机固件修订版本的不断升级,目的也是为了保证三者更全面地配合。

总之,只有综合考察,并进行全面测试,最终才能买到一部令用户称心如意的刻录机产品。

3) COMBO 光驱的选购与注意事项

COMBO 光驱作为一款较为特殊的光驱产品,选购时需要注意如下事项:

(1) 市场上的 COMBO 光驱主要是 48× 和 52× 的产品,性能和价格都有一定的差距。其实就性能来讲,两种产品都能够满足日常需要。但如果对性能的要求比较苛刻,就应该选用性能更好的产品。

(2) 购买 COMBO 光驱时,不仅要考虑它的性能,还要考虑它的售后服务。售后服务中除了保修保换的时限外,厂商推出的 Fireware 也是一种对光驱性能的延伸。没有一款产品能做到完美无缺,只有靠厂商推出新的 Fireware 来使产品达到尽善尽美。刷新 Fireware 就像主板刷新 BIOS 一样重要,Fireware 不仅能把锁了区码的 COMBO 光驱改成全区,而且还能解决类似在刻录光盘的时候挑盘等兼容性问题。因此,应尽量挑选这方面口碑较好的产品。

（3）选择 COMBO 还是 CD-R/RW＋DVD-ROM,答案因人而异。COMBO 在功能上相当于 CD-R/RW＋DVD-ROM,价格也便宜得多,但一旦出现问题就会影响到它的全部功能。CD-R/RW＋DVD-ROM 方案明显的不足是价格较高,且需要占用两个 5 英寸驱动器的位置,但性能要优于 COMBO,而且非常容易实现 CD 光盘的"翻录"一个读,一个写。

# 2.3 输入输出部件

## 2.3.1 显卡及显示器

计算机的显示系统由显卡和显示器组成。计算机中有各种各样的扩展卡,其中必不可少的就是显示适配器。显示适配器简称显示卡或显卡,它是显示器与主机通信的控制电路的接口。显卡的主要作用就是在程序运行时,根据 CPU 提供的指令和有关数据,将程序运行过程和结果进行相应的处理并转换成显示器能够接收的文字和图形的信号后通过屏幕显示出来。换句话说,显示器必须依靠显卡提供的显示信号才能显示出各种字符和图像。

### 1. 显卡

1）显卡的结构

显卡上主要的部件有显示芯片、RAMDAC、显存、VGA BIOS、VGA 插座、特性连接器等。有的显卡上还有可以连接彩电的 TV 端子或 S 端子。显卡由于运算速度快,发热量大,在主芯片上用导热性能较好的硅胶粘上了一个散热片（有的还加装了散热风扇）。图 2.48 所示是一个典型的 AGP 显卡的结构图。

**注意**：RAMDAC(Random Access Memory Digital-to-Analog Converter,随机数模转换记忆体）的作用是把数字图像数据转换成计算机显示需要的模拟数据。

图 2.48　显卡的结构

2）显卡的性能指标

显卡有三个重要的性能指标。

（1）刷新频率。

刷新频率(单位为 Hz)是 RAMDAC 向显示器传送信号,使其每秒刷新屏幕的次数。影响刷新频率的因素有两个：一是显卡每秒可以产生的图像数目；二是显示器每秒能够接收并显示的图像数目。刷新频率可以分为 56～120Hz 等许多档次。

（2）分辨率。

分辨率指的是显卡在显示器上所能描绘的像素数目,分为水平行点数和垂直行点数。如果分辨率为 1024×768,那就是说这幅图像由 1024 个水平点和 768 个垂直点组成。典型的分辨率常有 640×480、800×600、1024×768、1280×1024、1600×1200 或更高。

（3）色深。

色深也叫颜色数，是指显卡在一定分辨率下可以同屏显示的色彩数量。一般以多少色或多少位色来表示，如标准 VGA 显卡在 640×480 分辨率下的颜色数为 16 色或 4 位色。通常色深可以设定为 16 位、24 位、32 位等，当色深为 24 位以上时称之为真彩色。色深的位数越高，所能同屏显示的颜色就越多，相应的屏幕上所显示的图像质量就越好。

### 2. 显存

显存是显卡上的关键部件之一，它的品质优劣和容量大小会直接关系到显卡的最终性能表现，或者说，显卡性能的发挥很大程度上取决于显存。无论显示芯片的性能如何出众，其性能最终都要通过配套的显存来发挥。

随着显示芯片性能的日益提高，其数据处理能力越来越强，使得显存的数据传输量和传输速率也越来越高，显卡对显存的要求也更高。对于现在的显卡来说，显存是承担大量的三维运算所需的多边形顶点数据以及作为海量三维函数运算的主要载体，这时显存容量的大小、速度的快慢对于显卡核心的效能发挥就显得非常重要了，而如何有效地提高显存的效能也就成了提高整个显卡效能的关键。

作为显卡的重要组成部分，显存一直随着显示芯片的发展而逐步发展。从早期的 EDORAM、MDRAM、SDRAM、SGRAM、VRAM、WRAM 到今天广泛采用的 DDR SDRAM 以及 DDR Ⅱ，显存也经历了多次的更新换代，以求跟上显示芯片的发展步伐。

目前市场中所采用的显存类型主要有 SDRAM、DDR SDRAM 和 DDR SGRAM 三种。

（1）SDRAM 目前主要应用在低端显卡上，频率一般不超过 200MHz，其价格和性能与 DDR 相比没有什么优势，正在逐渐被 DDR 取代。

（2）DDR SDRAM 是市场中的主流，一方面它的工艺成熟，批量生产导致成本下跌，使得它的价格便宜；另一方面它能提供较高的工作频率，可带来优异的数据处理性能。

（3）DDR SGRAM 是显卡厂商特别针对绘图者需求，为了加强图形的存取处理以及绘图控制效率，从同步动态随机存取内存（SDRAM）所改良而得的产品。

1）显卡的分类

根据应用目的的不同分为三类显卡。

（1）图形处理。这类显卡专用于桌面出版系统、图形图像制作、CAD/CAM/CAE 制图、动画编辑和播放、模拟仿真、大型软件开发等。这类用途要求显卡能支持较高的分辨率（一般为 1600×1200）、逼近真实的色彩、很强的 3D 性能和流行的开放标准（如 D3D、OpenGL 等）。

（2）3D 游戏。3D 游戏迷最大的愿望就是购买一款 3D 图形加速卡。由于不同的游戏采用了不同的引擎，显卡对各种开放标准的支持要安全和彻底。

（3）普通应用。这类显卡专用于二维图像处理、一般商业办公应用、数据系统应用、程序开发和非极品 3D 游戏等。此类应用更注重 2D 性能，对显卡的要求不高，目前多数低档显卡都能胜任。

2）显卡的容量

显存与系统内存一样，也是多多益善。显存越大，可以储存的图像数据就越多，支持的分辨率与颜色数也就越高。计算显存容量与分辨率关系的公式：

$$所需显存 = 图形分辨率 \times 色彩精度 /8$$

例如，要想得到 16 位真彩的 1024×768 像素的分辨率，则需要 1024×768×16/8＝1.5MB，即 2MB 显存。

对于三维图形，公式为：

$$所需显存（帧存） = 图形分辨率 \times 3 \times 色彩精度 /8$$

例如，一帧 16 位、1024×768 像素的三维场景所需的帧缓存为 1024×768×3×16b/8＝4.71MB，即需要 8MB 显存。

显卡本身拥有存储图形、图像数据的存储器，这样，计算机内存就不必存储相关的图形数据，因此可以节约大量的空间。显存均以标准的大小提供：16MB、32MB、64MB、128MB、256MB、512MB 和 1024MB。显存的大小决定了显示器分辨率的大小及显示器上能够显示的颜色数。一般地说，显存越大，渲染及 2D 和 3D 图形的显示性能就越高。显存有 SDR（单倍数据率）或 DDR（双倍数据率）两种形式。DDR 显存的带宽是 SDR 显存带宽的两倍。在显卡的描述中，显存的大小列于首位。

### 3. 显示器

#### 1) 显示器的种类

显示器（Monitor）是计算机中最重要的输出设备，显示器作为计算机的"脸面"，是用户与计算机沟通的主要桥梁。从制造显示器的器件或工作原理来分，目前市场上的显示器产品主要有两类：CRT 显示器与 LCD，如图 2.49 所示。

(a) CRT 显示器　　　(b) 液晶显示器

图 2.49　CRT 显示器和液晶显示器

（1）CRT（Cathode Ray Tube，阴极射线管）显示器。CRT 显示器也就是通常所说的台式显示器。尽管 CRT 显示器历经发展，目前技术已经越来越成熟，显示质量越来越好，大屏幕也逐渐成为主流，但 CRT 固有的物理结构限制了它向更广的显示领域发展。例如，当屏幕加大后，显示器的体积必然要加大，功耗增加。另外，由于 CRT 显示器是利用电子枪发射电子束来产生图像，产生辐射与电磁波干扰便成为其最大的弱点，人们在长期使用下对健康必然会产生不良影响。

（2）液晶显示器（Liquid Crystal Display，LCD）。常见的液晶显示器分为 TN-LCD（Twisted Nematic-LCD，扭曲向列 LCD）、STN-LCD（Super TN-LCD，超扭曲向列 LCD）、DSTN-LCD（Double layer STN-LCD，双层超扭曲向列 LCD）和 TFT-LCD（Thin Film Transistor-LCD，薄膜晶体管 LCD）4 种。其中 TN-LCD、STN-LCD 和 DSTN-LCD 三种基本的显示原理都相同，只是液晶分子的扭曲角度不同而已。STN-LCD 的液晶分子扭曲角度为 180°，甚至 270°。LCD 有许多优点，如占用空间小，低功耗，低辐射，无闪烁，能减少视觉疲劳等。随着液晶显示器技术的发展及其价格的下降，液晶显示器逐渐占领市场。

#### 2) CRT 显示器的技术指标

（1）显像管。显示器之间最大的差别在于显示器所采用的显像管不同，在相同的可视面积下，显像管的品质是决定显示器性能优劣最关键的因素。显示器按屏幕表面曲度可以分为球面、平面直角、柱面和完全平面 4 种。普通的显像管采用的都是荫罩式显像管,其表面呈略微凸起的球面状,故称之为"球面管";而柱面显像管采用荫栅式结构,它的表面在水平方向仍然略微凸起,但是在垂直方向上却是笔直的,呈圆柱状,故称之为"柱面管"。柱面管由于在垂直方向上平坦,因此比球面管有更小的几何失真,而且能将屏幕上方的光线反射到下方而不是直射入人眼中,因而大大减弱了眩光。柱面显像管目前分为两大类:索尼公司的特丽珑和三菱公司的钻石珑。

① 单枪三束显像管 Trinitron(特丽珑)。它是一种荫栅式显像管,将荧光粉安排成跨越整个屏幕的直条状,荫罩改为条状荫栅,这种条状荫栅由固定在一个拉力极大的铁框中的、互相平行的垂直铁线阵列组成。这种栅栏从屏幕顶一直通到屏幕底,而不是荧光点。电子枪只有一把,但是同时射出三束电子束,穿过栅条打在荧光条上使其发光。

② 三枪三束显像管 Diamondtron(钻石珑)。它采用垂直栅条加新型的三枪三束电子枪结构,这种结构称为钻石珑。它的垂直栅条结构称做"高稠密间隙格栅(AG)",这与特丽珑的垂直栅条其实没有什么区别,同样是柱面显像管,同样有不可避免的暗线。不过,在电子枪的结构上,两者有本质的不同。

另外,现在随着纯平显示器的日益普及,已经推出了纯平的"平面珑"显像管,在保留柱面管特点的基础上将水平方向也改为全平面,显示效果更上了一层楼。同时也有新的自然平面显像管。纯平面技术加上钻石屏技术成为显示器技术的重大革新。这种显像管的最新完全平面显示器可以达到完全无变形,真正的纯平面,把显示器技术引入了一个更高的领域。纯平面显像管使用三个电子枪的结构,是一种高汇聚、高反差、低透光率、色彩无交叠的超黑晶显像管,可以产生亮丽的色彩,而且对比明显,影像鲜明锐利。

(2) 显像管的尺寸。显像管的尺寸很有讲究,不同尺寸的显像管价格差距很大。当然,显像管的尺寸越大,显示画面的实际分辨率就越高(也不是绝对的)。显像管的实际尺寸是指四边形的对角线长度,一般用"英寸"为单位。市场上常见的显像管尺寸有 14 英寸、15 英寸、17 英寸、19 英寸和 21 英寸等。

(3) 点距(Dot Pitch)。点距是指荫罩式显示器荫罩(位于显像管内)上孔洞的距离,即荫罩(或荧光屏)上两个相邻的相同颜色的磷光点之间的对角线距离。有的厂家为了与栅距比较,只标明水平点距。栅距是光栅式显示器屏幕上两个相邻的相同颜色光栅之间的距离。点距的单位是 mm。

点距越小,意味着单位显示区域内可以显示更多的像点,显示的图像就越清晰细腻。目前,大多数彩色显示器的点距为 0.28mm,以前显示器的点距还有 0.39mm 或 0.31mm,高档显示器的点距只有 0.26mm 或 0.25mm。柱面管的栅距目前都是 0.25mm,完全平面显示器的栅距为 0.25mm、0.24mm,甚至更小。当然,点距越小,价格也就越高。

(4) 分辨率。显示器画面解析度的标准由每帧画面的像素数决定,称之为分辨率。分辨率简单地说就是屏幕每行每列的像素数,它与具体的显示模式有关。作为性能指标之一的最大分辨率,则取决于显示器在水平和垂直方向上最多可以显示的像素点的数目。

(5) 刷新频率。刷新频率分为垂直刷新率和水平刷新率。

(6) 带宽(Bandwidth)。视频带宽是指每秒电子枪扫描过的总像素数,等于"水平分辨率×垂直分辨率×场频(画面刷新次数)"。与行频相比,带宽更具有综合性,也能更直接地反映显示器的性能。

（7）显示器的辐射和环保标准。

电磁辐射标准是一个很重要的指标，它直接影响到使用者的身体健康和其他电器。目前国际上关于显示器电磁辐射量的标准有两个：

① MPR-Ⅱ标准。由瑞典国家测量测试局制定，主要是对电子设备的电磁辐射程度等实行标准限制，包括电场、磁场和静电场强度三个参数。现已被采纳为世界性的显示器质量标准。

② TCO 标准。用于规范显示器的电子和静电辐射对环境的污染。现在常见的有 TCO 92、TCO 95 和 TCO 99。TCO 标准的各种测试标准比 MPR-Ⅱ 和 EPA 的能源之星更加严格，其中 TCO 92 与 MPR-Ⅱ 相似，但标准稍高一些。

计算机中有多达 30% 的塑料件，这些材料对哺乳动物和环境都有损害。显示屏、显像管和电容中含有石墨，它可以损害神经系统，而且剂量较高时可以导致石墨中毒。可充电电池和某些显示器的色彩显像层中存在镉，镉会损害神经系统，剂量较高时会导致中毒。

EPA(Environmental Protection Agency，美国环保局)的能源之星是符合该机构环保标准的认证标志。标有能源之星标志的电子设备符合 EPA 环保节能标准。

3）液晶显示器的技术指标

LCD 的原理与 CRT 显示器的大不相同，因此其术语也有所不同。

（1）可视角度。可视角度是指可清晰看见 LCD 屏幕图像的最大角度，可视角度越大越好。通常，LCD 的可视角度都是左右对称的，但上下却不一定对称。目前市面上 15 英寸液晶显示器的水平可视角度一般为大于 120°，并且是左右对称的；而垂直可视角度则比水平可视角度要小得多，一般采用上下不对称方式，共为大于 95°。现在 CRT 显示器的可视角度几乎能达到 180°，而高端的液晶显示器可视角度也只能做到水平和垂直都是 170°或者是接近 180°；低端液晶显示器的水平可视角度却多在 120°以下，垂直可视角度也在 95°以下。因此，从水平和垂直可视角度上就可初步判定一款液晶显示器的优劣。

（2）亮度/对比度。液晶显示器的亮度以 $cd/m^2$ 为单位，市面上的液晶显示器由于在背光灯的数量上比笔记本电脑显示器的要多，因此亮度看起来明显比笔记本电脑的要亮。目前液晶显示器的亮度普遍在 $150\sim210cd/m^2$，已经大大超过 CRT 显示器。

**注意**：某些低档液晶显示器存在严重的亮度不均匀现象，其中心亮度与靠近边框部分的亮度差别较大。

对比度是直接体现液晶显示器能否体现丰富色阶的参数。对比度越高，还原画面的层次感就越好，即使在观看亮度很高的照片时，黑暗部位的细节也清晰可见。目前，市面上液晶显示器的对比度普遍在 150∶1 到 350∶1，高端的液晶显示器还可以达到更高。

（3）响应时间。响应时间是指液晶像素接收到信号以后，由暗转亮再由亮转暗所需的时间。响应时间反映了液晶显示器各像素点对输入信号反应的速度，此值越小越好。大多数 LCD 的反应时间介于 $30\sim50ms$，不过新型机种可以做到 20ms 以内，甚至只有 12ms。响应时间越小，运动画面才不会使用户有尾影的感觉。

需要注意的是，响应时间是指液晶像素由暗转亮再由亮转暗所需的时间，其中液晶像素由暗转亮的时间称为上升延迟，由亮转暗的时间称为下降延迟，响应时间是由这两个延迟时间构成的。某些显示器为了提高自己的性能指标，混淆概念，将上升延迟或下降延迟作为响应时间，以蒙骗消费者。

（4）分辨率。LCD 与 CRT 显示器的分辨率表现不同，它具有固定的分辨率，只有在指定使用的分辨率下其画质才能达到最佳,在其他分辨率下可以以扩展或压缩的方式将画面显示出来。

在显示小于最佳分辨率的画面时,液晶显示器采用两种方式来显示:一种是居中显示。例如,在显示 800×600 的分辨率时,显示器就只是以其中间的 800×600 个像素来显示画面,周围则为黑色。另外一种则是扩大方式。就是将本来是 800×600 的画面通过计算方式扩大为 1024×768 来显示,虽然画面大,但是比较模糊。目前市面上 13 英寸、14 英寸、15 英寸的液晶显示器的最佳分辨率都是 1024×768,17 英寸的最佳分辨率则是 1280×1024。

(5) 接口方式。目前流行的显卡输出的均是模拟信号,LCD 等数字显示设备为与之配合多采用 VGA 或 VESA 接口。这样,信号必须经过多次转换,不可避免地会造成一些图像细节的损失。相比之下,没有利用数字接口传输的图像信号完整。

① DVI(Digital Visual Interface)。DVI 是 1994 年 4 月正式推出的数字显示接口标准,保证了计算机生成图像的完整再现。在 DVI 接口标准中还增加了一个热插拔监测信号,从而真正实现了即插即用。但使用数字接口电路的成本较高,目前只在较为高端的液晶显示器上配备了 DVI 接口。

② VESA DDC(显示数据通道)。VESA DDC 是符合视频电子标准协会规范的即插即用的模拟信号接口,当使用兼容 DDC 的显卡时,能简化显示器的设置。当打开显示器电源时,它会自动将显示器的扫描频率、性能和特性报告给装有 Windows 操作系统的主机,Windows 系统会自动识别显示器特性并选择合适的分辨率。目前常见的液晶显示器多数都采用这种 15 针的 D 型头模拟接口方式。

(6) 点距。液晶显示器的点距与 CRT 显示器的点距不同。对于荫罩管的 CRT 显示器来说,其中心的点距要比四周的小;对荫栅管的 CRT 显示器来说,其中间的点距(栅距)与两侧的点距(栅距)也有所不同。目前,CRT 显示器厂商在标称显示器的点距(栅距)时标的都是该显示器最小的点距,也就是中心的点距。而液晶显示器则是整个屏幕任何一处的点距都是一样的,因此,从根本上消除了 CRT 显示器在还原画面时的非线性失真。

### 4. 显卡及显示器的选购

1) 显卡的选购

显卡业的竞争也是日趋激烈。各类品牌名目繁多,下面是一些常见的牌子,仅供参考:蓝宝石、华硕、迪兰恒进、丽台、XFX 讯景、技嘉、映众、微星、艾尔莎、富士康、捷波、磐正、映泰、耕升、旌宇、影驰、铭瑄、翔升、盈通、祺祥、七彩虹、斯巴达克、索泰、双敏、精英、昂达等。其中蓝宝石、华硕是在自主研发方面做的不错的品牌,蓝宝石只做 A 卡,华硕的 A 卡和 N 卡都是核心合作伙伴。相对于七彩虹这类的通路品牌,拥有自主研发的厂商在做工和特色技术上会更出色一些,而通路显卡的价格则要便宜一些。彩虹、双敏、盈通、铭瑄和昂达都由同一个厂家代工,所以差别只在显卡贴纸和包装上而已,大家选购时需要注意。每个厂商都有自己的品牌特色,像华硕的"为游戏而生",七彩虹的"游戏显卡专家"都是大家耳熟能详的。

用户应该根据自己的需要挑选显卡,关注显卡的显示芯片和品牌,够用就行。若只进行一些文字处理、运行一些办公软件,则选择普通显卡甚至集成显卡就可以满足要求。

2) 显示器的选购

液晶显示器的质量受制于其工作原理,除真实分辨率以外,其他指标都不及 CRT 显示器稳定且出色,因此,它更适合希望用计算机处理大量文字的伏案工作者、沉溺于网络的聊天迷、对视力保健有着较高要求的用户等。市场上出售的显示器尽管品牌不一、厂商各异,但决定产品质量的关键因素是显像管技术,这项技术掌握在索尼、三菱和三星这几家国际知名企业手中,其中应用索尼公司的"特丽珑"或三菱公司的"钻石珑"技术的显示器主打高端市场,而应用三星"丹娜"显像管的产品则占据了中低端市场的绝大部分份额。常见的显示器品牌有索尼、雅美达、NESO、飞利浦、三星、CTX、IMAGIC(梦想家)、三菱、BenQ(明基)、AOC(冠捷)、EMC、NE、美齐和优派等。

在任何一套计算机系统中,显示器都可谓是最为重要且最难升级的组件之一,而且外观优雅、性能不凡的显示器往往能够彰显其主人的品位并保障其主人的健康;而形状粗笨、质量低劣的显示器则只能给用户的工作和娱乐带来消极的影响。这大概也是不争的事实,所以选购显示器时应该一次投入,一步到位。

### 2.3.2　键盘与鼠标

计算机中最主要的输入设备是键盘和鼠标。

**1. 键盘**

键盘(Keyboard)是向计算机发布命令和输入数据的重要输入设备。在计算机中,它是必备的标准输入设备。

(1) 按照键盘开关接触方式分类,可分为机械式键盘和电容式键盘。

① 机械式键盘的每个键相当于一个开关,被按下去时金属片接通就会通电。由于它是借助机械簧片直接使两个导体接通或断开,因此这种开关的通断是比较可靠的。但由于机械式触点容易造成磨损和接触不良,因此其使用寿命有限。

② 电容式键盘是一种无触点开关,开关内的固定电极和活动电极组成可变的电容器,按键被按下/抬起时,带动活动电极动作,从而引起电容量的变化,由此来鉴别开关的状态。由于它是借助非机械力量(电容开关)使开关通/断的,在工作时只是电容极板间的距离发生变化,并没有实际的物理接触,因此不存在磨损和接触不良的问题,如图 2.50 所示。

图 2.50　电容式键盘

(2) 按照键个数分类。早期的键盘共有 83 个键,类似于英文打字机;后来不断增加新的控制键,逐渐发展为标准的 101 键 PC 键盘;再后来 Microsoft 公司定义了 Windows 95 加速键盘,将键盘上的键增加到了 104 个。现在市场上销售的大多是 104 键的 PC 键盘,有些厂商还增加了一些特殊的功能键,如上网键、关机键等,这些特殊键需要专门的驱动程序才能起作用。键盘上一般有三个指示灯,用于提示键盘目前的状态。有些键盘还增加了一些特别的小灯,如电源指示灯。

(3) 按照键盘插头分类。早期的键盘接口是 AT 键盘口,它是一个较大的圆形接口,俗称"大口";后来 ATX 接口的计算机改用 PS/2 作为鼠标专用接口,同时也提供了一个键盘的专用 PS/2 接口,俗称"小口"。所以,按键盘的接口分类,主要分为老式的 AT 接口和新式的 PS/2 接口。

**注意**:虽然键盘和鼠标都有相同的 PS/2 接口,但是不能互换。AT 键盘插头和 PS/2

键盘插头可以通过一个转换接头转换，即从 AT 接口到 PS/2 接口或从 PS/2 接口到 AT 接口。

（4）其他分类。其他类型的键盘还有防水键盘和自然键盘。顾名思义，防水键盘就是不小心把一杯茶水打翻在键盘上，防水键盘可以防止键盘发生故障。自然键盘是考虑了人体工程学的原理，主要依据双手的角度将键盘做成了一个弧形，以减轻长时间打字疲劳的一种新型键盘。后来很多公司也推出了自己的自然键盘，键盘外形越做越奇特，出现了诸如折叠式和分体式的键盘。

**2. 鼠标**

随着视窗系统的盛行，鼠标逐渐超越键盘成为使用率第一的基本输入设备。它将频繁的击键动作转换成为简单的移动、单击。鼠标彻底改变了人们在计算机上的工作方式，从而成为计算机必备的输入设备。

1）鼠标的分类

市场上的鼠标有光电与机械、有线和无线、普通与人体工程学之分。

鼠标按照按键的数目，可分为两键鼠标、三键鼠标及滚轮鼠标等。按照鼠标接口类型，可分为 PS/2 接口的鼠标、串行接口的鼠标和 USB 接口的鼠标。鼠标按其工作原理，可分为机械式鼠标、光电式鼠标和无线遥控鼠标等。

（1）两键鼠标和三键鼠标。按鼠标的按钮数目，可将鼠标分为两键鼠标和三键鼠标，如图 2.51(a)所示。

① 两键鼠标又叫 MS Mouse，是由 Microsoft 公司设计和提倡的鼠标，只有左右两个按键。该鼠标可谓是默认的鼠标标准。

② 三键鼠标又叫 PC Mouse，是由 IBM 公司设计提倡的鼠标，在原有的左右两键当中增加了第三键"中键"。在很多软件操作中也要经常使用到中键，特别是在使用绘图软件、玩三维射击游戏以及上网浏览时，鼠标中键确实可使操作事半功倍，所以购买鼠标时最好选用三键鼠标。

（2）滚轮鼠标。Microsoft 公司后来又设计出"智能鼠标(IntelliMouse)"，它把三键鼠标的中键改为一个滚轮，可以上下自由滚动，并且也可以像原来的鼠标中键一样单击。滚轮最常应用于快速控制 Windows 的滚动条，而在一些特殊的程序中也能起到很多灵活多变的辅助作用，如图 2.51(b)所示。

（3）轨迹球。还有一种称为"轨迹球"的鼠标，其实就是倒放的鼠标，其内部结构与一般鼠标类似。不同的是轨迹球工作时球在上面，直接用手拨动，而球座固定不动。轨迹球上的按键也分左键、右键，轨迹球上也带有滚轮，如图 2.51(c)所示。

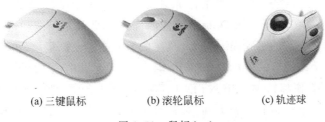

(a) 三键鼠标　　　(b) 滚轮鼠标　　　(c) 轨迹球

图 2.51　鼠标（一）

另外,还有一种鼠标笔,工作原理与鼠标相同,但其形状像一支笔,便于绘画。

(4) 串行口鼠标和 PS/2 口鼠标。计算机与鼠标连接的接口一般有三种:串行接口、PS/2 鼠标接口(鼠标专用口)和 USB 接口。

一般使用老式 AT 结构的计算机都只能通过串行接口连接鼠标,串行接口鼠标通过串行接口与计算机相连,它有 9 针和 25 针之分。

在 ATX 结构主板上提供了一个标准 PS/2 鼠标接口,是通过一个 6 针微型 DIN 接口与计算机相连。使用 PS/2 鼠标时,主板上必须有一个 PS/2 型鼠标接口。

**注意**:PS/2 鼠标不可以带电插拔,而串行接口鼠标则无所谓。串行接口鼠标如图 2.52(a) 所示。

为了不使用连接线,市场上还有红外线鼠标,如图 2.52(b)所示。需在鼠标内装入电池,并在串行通信接口上接红外线通信盒,鼠标用红外线通信方式与主机串行接口通信。这种鼠标价格比较高。

2) 鼠标的工作原理

按鼠标的工作原理,鼠标可以分为机械式鼠标、光机式鼠标、光电式鼠标和光学式鼠标等。

(1) 机械式鼠标。最老式的鼠标就是机械式鼠标,其工作原理是在鼠标的底部有一个可以自由滚动的小球,在球的前方及右方装置两个支成 90°角的内部编码器滚轴,移动鼠标时小球随之滚动,便会带动旁边的编码器滚轴,前方的滚轴用于前后滑动,右方的滚轴用于左右滑动,两轴一起移动则用于非垂直及水平的滑动。

(2) 光机式鼠标。取代机械式鼠标的是光机式鼠标。光机式鼠标内有三个滚轴,其中一个是空轴,另两个分别是水平方向滚轮和垂直方向滚轮,这三个滚轮都与一个可以滚动的小球接触,当小球滚动时便带动三个滚轮转动,并带动位于电路上的光栅(光学编码器)。在光栅转动的同时,发光器连续发出肉眼见不到的光束,产生 0 与 1 的信号,如图 2.53 所示。

(a) 串行接口鼠标

(b) 红外线鼠标

图 2.52　鼠标(二)

图 2.53　光机式鼠标的内部结构

(3) 光电式鼠标。光电式鼠标的工作原理是利用一块特制的光栅板作为位移检测元件,光栅板上方格之间的距离为 0.5mm。鼠标内部有一个发光元件和两个聚焦透镜,发射光经过透镜聚焦后从底部的小孔向下射出,照在鼠标下面的光栅板上,再反射回鼠标内。

(4) 光学式鼠标。光学式鼠标是 Microsoft 公司新近推出的 Microsoft Optical Wheel Mouse(微软光学滑轮鼠标),它采用 NTELLIEYE 技术(这是一种新的光学定位技术),鼠标底部的小洞里有一个小小的感光头,而对着感光头的小洞里则是一个不断发射红色射线的发光管,这个发光管每秒钟向外发射 1500 次,然后感光头就将这 1500 次的反射回馈给鼠标的定位系统,以此准确地为鼠标定位。所以,无论放射环境如何,都可以准确地定位。就是说,这种鼠标几乎可以在任何地方无限制地移动,只要被覆盖的物体不是透明的。这种鼠标的价格相对较为昂贵。

3) 鼠标的技术指标

(1) 分辨率。分辨率一般用 dpi(dots per inch)表示,指鼠标内的解码装置所能辨认出的每英寸长度内的点数。分辨率越高,表示光标在显示器的屏幕上移动定位越准。

(2) 灵敏度。鼠标的灵敏度是影响鼠标性能的一个非常重要的因素,用户选择时要特别注意鼠标的移动是否灵活自如且行程小,是否能用力均匀并且在各个方向都能匀速运动,按键是否灵敏且回弹快。如果满足这些条件,就是一个灵敏度非常好的鼠标。

(3) 抗震性。鼠标在日常使用中难免会磕磕碰碰,一摔就坏的鼠标自然是不受欢迎的。鼠标的抗震性主要取决于鼠标外壳的材料和内部元件的质量。要选择外壳材料比较厚实、内部元件质量较好的鼠标。

### 3. 键盘与鼠标的选购

1) 键盘的选购

键盘是最主要的输入设备之一,其可靠性比较高,价格也比较便宜,由于要经常通过它进行大量的数据输入,因此一定要挑选一个击键手感和质量较佳的键盘。

(1) 各键的弹性要好。由于要经常用手敲打键盘,手感是非常重要的。手感主要是指键盘的弹性,因此在购买时应多敲打几下,以自己感觉轻快为准。

(2) 注意键盘的背面。观察键盘的背面是否有厂商的名称和质量检验合格标签等,以便有质量上的保证。

(3) 一定要买 104 键的 Windows 加速键盘,而不要买 101 键的老式键盘。自然键盘带有手托,可以减少因击键时间过长而带来的疲惫,只是价格贵些,有条件的用户可购买这种键盘。

(4) 根据主板的结构选择键盘的插头,AT 主板配"大口"接口,ATX 主板配"小口"接口。还有 USB 接口。

2) 鼠标的选购

鼠标虽小,但它与日常操作紧密相连。由于现在大量的应用都要通过鼠标来完成,因此若设计不合理,不仅会带来使用时的不便,还会让使用者容易疲劳,给身体健康造成不必要的伤害。因此,选择鼠标时要注意以下因素。

(1) 符合人体工程学。人们使用鼠标时,通常是以手腕作为支撑点,如果长期操作,就容易使腕部的肌肉疲劳。因此,在购买鼠标时要选择适合手掌弧度,使人在单击鼠标时既不费力也不容易出现误按操作的鼠标,这对于长期使用是非常有好处的。

(2) 接口标准。鼠标有两种接口标准:一种是串行口,另一种是 PS/2 接口。购买时要弄清自己的计算机是哪种类型的接口,以便正确选择。目前 PS/2 接口的鼠标性能较好,因为它不占用串行口,可以避免发生中断请求(IRQ)和地址的冲突,所以应优先选用 PS/2 鼠标。

(3) 光机式鼠标或光电式鼠标。如果仅仅是用于一般的 Windows 操作或是网上浏览、玩游戏,应选择光机式鼠标,因为光机式鼠标的移动速度比光电式鼠标的移动速度要快些,且价格便宜;如果用于高精度的 CAD 制图,则应选择光电式鼠标。

# 2.4　其他部件

## 2.4.1　机箱及电源

### 1. 机箱

机箱是计算机外观给人的第一印象,计算机的大多数配件都放置在机箱内,机箱内的空间大小直接影响计算机的功能扩充和工作性能。

计算机有多种不同的机箱,每种机箱的设计都体现出系统适应不同环境的特点。

1) 机箱种类

机箱按外观可分为立式和卧式两种,按尺寸可分为超薄式、半高式、3/4 高式和全高式,如图 2.54 所示。按结构一般也可分为 AT、Baby-AT、ATX、Micro ATX、LPX、NLX、Flex ATX、EATX、WATX 以及 BTX 等结构。

图 2.54　机箱

(1) AT 和 Baby-AT 式机箱。AT 和 Baby-AT 式机箱是早期使用的机箱,目前已被市场淘汰。AT 式机箱用 AT 电源,与 AT 式主板相匹配。由于 AT 式主板需要大量的通信线路与主板连接,造成机箱内引线较多,从而增加了系统的复杂程度,降低了系统的可靠性。

(2) ATX 式机箱。ATX 式机箱使用 ATX 式主板。因 ATX 式主板将串行口和并行口集成到主板上,使得机箱内部结构简捷,系统的可靠性得到了提高。ATX 式机箱设计较 AT 式机箱更为合理。LPX、NLX、Flex ATX 是 ATX 的变种,多见于国外的品牌机,国内尚不多见;EATX 和 WATX 多用于服务器/工作站机箱;ATX 则是目前市场上最常见的机箱结构,扩展插槽和驱动器仓位较多,扩展槽数可多达 7 个,而 3.5 英寸和 5.25 英寸驱动器仓位也分别至少达到 3 个或更多,现在的大多数机箱都采用此结构。

(3) BTX。BTX(Balanced Technology Extended,可扩展平衡技术)是新一代的机箱结构,在这个全新的规范中对于 PC 的机箱、电源、主板布局等都做出了新的统一规定。

2) 机箱的部件分布

无论是卧式机箱还是立式机箱,其作用基本相同,只是部件的位置有些差异。各个部件的名称和作用大体相同。

(1) 主板固定槽。用于安装主板。

(2) 支撑架孔和螺钉架孔。用于安装支撑架和主板固定螺钉。要把主板固定在机箱内,需要一些支撑架和螺钉。支撑架把主板支撑起来,使主板不与机箱的底部接触。

(3) 电源槽。用于安装电源。市场上的机箱一般都带电源,不用另外购买。

(4) 插卡槽。用于固定各种插卡(如显卡、多功能卡等),可以用螺钉固定在插卡槽上。

(5) 输入输出孔。对 AT 式机箱,键盘与主板通过这个圆孔相连。对于 ATX 式机箱,有一个长方形孔,随机箱配有多块适合不同主板的挡板。

（6）驱动器槽。用于安装软驱、硬盘和 CD-ROM 驱动器等。

（7）控制面板。控制面板上有电源开关（Power Switch）、电源指示灯（Power）、复位按钮（Reset）、硬盘工作状态指示灯（HDD）等。

（8）控制面板接脚。包括电源指示灯、硬件指示灯接脚、复位按钮接脚等。

（9）喇叭。机箱内有一个 8Ω 的固定小喇叭，喇叭上的接线脚插在主板上。

（10）电源开关孔。用于安放电源开关。

3）机箱的按钮、开关和指示灯

机箱上常见的按钮、开关和指示灯有电源开关、电源指示灯、复位按钮、硬盘工作状态指示灯等。

（1）电源开关和电源指示灯。电源开关有接通（ON）和断开（OFF）两种状态。不同机箱的电源开关位置有所不同，有的在机箱的正面，有的在机箱的右侧。一般机箱上的电源开关标有 Power 字样，当电源打开时，电源指示灯亮，表明已接通电源。

ATX 式机箱面板上一般没有电源开关，它通过主板上的 PW-ON 接口与机箱上的相应按钮连接，实现开/关机器。

（2）复位按钮（Reset）。该按钮的作用是强迫机器进入复位状态，当因某种原因出现死机或按 Ctrl＋Alt＋Delete 组合键无效时或出现键盘锁死的情况下可按此键，强迫机器复位。复位按钮的作用相当于冷启动。

（3）硬盘工作状态指示灯（HDD LED）。当硬盘正在工作时，该指示灯亮，表明当前机器正在读或写硬盘。

### 2. 机箱电源

机箱电源向系统内部的每个部件提供电能。它能够把接收到的 220V、60Hz（或美国之外的 220V、50Hz）的市电转变成符合系统各部件所需的各种电源。在卧式和立式机箱中，电源位于机箱尾部一个发亮的金属盒中。电源功率的大小以及电流和电压是否稳定，将直接影响计算机的工作性能和使用寿命。

总的来看，卧式/立式电源能够产生 4 种不同电平，并得到有效控制的直流电压。它们是＋5V、－5V、＋12V 和－12V。它还提供系统的"地"电平。＋5V 电压用于系统主板和适配器卡上的集成电路芯片。

1）机箱电源的类型

由于主板有 AT 式结构和 ATX 式结构，因此机箱的电源也有 AT 式电源和 ATX 式电源。目前市场上的计算机电源一般与机箱配套出售，电源的形状是依据机箱的形状而确定的，不同形状的机箱需要相应形状的电源。目前市场上 AT 式电源和 ATX 式电源只有方形的，规格一般为 165mm × 150mm × 150mm，其外部形状如图 2.55 所示。

2）电源插座

通过机箱上的电源插座与市电相连，提供计算机所需的电能。

图 2.55　电源

3) 显示器电源插座

显示器背后只有一个插座,它可直接与市电相连接,不经过主机电源。有的插座与主机电源插座相连,采用这种接法的好处是在开/关电源的同时开/关了显示器。ATX 1.0 电源无显示器电源,ATX 2.0 电源有显示器电源。

4) 主板电源插头

AT 式主板的电源插头共有两个,编号为 P8 和 P9,连接方法一般为"黑黑相对",也就是说 P8 插头和 P9 插头的黑线相邻,如图 2.56 所示。

ATX 式主板电源插头只有一个,ATX 式电源插头为 20 针防插错插头。

5) 外部设备电源插头

机箱电源自带 4～5 个插头,用于连接外部设备(如软盘、硬盘等),提供外部设备所需的电能。

图 2.56　电源插头

6) 电源散热风扇

电源盒内装有散热风扇,用于散发电源工作时所产生的热量。

7) 机箱电源的选购

电源是计算机中各设备的动力源泉,其品质的好坏将直接影响到计算机的工作,它一般都是随机箱一同出售的。因此,选购电源时应着重考虑以下几点。

(1) 电源的输出功率。常见的有 230W、250W 和 300W。除考虑到系统安全工作外,还要考虑到以后可能会安装第二块硬盘、光驱或其他部件时会使耗电功率增加,故最好购买功率在 250W 以上的电源。

(2) 电源的质量。购买时应选择质量好的电源。在外观方面,从以下几点来初步判断:应选择比较重的电源,因为较重的电源内部使用了较大的电容和散热片;查看电源输出插头线,质量好的电源一般用较粗的导线;插接件插入时应该比较紧,因为较松的插头容易在使用过程中产生接触不良等问题。

(3) 电源风扇的噪声。选购电源时应注意电源盒中的风扇噪声是否过大,电源风扇转动是否稳定。若噪声过大,轻则烧毁电源,重则损坏计算机。

(4) 过压保护。在购买电源时应查看电源是否标有双重过压保护功能。

(5) 安全认证。机箱的电源盒上除了有生产厂家、注册商标、产品型号外,还应有一些国家认证的安全标识,以免以坏充好。

目前市场上各种品牌的机箱确实很多,但质量好的不多,较好的机箱主要是一些规模较大的厂家生产的,如保利得、华硕、爱国者、银河和金河田等,而电源则以长城和世纪之星等品牌最为出名。一般通过多国认证和"中国电工产品认证合格"以及"国家安全及电磁兼容性(EMI)B 级检验合格"的就可以了。为了安全起见,建议选用中高档机箱与电源。

### 3. 机箱的选购

在计算机系统中,机箱被认为是最没有"高科技"含量的产品。因此,一般人在选购机箱时只注意好看不好看,而忽略了很多重要的东西。

1) 面板设计

面板的样式完全是根据个人喜好而定的,不存在优劣的区别。但面板的做工还是有区别的,这与产品的定位、成本以及厂家的技术水平是相关的。面板做工的好坏不太好鉴别。

2) 侧板

侧板厚度当然是厚点的好。拿起侧板用力掰两下,就可以感觉出侧板的厚度。一些厂家为了加强侧板(主要是避免多次运输中的损坏),在侧板上烙上品牌的 LOGO 或者其他凹痕,同时,侧板内侧防电磁辐射的折边也可以起到强化作用。常用的机箱五金材料有镀锌板和喷漆板。中高档的机箱侧板一般采用镀锌板,便宜机箱则多采用喷漆板。

3) 钢板

前面讲到了侧板的厚度,其实五金架的钢板厚度更为重要,这关系到机箱的强度和抗共振的能力。

优质机箱的框架部分采用的钢材一般是硬度比较高的优质材料,且将其折成角钢形状或条型,外壳部分的钢材应该达到 1mm 以上才称得上坚固稳定。早期的 80486 计算机上的机箱有的钢板厚度达到了 2mm,而现在市场上机箱钢板厚度一般也就是 0.8mm 左右。

4) 散热设计

CPU、显卡的功耗都已经突破了 100W,且光驱和硬盘的功耗也越来越高,它们聚集在一个机箱内,如果机箱没有良好的散热设计,很容易造成设备温度过高。

机箱需要有良好的散热设计,以便能及时抽出机箱内部的热空气,补充进冷空气。但只加装几只机箱风扇是不能解决根本问题的,关键是要把风扇装在机箱的关键部位,形成合理的通风风道,加快空气的流动和循环。

机箱风扇的安装位置通常有三个地方:侧板、前面板下部、机箱后部。少数机箱还会在顶部安装一个。还有一些机箱在其一侧的侧板上安装了 CPU 导风筒,侧板合上后导风筒刚好位于 CPU 上方,可以迅速把 CPU 产生的热量散发出去。

5) 其他需要注意的因素

(1) 稳定性。机箱是由一些分离的组件组合起来的,因此某些产品无法达到足够的强度。检测时,可以用手按在机箱顶部摇一摇,感受一下机架是否稳固。

(2) 前置 USB 接口的位置和深度。为了方便插拔 USB 设备,现在的机箱一般都设置了前置 USB 接口。但一般都会将前置 USB 接口设在前面板的下方,当机箱放在桌子下面时就会很不方便。另外,一些机箱的前置 USB 隐藏得很深,也会导致插拔 USB 设备的不便。

(3) 免工具卡扣。很多机箱都采用了免工具设计,这的确会带来很大的便利,但如果经常拆卸这些卡扣,将会不可避免地导致结合处的牢固度和紧密度下降。

(4) 安全性。如果对安全性有较高要求,应该尽量选用那些有锁孔的机箱。

## 2.4.2　声卡与音箱

### 1. 声卡

声卡(Sound Card)也叫音频卡(港台称之为声效卡)。声卡是多媒体技术中最基本的组成部分,是实现声波/数字信号相互转换的一种硬件。声卡的基本功能是把来自话筒、磁带、光盘的原始声音信号加以转换,输出到耳机、扬声器、扩音机、录音机等声响设备,或通过音乐设备数字接口(MIDI)使乐器发出美妙的声音。

声卡的生产厂家和布局虽然不同,但其主要组成结构却是相同的,主要由声音处理芯片(组)、功率放大器、总线连接端口、输入输出端口、MIDI 以及游戏杆接口(共用一个)、CD 音频连接器等主要结构组件组成,如图 2.57 所示。

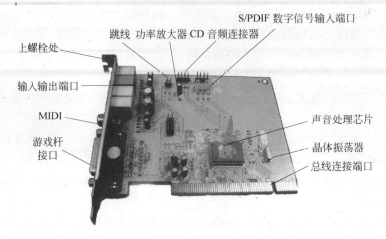

图 2.57　PCI 声卡的组成结构

(1) 声音处理芯片。声音处理芯片基本上决定了声卡的性能和档次,其基本功能包括对声波采样和回放的控制、处理 MIDI 指令等,有的厂家还加进了混响、合声、音场调整等功能。

世界上主要的声音处理芯片有 SB、ESS、OPTI、AD、YMF、ES、S3 和 AU 等,而目前在声卡界居于主导地位的则是 Creative、Diamond 和 Realtek 等品牌。

(2) 功率放大器。从声音处理芯片出来的信号还不能直接让喇叭发出声音,绝大多数声卡都带有功率放大器(功放)以实现这一功能。

(3) 总线连接端口。声卡插入到计算机主板上的一端被称为总线连接端口,它是声卡与计算机互相交换信息的桥梁。根据总线的不同,声卡可分为两大类:一类是 ISA 声卡,另一类是 PCI 声卡。

由于 PCI 总线的优越性,PCI 声卡有着许多 ISA 声卡无法拥有的优点,但这并不是说 PCI 声卡的音质一定比 ISA 声卡好,音质的好坏主要是由声音处理芯片、MIDI 的合成方式和制造工艺等决定的,并不仅仅取决于总线。

(4) 输入输出端口。声卡要具有录音和放音功能,就必须有将放音和录音设备相连接的端口。在声卡与主机机箱连接的一侧有 3~4 个插孔,通常是音频输入、音频输出和麦克风接口等,其外形如图 2.58 所示。

① 音频输入。能够将品质较好的声音、音乐信号输入到声音处理芯片,通过计算机的控制将该信号录制成一个文件。通常该端口连接音响设备(CD、

图 2.58　声卡的输入输出端口

功放或彩电等)的 Line Out 端。

② 音频输出。主要是接音箱设备。

③ 麦克风接口。用于连接麦克风(话筒),或者通过其他软件(如 IBM 的 Via Voice、汉王等)控制,实现语音录入和识别。

(5) MIDI 及游戏摇杆接口。几乎所有的声卡上均带有一个游戏杆接口来配合模拟飞行、模拟驾驶等游戏软件,这个接口与 MIDI 乐器接口共用一个 15 针的 D 型连接器。该接口可以配接游戏摇杆,并连接电子乐器上的 MIDI 接口,实现 MIDI 音乐信号的直接传输。

(6) CD 音频连接器。CD 音频连接器位于声卡的中上部,通常是 3 针或 4 针的小插座,与 CD-ROM 相应端口连接,实现 CD 音频信号的直接播放。不同 CD-ROM 上的音频连接器也不一样,因此大多数声卡都有两个以上的这种连接器。

(7) 其他结构。不同种类的声卡结构不尽相同,组件也不一定相同,这些组件有:

① DSP 混响处理芯片。它是一种音效处理芯片,存在于中高档次的声卡上,用于产生各种 3D 环绕音效。

② 波表(Wave Table)子卡连接器。对于高档声卡,如果其波表合成电路不是做在一块声卡上,那么势必要用一个连接端口将主声卡与波表子卡连接起来。通常,它的外形有点像 CD 音频连接器。

③ 音色库。在有波表合成功能的高档声卡上都有用于存储乐器声音样本的存储器,它的外形与内存芯片的相似,其容量通常是 1~4MB。这种存储器非常昂贵,带有 2MB 以上音色库的声卡输出的声音品质相当出色。

④ 数字子卡的接口。通过子卡实现数字输入输出的连接。

⑤ 准立体声声卡。在录制声音的时候采用单声道;而在放音时有时是立体声,有时是单声道。采用这种技术的声卡也曾在市面上流行一段时间,但现在已经消失了。

⑥ 四声道环绕。四声道环绕规定了 4 个发音点:前左、前右、后左、后右,听众则被包围在这中间。同时还增加一个低音音箱,以加强对低频信号的回放处理。就整体效果而言,四声道环绕系统可以为听众带来来自多个不同方向的声音环绕,可以获得身临不同环境的听觉感受,给用户以全新的体验。目前,四声道环绕技术已经广泛融入各类中高档声卡的设计中,成为未来发展的主流趋势。

### 2. 音箱

要发挥声卡的性能,必须有一对性能优秀的大功率有源音箱。根据音箱是否带有放大电路,它可分为有源音箱和无源音箱。由于声卡输出的功率很小,因此无源音箱只能适合一些教学软件,根本谈不上音质。计算机上常用的有源音箱如图 2.59 所示。

1) 有源音箱的主要性能指标

(1) 防磁。计算机音箱的防磁性能是最基本的一项技术指标,若防磁性能不佳,会对显示器产生磁化。

(2) 频率响应。人耳的低频端听力范围是 20~25Hz,所以音箱的频率响应至少要达到 20~25Hz,只有这样才能保证基本覆盖人耳的有效听力范围。

图 2.59 有源音箱

（3）灵敏度。灵敏度越高，音箱性能越好，普通音箱的灵敏度一般在 70～80dB，高档音箱通常可达到 80～90dB 以上。

（4）谐波失真。谐波失真是指由于音箱所产生的谐振现象而导致的声音重放失真。该指标越小越好。

（5）输出功率。输出功率是音箱最重要的指标之一，单位是瓦特（W）。输出功率为标称功率和最大（峰值）功率。标称功率是音箱谐波失真在标准范围内变化时，音箱可长时间工作的输出功率的最大值；最大功率是在不损坏音箱的前提下，瞬时功率的最大值。在选择音箱时应注意标称功率，而不是最大功率。一般来说，音箱的功率越大，音质效果越好。在一个 $20m^2$ 的房间里要取得满意的放音效果，功率必须在 30W 以上。

（6）SRS 技术。SRS（Sound Retrieval System，声音修正系统）技术是利用仿声学原理，根据人耳对各空间方向声音信号函数的反应不同，对双声道立体声中的反射、折射、回射等信号分离提取后，再对这部分信号进行处理，让其达到一个空间方向上的变换效应。这样处理后，原本从一个方向传来的立体声信号却能给人以置身 3D 声场的感觉。SRS 技术的绝妙之处是只使用两个普通音箱，无需编码技术。

2）音箱的电源

现在大多数的计算机音箱都是有源音箱，其内置电源的好坏直接关系到音箱的品质。优秀的音箱就优在电源。欧美的一些音箱厂家甚至认为，一个好的音箱器材，其电源的成本要占到整个器材的一半左右，可见其重要性。音箱里的电源变压器如采用劣质的铁芯变压器，将严重影响音箱的品质。一个好的有源音箱，首先要求其电源变压器要有足够的功率储备，从变压器到滤波电路都要有很高的反应速度，从而保证为功放电路和喇叭能瞬间快速反应提供足够的能量。

3）倒相式音箱

大多数计算机音箱都是倒相式音箱，而倒相式音箱又有许多变种，如迷宫式、声阻式、喇叭式等。它的特点就是在音箱的箱板上多了一个倒相孔或倒相管。倒相式音箱的原理是：合理设计倒相管的尺寸和位置，可以使原来喇叭盆体后面发出的声波再通过倒相孔在某一频段倒相，使其与喇叭前面发出的声波叠加起来，变成同相辐射，从而减少了箱体内的杂波，增加了低频的声辐射效果，提高了音箱的工作效率。倒相式音箱与封闭式音箱相比，具有以下优点：它进一步扩展了音箱的低频下限，一般可达到 20Hz，并减少了其下限处声波的非线性失真。

4）木质音箱

木质音箱具有"高人一等"的音响品质。如今的木质音箱中低价位的音箱多采用中密度板作为箱体材料；而高价位音箱大多采用真正的纯木板作为箱体材料。

### 3. 声卡与音箱的选购

1）声卡的选购

现在流行的声卡都是 PCI 接口的，PCI 声卡技术已经非常成熟，PCI 接口赋予了声卡许多新的特性，如多音流同时传送，增强的 DirectSound、DirectSound3D、A3D 的支持等。声音芯片的档次决定了声卡品质的档次，所以在选购声卡时要注意声音芯片。现在流行的声音芯片有 EMU10K1，Yamaha 的 YMF-724/744 芯片，Aureal 的 Vortex1（AU8820）、

Vortex2(AU8830)芯片,ESS 的 Maestro-2 芯片,CMI8X18 芯片等。

选购声卡与选购其他配件一样,要根据声卡的应用来选择。如果是普通的应用,如听听 CD、看看 VCD,偶尔坑一玩游戏,选用一般的廉价声卡就可以了。如果对音响有较高的要求,就要选择一块中高档的产品。

高档声卡产品主要有 Creative(创新)、Aureal(傲锐)和 Diamond(帝盟),它们分别是 Creative SB Live! (EMU10K1 芯片)、Aureal SQ2500(Aureal8830 芯片)和 Diamond Mondter MX400(ESS Canyon3D)芯片。

低档声卡市场可谓是"百花齐放",很多厂商都想抢占这部分市场。在这类声卡中,Yamaha 的 YMF-724/744 性能价格比较高,配合 Yamaha 的软波表相当出色。其他的低档声卡如 ALS 系列、AD181X 系列等都可以选择,而且它们的价格十分便宜。

再好的声卡,要想发出动人的声音,还需要一套好的音箱,现在一套理想的多媒体音箱应该是 2.1 或者 4.1 声道的。要享受 DVD 和动态 3D 游戏带来的音频冲击,声卡和音箱都是不能忽略的。

2)音箱的选购

音箱的主要技术指标有功率、制作用料和箱体设计等。音箱的功率主要由所用放大器芯片的功率而定,它决定了音箱产生的声音的大小,音场的震撼力也与它密切相关,在可能的情况下还是尽量选大一点的。在制作用料上,箱体采用木质的效果一般比用塑料要好得多。在购置木质音箱时"一分价钱,一分货",大家在选购时要注意区分。一些厂家生产假冒的木质音箱,大多是用胶合板甚至纸板加工而成,如何区分呢?除了仔细观察其外观上的差别之外,还可用手指甲轻轻划一下音箱的裸露层,真木板与胶合板还是很容易区分的。其次,可用手敲箱体,听其发出的声音,材料的区别就会暴露无遗。最后可拿起音箱看其底部,这是最容易"现原形"的地方,也是造假者最容易忽视的地方。

而喇叭本身的材料也种类较多,但对一般爱好者而言,加以辨识的意义不大。在箱体的外形设计上,既要考虑美观又要注意其音箱表现力的影响。另外,失真度越低越好,信噪比要大于 85dB。购买的时候,可用手捧起音箱掂一下重量,一般来说,同档次的音箱越重质量越好。另外,最好携带自己熟悉的 CD,在很小音量的情况下判断失真、噪声状况和小信号表现力;在大音量下检查是否有声爆,以考察扬声器的承受能力。对于音色的选择,高音部分一定要清脆、响亮;中音则以宽厚有感染力为佳;低音部分要浓重、震撼以及收发自如。最好能同时对比多款产品得出结论。

从产品来看,市场上的轻骑兵、漫步者、超音速和三诺等系列都是比较好的选择对象。

## 2.4.3 其他外设

### 1. 打印机

打印机的种类很多,但按工作原理分为两大类:击打式和非击打式。击打式打印机靠机械动作实现印字,如点阵式打印机、行式打印机都是击打式打印机,工作时噪声较大。激光打印机、喷墨打印机属于非击打式打印机,它们在印字过程中无机械的击打动作,因此噪声较小。下面分别介绍点阵式打印机、喷墨式打印机和激光打印机的组成和工作原理。

1）点阵式打印机

（1）点阵式打印机的组成。

点阵式打印机打印的字符或图形是以点阵的形式构成的。点阵式打印机由打印头、打印头移动小车、走纸机构、色带传送机构、电路板和电源等组成。打印时，利用点阵成像原理，根据由计算机传输过来的字模点阵信息，在打印机控制电路的控制下驱动打印头出针打印。出针时，打印针击打色带到打印辊的纸上，同时将色带的油墨印在了纸上，经过无数次的击打，就形成了要打印的字样。

（2）点阵式打印机的特点。

① 价格便宜，工作原理简单，耗材很容易买到，这是点阵式打印机的最大特点。

② 对纸张质量的要求低。

③ 可以用 132 列的宽行纸，并可以连续走纸，适合于打印较宽的表格等用途。

④ 可以用压感纸或复写纸，一次打印多份，这是喷墨、激光打印机做不到的。

⑤ 点阵式打印机的缺点是噪声大、速度慢、精度低，不适合打印图形。

2）喷墨打印机

（1）喷墨打印机的组成。

喷墨打印机的组成和打印过程与点阵式打印机基本相同，区别在于打印头换成了喷头，色带换成了墨水盒，出针的击打过程变成了喷头的喷墨过程。整个打印过程省去了打印针的运动和色带的运动，可直接将墨水喷到纸上实现印刷。它是利用换能器将墨点从喷墨头中喷出，然后根据字符发生器对喷出的墨点充以不同的电荷，在偏转系统的作用下，墨点在垂直方向偏转，充电越多偏移的距离越大，最后落在纸上，印刷出各种字符或图像。某品牌的喷墨打印机如图 2.60 所示。

图 2.60　彩色喷墨打印机

（2）喷墨打印机的特点。

① 喷墨打印机的价格适中，比激光打印机便宜，比点阵式打印机贵一些。

② 打印质量接近激光效果，比点阵式打印机好，它的分辨率一般达到 300dpi 以上，高档彩色喷墨打印机的分辨率可达到 720dpi。

③ 打印速度比点阵式打印机快许多。

④ 使用噪声小。

⑤ 与点阵式打印机相比，体积小，重量轻。小型喷墨打印机的体积与笔记本电脑相当，甚至可以用蓄电池供电，随时随地都能使用。

⑥ 耗材费用较高。这是喷墨打印机最大的缺点，而且墨水容易挥发，更换墨水盒较麻烦。

⑦ 对纸张质量要求高，不能连续打印，不能使用复写纸。

⑧ 喷墨口不容易保养。

3）激光打印机

（1）激光打印机的组成。

激光打印机由激光系统（激光发生器、六棱镜、透镜、反光镜）、感光鼓、充电电极、显影系

图2.61　激光打印机

统、转印电极、分离电极、定影系统和纸传送系统等组成,如图2.61所示。打印过程:首先由充电电极在感光鼓的表面均匀地进行充电;激光系统根据计算机发出的打印信号来控制激光的产生(有图形或文字时不产生激光)并照射在感光鼓上;感光鼓被激光照射后,感光鼓表面充电时形成的电荷迅速消失,而没有被激光照射的地方电荷得到了保留,结果在感光鼓的表面形成了文字或图形的电荷静电潜像。

(2) 激光打印机的特点。

① 打印效果最好,几乎达到印刷品的水平,这是其最大的特点。

② 打印速度最快,打印噪声低。

③ 耗材多,价格较贵。激光打印机使用炭粉盒,一盒炭粉能够打印3000～5000页。

④ 不能使用复写纸同时打印多份,并对纸张的要求高。

**2. 扫描仪**

近年来,数字技术越来越广泛地深入到人们的工作和生活中。个人计算机的功能不断加强,使得在 PC 上实现影像数字化成为可能。

扫描仪正是把传统的模拟影像转化为数字影像的设备之一。它把原始稿件的模拟光信息转换为一组像素信息,最终以数字化的方式存储于数字文件中,实现了影像的数字化。

1) 扫描仪的工作原理

把纸质文档上的图片用扫描仪扫描,变成一个存储于计算机中的图形文件,使之既可以被编辑修改,也可以被打印或以传真的形式发送,属于图片屏幕编辑的范畴。这本是现代新闻、出版、印刷、美术广告的专业内容,但随着扫描仪和彩色打印机价格的逐渐降低以及人们对计算机打印照片、制作贺卡兴趣的逐渐提高,扫描仪现在已经逐步走入家庭,成为家用计算机的常用外设之一,其外观如图2.62所示。

图2.62　扫描仪

用扫描仪扫描文字,不论是印刷的还是手写的,扫描的结果都是把一页文字变成一幅图像。若需要对其修改,也只能用图像编辑软件对其进行放大/缩小或局部的修改。换句话说,通过扫描仪扫描所产生的文件是图像文件,所有的文字都不能以文字编辑的方法进行替换或增删。

2) OCR

印刷品中的文字通过扫描仪以图像的形式输入到计算机中,再通过识别软件识别转换,变成可修改的文本,这一过程称为 OCR(Optical Character Recognition,光学字符识别)。通过 OCR 处理产生的文件是 txt 格式的文本文件,所有字符都是可编辑的,可以调用任何一种文字处理系统对其进行增删修改。

OCR 文字处理多用于办公自动化。在我国,汉字识别的能力还不能说完全彻底解决,但仅就 TH-OCR(清华紫光产品)而言,通用汉字识别率可达到98%～99%的水平。

使用扫描仪技术进行图像处理和高速录入汉字,需要有硬件设备和软件两方面的配合。硬件方面需要一台高质量的扫描仪,软件方面需要一种高识别率的 OCR 系统。

3) 扫描仪的技术指标

(1) 扫描精度。扫描仪的扫描精度就是常说的主通道分辨率,它是衡量一台扫描仪质量高低的重要参数。扫描精度通常以分辨率(dpi)表示,分辨率越高,扫描结果也就越精细。

一般而言,扫描仪的扫描率可以分为光学分辨率和插值分辨率两种。

① 光学分辨率:又称为硬件分辨率、物理分辨率或真实分辨率,是扫描仪硬件水平所能达到的实际分辨率。它是决定扫描仪扫描质量的主要指标。光学分辨率又可分为水平分辨率和垂直分辨率。如在 600×1200dpi 中,600 为水平分辨率,1200 为垂直分辨率。相比较而言,水平分辨率要比垂直分辨率重要得多。

② 插值分辨率:是指为了提高扫描的质量,采用一定算法并利用相应的软件,在硬件扫描产生的像素点之间插入另外的像素点后的分辨率,也就是利用软件对扫描的图像进行修补后的分辨率,最大可达 4800~14 400dpi,因此也叫做最大分辨率。插值分辨率一般在扫描线条图像或者放大较小原图像时选用。

(2) 色彩位数。色彩位数决定了扫描仪所能扫描的颜色范围。色彩位数越大,扫描的效果就越好、越逼真,扫描过程中的损失就越少。目前市场上常见扫描仪产品的色彩位数一般已经达到 30 位色(24 位色即真彩色),高档的甚至达到 48 位色。8 位色和 16 位色的扫描仪已经被淘汰。30 位色的扫描仪对于普通用户扫描图片、文稿之类的应用是绰绰有余的。肉眼很难分辨出 24 位色和 36 位色的区别,最多觉得后者扫描出的图像比前者平滑一些。如果从事彩色印刷或美术广告制作,对色彩的要求极高,就要选择 36 位色的扫描仪。

(3) 灰度级。扫描仪的灰度级水平反映了它扫描时提供的亮层范围的能力,具体来讲就是扫描仪从纯黑到纯白之间平滑过渡的能力。相对来说,灰度级位数越大,扫描所得图像的层次就越丰富,效果就越好。常见扫描仪的灰度级一般为 256 级(8 位)、1024 级(10 位)和 4096 级(12 位)。

(4) 接口方式。扫描仪的接口方式是指扫描仪与计算机之间的连接方式。扫描仪常见的接口方式有 SCSI、EPP 和 USB 三种。

① SCSI 接口方式。早期的扫描仪产品大多采用 SCSI 接口,通过 SCSI 卡将扫描仪与计算机相连。采用 SCSI 接口的扫描仪需要一块 SCSI 接口卡,其优点在于传输速度较快,扫描质量相对较高。但 SCSI 卡要占用一个 ISA 或 PCI 插槽以及相应的中断号和地址,安装复杂,而且容易与其他的板卡发生地址冲突。

② EPP 接口方式。EPP 接口又称为"增强并行端口",也就是常见的打印机并行口。与 SCSI 接口相比,它的传输速度比较慢,扫描质量稍差,但安装使用相对要方便得多,而且一般不会与其他硬件设备发生冲突。

③ USB 接口方式。USB 接口也叫"万能接口",是新的扫描仪产品所采用的接口方式,它支持热插拔,即插即用,安装方便。更为重要的是,USB 接口的传输速率比传统的 EPP 接口要快得多。

接口方式的不同决定了扫描仪的扫描和传输速率。采用 SCSI 和 USB 接口的产品速度比较快,扫描质量比较好,适用于经常进行扫描工作以及对扫描质量要求较高的单位和个人使用。

(5) 扫描幅面。扫描幅面是指所能扫描的纸张的大小。目前常见的有 A4、A4 加长和

A3 这三种幅面。

一般情况下,扫描仪原件的幅面为 A4 或 16 开大小,相片则要小些,所以 A4 幅面的扫描仪产品一般能够满足普通用户的工作需要。幅面越大的产品,价格越高。

(6) 可选配件。扫描仪的可选配件通常只有送纸器(ADF)和透配器(TMA)这两种。安装了 TMA,扫描仪可以扫描照片底片、印刷胶片和幻灯片等透明的扫描原件。高档扫描仪一般已经把透配器集成在扫描仪中了。普通扫描仪用户如果需要,可以单独购买,不过价格比较贵。

4) 扫描仪的主要类型

从扫描仪的扫描对象来分,扫描仪可分为反射式和透射式两种类型。反射式只能扫描图片、照片等反射式稿件,而透射式则可以用于扫描幻灯片、摄影负片等透明稿件。现在,多数扫描仪集反射、透射两种功能为一体,具有更强的实用性。

根据工作原理的不同,扫描仪可分为手持式、平板式、胶片专用式和滚筒式等几类。

(1) 手持式扫描仪。这种扫描仪为反射式扫描仪。它的扫描头较窄,一般只有 5.5 英寸(约 13.4cm)宽,只能用于扫描较小的稿件,是用较小的照片原件进行数字化处理的最简单、最经济的方法。它的分辨率一般在 100~800dpi 之间,色深度最高可达 24 位。

(2) 平板式扫描仪。平板式扫描仪又称 CCD 扫描仪,主要扫描反射稿件。它的扫描区域是一块透明的平板玻璃(一般均有 A3、A4 幅面大小),将原图放在这块干净的玻璃平板上,原图不动,而光源系统通过一个传动机构做水平移动,发射出的光线照射在原图上,经发射或透射后,由接收系统接收并生成模拟信号,再通过 A/D 转换成数字信号,直接传送到计算机中,由计算机进行相应的处理,完成扫描过程。目前,这种扫描仪是市场占有率最高的一种。

平板式扫描仪的分辨率至少为 300dpi,最高可达 2000dpi;色深度一般为 8 位,较高的色深度在 30 位以上。许多平板式扫描仪,通过软硬件结合的方式,实施了加装加速图像处理的硬件加速器,三棱镜依次曝光,依次扫描,自动去网,智能缩放等一系列智能扫描技术,在扫描速度、精度和质量上均有上乘表现。整体性能的不断提高和价位的逐渐降低正是这类扫描仪能够普及的原因。

(3) 胶片专用式扫描仪。胶片专用式扫描仪是高分辨率的专业扫描仪,主要用于扫描幻灯片和摄影负片,扫描区域较小。专业使用的 35mm 胶片只需 35mm 幅面大小,较大些的有 4~6 英寸,再大些的能够达到 8~10 英寸。

最低档次的胶片专用式扫描仪的分辨率也可达到 1000dpi,较高档次的可接近 3000dpi,也有更高分辨率的,色深度一般在 30 位以上。

胶片专用式扫描仪在光源、色彩捕捉方式等方面均有较高的性能和技术,并配有独立开发的扫描驱动软件,除了一般扫描软件的功能外,还有特别针对胶片特性的处理功能。它与高性能的输出设备相配合,可实现照片级质量的输出。

(4) 滚筒式扫描仪。滚筒式扫描仪在工作时,把原图贴放在一个干净的有机玻璃滚筒上,让滚筒以一定的速率(通常是 300~1500rpm)围绕一个光电系统的探头旋转。探头中有一个亮光源,发射出的光线通过细小的锥形光圈照射在原图上,一个像素点一个像素点地进行采样。

滚筒式扫描仪的结构特殊,其优点非常明显:光学分辨率很高(2500~8000dpi),深度高(30～48位)且动态范围很宽,能处理大幅面的图像,速度快,生产效率高。滚筒式扫描仪输出的图像普遍具有色彩还原逼真,阴影区细节丰富,放大效果优良等特点。当然,它的缺点是占地面积大,价格昂贵(价格是平板式扫描仪的5～50倍)。

(5) CIS扫描仪。CIS(Contact Image Sensor,接触式图像传感器)扫描仪是1998年问世的新型扫描仪。它不需光学成像系统,将扫描仪的光、机、电一体化转变为机电一体化,不需要另外的光学部件,搭配的零部件也少,因而具有结构简单、成本低廉等特性。用它组装的扫描仪既轻又薄,比CCD扫描仪要轻巧得多,既便于携带,也便于维修。由于此技术正在发展过程中,故在成像清晰度、分辨率等方面与CCD相差较远,价格优势也不明显,但它却是平板式扫描仪的一个发展方向。

### 3. 数码产品

数码产品一般指的是可以通过数字和编码进行操作的机器,并且可以与计算机连接。通常说的"数码"指的是含有"数码技术"的数码产品,如MP3、MP4、U盘、数码照相机、数码摄像机、数码伴侣、数码相框、数码随身听等。随着科技的发展,计算机的出现、发展带动了一批以数字为记载标识的产品,取代了传统的胶片、录影带和录音带等,这种产品统称为数码产品。例如电视/计算机/通信器材/移动或者便携的电子工具等,在相当程度上都采用了数字化。

1) MP4

MP4全称是MPEG-4 Part 14,是一种使用MPEG-4的多媒体计算机档案格式,扩展名为mp4,以储存数码音讯及数码视讯为主。另外,MP4又可理解为MP4播放器,MP4播放器是一种集音频、视频、图片浏览、电子书和收音机等于一体的多功能播放器。如图2.63所示。

图2.63　MP4

(1) 工作原理。

MP4播放器是利用数字信号处理器DSP(Digital Signal Processer)来完成处理传输和解码MP4文件任务的。DSP掌管随身听的数据传输、设备接口控制和文件解码回放等活动。DSP能够在非常短的时间里完成多种处理任务,而且此过程所消耗的能量极少(这也是它适合于便携式播放器的一个显著特点)。

首先将MP4歌曲文件从内存中取出并读取存储器上的信号,然后解码芯片对信号进行解码,通过数模转换器将解出来的数字信号转换成模拟信号,再把转换后的模拟音频放大,低通滤波后到耳机输出口,输出后就是我们所听到的音乐了。

(2) 特点。

① 播放高品质视频、音频,也可以浏览图片以及作为移动硬盘、数字银行使用。

② 具有视频转制等专业的视频功能,并具备非常齐全的视频输入输出端口。

③ 体积小巧,携带方便,能够随时、随身播放。

2) 数码相机

号称"立体扫描仪"的数码相机是20世纪90年代发明并发展起来的计算机外设。与计算机连接以后,通过特定的驱动软件,可在计算机上直接把景物变成图片,既不用底片,也不

图 2.64　数码相机

用冲洗,在计算机上进行各种加工处理,并可用高分辨率的打印机打印出来,其外观如图 2.64 所示。

（1）工作原理。

数码相机是集光学、机械、电子一体化的产品。它集成了影像信息的转换、存储和传输等部件,具有数字化存取模式,与计算机交互处理和实时拍摄等特点。光线通过镜头或者镜头组进入相机,通过成像元件转化为数字信号,数字信号通过影像运算芯片储存在存储设备中。数码相机的成像元件是 CCD(电荷耦合)或者 CMOS(互补金属氧化物导体),该成像元件的特点是光线通过时能根据光线的不同转化为电子信号。数码相机最早出现在美国,20 多年前,美国曾利用它通过卫星向地面传送照片,后来数码摄影转为民用并不断拓展应用范围。

（2）特点。

① 拍照之后可以立即看到图片,从而提供了对不满意的作品立刻重拍的可能性,减少了遗憾的发生。

② 只需为那些想冲洗的照片付费,其他不需要的照片可以删除。

③ 色彩还原和色彩范围不再依赖胶卷的质量。

④ 感光度也不再因胶卷而固定。光电转换芯片能提供多种感光度选择。

3）数码摄像机

数码摄像机就是 DV(Digital Video),译成中文就是"数字视频"的意思,它是由索尼(SONY)、松下(PANASONIC)、JVC(胜利)、夏普（SHARP）、东芝（TOSHIBA）和佳能(CANON)等多家著名家电巨擘联合制定的一种数码视频格式。然而,在绝大多数场合,DV 则代表数码摄像机,如图 2.65 所示。

（1）工作原理。

图 2.65　数码摄像机

数码摄像机进行工作的基本原理简单地说就是光—电—数字信号的转变与传输。即通过感光元件将光信号转变成电流,再将模拟电信号转变成数字信号,由专门的芯片进行处理和过滤后得到的信息还原出来就是我们看到的动态画面了。

数码摄像机的感光元件能把光线转变成电荷,通过模数转换器芯片转换成数字信号,主要有两种：一种是广泛使用的 CCD 元件；另一种是 CMOS 器件。

（2）特点。

① 清晰度高。DV 记录的则是数字信号,其水平清晰度已经达到了 500～540 线,可以和专业摄像机相媲美。

② 色彩更加纯正。DV 的色度和亮度信号带宽差不多是模拟摄像机的 6 倍,而色度和亮度带宽是决定影像质量的最重要因素之一,因而 DV 拍摄的影像的色彩就更加纯正和绚丽,也达到了专业摄像机的水平。

③ 无损复制。DV 磁带上记录的信号可以无数次地转录,影像质量丝毫不会下降,这一点也是模拟摄像机所望尘莫及的。

④ 体积小,重量轻。和模拟摄像机相比,DV 的体积大为减小,一般只有 123mm×

87mm×66mm左右,重量则大为减轻,一般只有500g左右,极大地方便了用户,有的DV体积只有74.7mm×61.9mm×26.9mm,重量才90g,比大多数手机还轻些。

### 4．投影机

目前市场上销售的投影机主要有CRT投影机、LCD投影机和DLP投影机三大类型。从目前的市场来看,在这三种类型的投影机中,占绝对主流地位的是LCD投影机,如图2.66所示,也就是大家常说的液晶投影机;少量的为DLP投影机、CRT投影机;而CRT投影机已经很少见到了。

图2.66　投影机

#### 1）CRT投影机

CRT(Cathode Ray Tube,阴极射线管)是一种应用最为广泛的显示技术。通常所说的三枪CRT投影机就是由三个CRT投影管组成的投影机,三个CRT投影管分别发出高速高压电子,轰击红、绿、蓝三种元素颜色的荧光粉,以产生各种可视的颜色。CRT投影机显示的图像色彩丰富,还原性好,具有丰富的几何失真调整能力。但缺点是投影图像的亮度很低,操作复杂,体积庞大,对安装环境要求较高且价格昂贵,故目前已经基本退出市场。

#### 2）DLP投影机

DLP(Digital Light Processor,数字光路处理器)的核心元件和技术来自著名的美国德州仪器公司。DLP投影机以DMD(Digital Micromirror Device,数字微镜)作为成像器件。DLP投影机的技术是一种反射式的投影技术。其优点是图像灰度等级高,成像器件总的光效率大大提高,对比度非常出色,色彩锐利。缺点是目前DLP投影机的分辨率较低,还难以达到XGA标准,而且投影图像的均匀度不太好,投影的图像色彩与图像源相比略有偏差,技术有待进一步成熟。目前市场上有少量的DLP投影机销售,价格较CRT投影机便宜。

#### 3）LCD投影机

LCD投影机是目前投影机市场上的主要产品。液晶是介于液体和固体之间的物质,本身不发光,其工作性质受温度影响很大,工作温度为−55℃～+77℃。液晶投影机利用液晶的光电效应,即液晶分子的排列会在电场作用下发生变化,影响其液晶单元的透光率或反射率,从而影响它的光学性质,产生具有不同灰度层次及颜色的图像。LCD投影机的色彩还原性较好,分辨率可达SXGA标准,体积小,重量轻,操作、携带方便,因此成为目前投影机市场上的主流产品。

### 5．外设的选购

#### 1）打印机的选购

（1）喷墨打印机选购注意事项。

在喷墨打印机中,彩色喷墨打印机在国内外已成为主流产品,市场潜力很大。厂家不断推出新产品,以满足用户的需求。在选购彩色喷墨打印机时应注意:

① 要根据个人需求和经济能力来选购。选购时不一定选购技术指标最好的,够用为限。对于家庭用户,使用分辨率为300dpi、360dpi的打印机和分辨率为700dpi的打印机没有什么差别。如果选用分辨率为700dpi的打印机,还会增加墨水消耗,不利于节约开支。

② 选购市场声誉和售后服务完善的品牌。

③ 注意耗材。打印机在使用过程中墨水的消耗比较大,因此在购买时要注意墨盒和打印头是否分离。对可以分离的墨盒,当墨水耗尽时,更换墨盒即可,成本较低。对于彩色的墨盒,还要注意四色墨盒是否分离,如果不分离,当其中一种颜色耗尽时,要同时更换全部墨盒,成本很高。

④ 选购时还应考虑打印速度和其他技术指标。这些技术指标包括打印幅面、打印机的寿命、打印控制命令等,还要考虑操作是否方便等因素。

(2) 激光打印机选购注意事项。

① 精度。反映激光打印机精度的指标是 dpi(dots per inch),即每一英寸上有几个点。该值越大,说明打印机效果越好,价格也越贵。现在的激光打印机一般为 600dpi、1200dpi,可以根据自己的需要选择。

② 打印速度。反映激光打印机速度的参数是 ppm(pages per minute),即每分钟打印的页数。ppm 值越大,说明打印机速度越快。现在有 4ppm、8ppm、12ppm 和 15ppm 等几种。

③ 与计算机的接口。一般用户可选择并行口打印机。

④ 中文字库。打印机有自带中文字库,这样的打印机速度快,称之为中文打印机。中文打印机的价格比普通打印机贵些,如果在打印速度上要求不高,可以不选中文打印机。

⑤ 纸张大小。窄行激光打印机可以打印 A4、B5 型复印纸大小的文稿,宽行激光打印机可以打印 A3、B4 型复印纸大小的文稿。宽行打印机的价格要比窄行打印机的高出许多。

2) 扫描仪的选购

(1) 硬件。

① 300×600dpi。此类扫描仪适用于普通家庭以及办公室用户,它们所扫描的对象通常是图片、文稿,而且扫描后无需再对图像进行放大处理就能打印或存档。

② 600×1200dpi。达到此分辨率的扫描仪应当属于中档产品,此类扫描仪适用于商业图像处理和桌面排版系统,称之为"商用扫描仪"。用户对扫描后的图像可以进行处理,而不会导致打印输出精度的降低,因此对于从事广告图像处理以及大型喷绘的人员来说,采用这一档次产品是非常必要的。

③ 1200×2400dpi。此类扫描仪属于高档产品,仅在一些专业图像处理场所才能见到,适用于专业范围。对于所有需要扫描的地方,它都能最大限度地满足用户的需要,当然它的价格也不是一般用户可以承受的。

(2) 软件。

扫描仪的操作虽然不复杂,但也并不像销售人员介绍得那么容易,即只需把摄影作品、艺术图片或文字资料放在扫描仪的玻璃上,盖上盖子,其他的工作就全由扫描仪软件去做了。其实,要对扫描对象进行满意的扫描操作,既需要了解扫描仪,也需要掌握扫描软件的设置。所以,在选购扫描仪之前,要对扫描软件的工作能力有所认识。软件的功能会极大地影响最终的扫描质量,软件同硬件一样重要,甚至比硬件更重要。

在满足需要的前提下,尽量购买高分辨率的扫描仪。如果扫描仪的应用主要是扫描摄影照片,花不太多的钱,购买中档的平板扫描仪就能满足要求。但是对于扫描幻灯片、摄影负片等胶片来说,平板式扫描仪不能满足稿件放大后的视觉要求,应该购买胶片专用式扫描仪。应该明确的是,没有任何一台扫描仪能满足所有的需要,解决所有的问题,因此只能根据重点需要选购。另一方面,随着扫描仪价格的不断下降,扫描仪硬件和软件的整体性能不断提高,这种趋势强劲不衰,使用户们不得不考虑这样的一个问题:我要购买的扫描仪能否满足发展的需要呢? 从发展的角度看,如果经济不是太拮据的话,就应该尽可能购买高分辨率的扫描仪。

3) MP4 的选购

(1) 从外观来看,目前市场上 MP4 产品的外观大多为长方形,具有很大的屏幕供用户很好地观看影片,MP4 的体积和外观以及按键的分布对消费者的使用都有很关键的作用。小巧的机身会让用户携带方便。

(2) MP4 的屏幕。现在市面上可以看到的屏幕分为 2.5 寸和 3.5 寸,它们采用的都是 26 万色的。只是有个别产品因为液晶屏的原因,色彩饱和度不够。所以在选择时一定要注意屏幕的色彩清晰度。

(3) MP4 最关键的就是支持的格式问题。大家都知道,之所以称之为 MP4,是因为它能支持专业的影音播放格式,所以这方面也是消费者需要重点了解的地方。

(4) 播放时间。选择一款 MP4 无非是想看电影,而电影的时间大都在 2 小时左右,消费者大多是携带 MP4 出外旅游。所以选择 MP4 电池需要注意一点,可拆卸锂电池比较实用,电用完了可以更换电池,而很多 MP4 的电池都不可拆卸,选购时一定要问清楚,尽量选择可拆卸那种。至于待机时间,一般为 3~4 小时视频播放,10 小时左右音频播放。

(5) 价格。很多 MP4 产品有附加的功能,消费者可以看看哪些功能对自己有重要作用,多了解一些关于 MP4 的知识,可以帮助用户更放心地买到满意的产品。最好在购买前取得售后保修保证。

4) 数码相机的选购

(1) 对于一般家庭用户而言,如果仅限于家庭娱乐,同时又非常关注实用性的话,强大的功能及耐用性带来的高性价比是首选因素。目前市场占主力的 500 万和 800 万像素的机型可以满足成像需求,多种拍摄模式、宽广的 ISO 值设定范围、高速准确的对焦则是必需的功能特点,而保证耐用性的金属外壳也是必不可少的考虑因素。

(2) 对于那些追求时尚前卫的消费者而言,外形设计与亮点功能的紧密结合是首选标准。小巧的外形、亮丽的颜色以及舒适的手感是必备的,而某些亮点功能如微距拍摄功能则更为此类产品锦上添花。

(3) 如果是专业级水准的用户,最注重的是对成像质量的极致追求。手动操作功能是必备的,可更换的镜头,1000 万像素以上的 CMOS 图像传感器和多种图像记录模式是高图像品质的保障,如果再具备极具爆炸力的万元以下的套机价格,就会使更多专业摄影爱好者趋之若鹜。

(4) 最后要考虑的是在哪里购买。正规的数码相机销售柜台将会保证你的相机"出身"。购买时应考虑品牌效应,因为它是数码相机整体质量和售后服务的主要保障。

5) 数码摄像机的选购

(1) 图像质量是选购时非常重要的技术指标。是指摄像机拍摄图像的分辨率,以水平解像度作为衡量标准。线数越多,图像越清晰。

(2) 变焦性能代表了摄像机的灵活性,是另一个重要指标。光学变焦靠变化镜头焦距,选购时倍数越大越好。通常光学变焦的倍率在几倍到二十几倍之间,有些型号摄像机还可通过倍增镜来增加光学变焦的倍率。

（3）功能多少也是选购摄像机的重要指标。除了时钟设定、各种操作设置等必备功能外，还有画面效果、数码编辑、淡变器等也几乎已是各种型号摄像机必备的了。

6）投影机的选购

（1）亮度。亮度的单位是流明，投影机的亮度一般在 700～2000 流明。在选购投影机时，应根据房间情况决定选择多少亮度的机器。如果有外界的环境光和室内的照明光，亮度应该选的大一些；否则，如果室内遮光情况良好，亮度可以选的稍微小一些。

（2）图像质量。在选购投影机时，还应该考虑分辨率和图像亮度的均匀度。分辨率是屏幕上水平和垂直方向上的像素数。常见的分辨率有 SVGA（800×600）和 XGA（1024×768）。XGA 的像素数大约是 SVGA 的两倍，但是价格要高一些。

（3）接驳口。要想获得高清晰度的图像，还应该考虑接口以及兼容性。专为家庭设计的投影机一般具有多个视频输入端，特殊的视频处理芯片。而其他用途的投影机可能没有这些接口。我们的建议是：选购的投影机至少应该有一个模块化的视频输入端口。该端口能将视频信号分成三个部分，能够获得比别的接口更好的图像质量。所有类型的投影机都有至少一个复合接口和 S-Video 接口。S-Video 线缆可将输入的视频信号分成两部分：亮度和色度。它比复合接口的性能要好一些。

（4）灯泡寿命。LCD 和 DLP 投影机的灯泡寿命一般在 1000～3000 小时之间。这个数据指的是灯泡寿命的一半。超过这个时间，灯泡的亮度和新的相比会有很大的下降，虽然仍能正常工作，但其亮度将逐渐降低。灯泡寿命越长，投影机的维护费用就越少。

# 2.5　实训：计算机硬件的组装

## 2.5.1　实训目的

（1）认识计算机硬件组装中的常用工具。

（2）了解计算机硬件配置、组装的一般流程和注意事项。

（3）学会自己动手配置、组装一台多媒体计算机。

## 2.5.2　实训前的准备

（1）指导老师在课前把组装工具、计算机硬件设备拆散分组，建议每小组采用不同的配置机型。

（2）学生分成小组进行实训，每小组 2～3 人。

（3）课前要认真复习本章的相关内容。

## 2.5.3　实训内容及步骤

### 1. 工具的认识

（1）检查本小组中常用组装工具是否齐全。如一字螺丝刀、十字螺丝刀、镊子、尖嘴钳子、万用表等。

(2) 学习各种工具的正常操作、使用方法。重点掌握使用机械式万用表或数字式万用表测试电阻,交流、直流电压及电流的方法。

**2. 计算机的配置**

认真检查本小组的硬件设备配置情况,并阅读相关的技术说明书,给待组装的多媒体计算机列出详细的配置清单。

**3. 计算机的组装**

计算机的组装技术在第2章中已详细介绍过了,组装一台多媒体计算机可以说没有绝对的先后顺序,但从理论上和实践组装经验来看,一般要按图2.67所示步骤来完成,势必会提高组装效率。

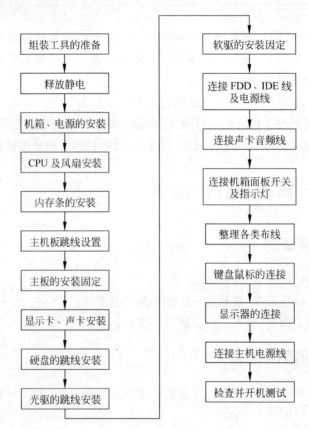

图 2.67　计算机组装操作步骤

## 2.5.4　实训注意事项

(1) 要严格按照实验室的有关规章进行操作。

(2) 对所有的设备要按说明书或指导老师的要求进行操作。

(3) 组装完成后,要全面检查无误后才能通电开机试机。

## 2.5.5  实训报告

实训结束后,请上交以下材料和报告:

(1) 所在小组中计算机硬件的详细配置清单。

(2) 写出组装步骤,并结合实际谈谈在每一个操作步骤中的体会。

## 2.5.6  思考题

(1) 多媒体计算机包括哪几部分? 各自的特点是什么?

(2) 组装计算机时,最应当注意的问题是什么?

# 习题

(1) 现在主流 CPU 型号是什么? 多少位数? 含有多少晶体管?

(2) 目前生产 CPU 的主要厂家有几家? 辅助厂家有几家? 国产 CPU 情况如何?

(3) CPU 的主要性能指标是什么?

(4) Pentium 处理器和 Celeron 处理器的区别是什么? 双核是何意?

(5) 选购 CPU 应注意什么?

(6) 计算机主板上的主要部件有哪些? 主板的作用是什么?

(7) 芯片和芯片组有何区别?

(8) BIOS 在计算机中有何作用?

(9) 主板上为什么有时需要跳线?

(10) 常见的计算机主板分类方式有几种?

(11) 主板的特色功能是什么?

(12) 常见的总线结构有几种? 它们对应的扩展槽有几种? 有什么标准?

(13) ATX 式主板上集成的插座有几个? 作用如何? IDE 插座的用途是什么? SATA 有什么优点?

(14) 选购主板应注意什么?

(15) 内存的分类有哪些? 作用如何? 内存的性能指标是什么?

(16) 选购内存时应注意的问题是什么?

(17) 硬盘的接口有几种? 各自的作用是什么?

(18) 某 IDE 接口硬盘的磁道数为 11 200,磁头数为 49,每磁道有 160 个扇区,求硬盘容量是多少?

(19) 选购硬盘应注意的问题是什么?

(20) 简述安装使用 USB 接口的外设时,安装软硬件的顺序。

(21) 购置硬盘时应注意什么问题?

(22) 根据光盘存储技术,光驱分为哪几种? 各自的作用如何?

(23) 在选购光驱时,应着重考虑哪些因素?

(24) 光盘刻录机的性能指标有哪些?

(25) 显卡的性能指标是什么? 显卡的分类有哪些?

(26) 显示器的技术指标有哪些?

(27) 选购显卡和显示器时应注意什么问题?

(28) 选购键盘、鼠标时应注意的问题是什么?

(29) 选购机箱、机箱电源时应注意的问题是什么?

(30) 声卡与主机机箱连接的插孔有哪些? 各自的作用如何?

(31) 选购声卡时应注意的问题是什么?

(32) 选购音箱时应注意的问题是什么?

(33) 扫描仪的作用有哪些?

(34) 选购打印机时应注意什么?

(35) 选购扫描仪所依据的参数是什么?

(36) 选购 MP4 所依据的参数是什么?

(37) 选购数码相机所依据的参数是什么?

(38) 选购数码摄像机所依据的参数是什么?

(39) 选购数码投影机所依据的参数是什么?

# 第 **3** 章

# 计算机网络硬件应用

从两台计算机联网，到多人使用的局域网，甚至是因特网这种无限的广域网，不管范围大小，网络设备绝对是其中不可缺少的一环。随着网络的普及，使得网络设备的选择和维护十分重要。在此有必要将不同网络的结构所使用的网络的不同设备予以介绍。

**本章学习要求：**

理论环节：

- 重点掌握局域网使用的网络硬件。
- 了解服务器、工作站、网卡、中继器、集线器、交换式集线器和网桥等功能。
- 重点掌握广域网使用的网络设备。
- 了解调制解调器、路由器、交换机和网关的功能。
- 掌握网络的传输介质的应用。

实践环节：

- 局域网组网方案。
- 了解设计广域网的结构。

## 3.1 局域网常用的网络硬件

局域网(LAN)是在小型机与微型机普及与推广之后发展起来的，是目前应用最为广泛的一种重要基础网络。由于局域网具有组网灵活、成本低、应用广泛、使用方便、技术简单等特点，已经成为当前计算机网络技术领域中最活跃的一个分支。随着信息技术的发展，它本身的应用范围正在日益扩大，如目前流行的企业内联网(Intranet)就是 Internet 技术在局域网中的典型应用。现代局域网一般采用基于服务器的网络类型，因此它的硬件从逻辑上看，可以分为以下几个部分，如图 3.1 所示。

### 3.1.1 网络服务器

计算机局域网是将若干台计算机工作站与一台或多台服务器通过通信线路连接起来组成的网络系统，称为"专用服务器"系统，如图 3.2 所示。它的目的是让各工作站可以共享文件服务器上的文件和设备，并且实现相互通信。它们的访问控制方式大多属于集中控制——

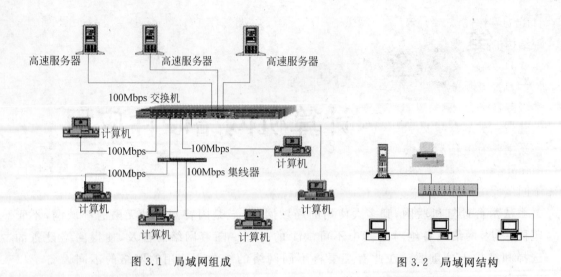

图 3.1　局域网组成　　　　　　　　图 3.2　局域网结构

分散处理型。网络上的文件服务器是网络的控制核心部件,一般由高档计算机或由具有大容量硬盘的专用服务器担任。局域网的操作系统就运行在服务器上,所有的工作站都以此服务器为中心,网络工作站之间的数据传输均需要服务器作为媒介。

目前,计算机局域网操作系统主要流行的是主/从结构的(服务器/客户端,或称基于应用程序式)计算机网络。客户端/服务器结构(C/S结构)是在专用服务器结构的基础上发展起来的。

无论采用哪种结构的局域网,通常在一个局域网内至少需要一台服务器,也可以配置多台服务器。服务器的性能将直接影响整个局域网的效率,因此选择和配置好网络服务器是组建局域网的关键环节。服务器设计时应从以下几个方面考虑。

### 1.功能

网络中至少应有一台主控服务器,即网络上的管理服务器(在网络操作系统 Windows 系列中为主域控制器)是实现网络中的软件、硬件和数据信息等资源共享的主要部件。网络管理员通过局域网内的管理服务器实现对网络上的人员、设备、资源、通信和安全等全方位的、可靠的管理。

### 2.网络服务器的分类

按服务器的机箱结构来划分,可以把服务器划分为"台式服务器"、"机架式服务器"和"刀片式服务器"三类。

1) 台式服务器

台式服务器也称为"塔式服务器"。有的台式服务器采用大小与普通立式计算机大致相当的机箱,有的采用大容量的机箱,像个硕大的柜子。低档服务器由于功能较弱,整个服务器的内部结构比较简单,所以机箱不大,都采用台式机箱结构。如图 3.3 所示。

2) 机架式服务器

机架式服务器的外形看起来不像计算机,而像交换机,有

图 3.3　台式服务器

1U(1U=1.75英寸)、2U、4U等规格。机架式服务器安装在标准的19英寸机柜里面。这种结构的多为功能型服务器。如图3.4所示。

3) 刀片式服务器

刀片式服务器是一种HAHD(High Availability High Density,高可用高密度)的低成本服务器平台,是专门为特殊应用行业和高密度计算机环境设计的,其中每一块"刀片"实际上就是一块系统母板,类似于一个个独立的服务器。当前市场上的刀片式服务器有两大类:一类主要为电信行业设计,接口标准和尺寸规格符合PICMG(PCI Industrial Computer Manufacturer's Group)1.x或2.x,未来还将推出符合PICMG 3.x的产品,采用相同标准的不同厂商的刀片和机柜在理论上可以互相兼容;另一类为通用计算设计,接口上可能采用了上述标准或厂商标准,但尺寸规格是厂商自定,注重性能价格比,目前属于这一类的产品居多。刀片式服务器目前最适合群集计算和IXP提供因特网服务。如图3.5所示。

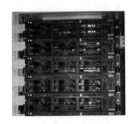　　　　

图3.4　机架式服务器　　　　图3.5　刀片式服务器

### 3. 选购网络服务器时需要考虑的主要因素

在网络中,服务器的负荷通常会比其他工作站的负荷高得多,因此不要使用一般的计算机作为服务器,而应当选择专业服务器生产厂家的产品。如果资金实在紧张,至少也应当选择名牌计算机。在网络工程预算中,一般购买服务器的费用应占总投资的10%~20%。

选购服务器应当考虑的配置因素如下:

(1) 服务器的总体结构合理、安全。例如,服务器的总线设计是否先进,整体结构是否合理,可靠性高等。

(2) CPU速度要快。可以考虑安装多个CPU,还应当注意选择主流品牌。

(3) 足够高质量的内存。由于服务器内存的容量将直接关系到整个网络的性能,因此服务器需要配置足够大的内存。目前,服务器的内存最低为1GB,通常配置为4GB或更高。

(4) 高品质的硬盘。服务器的硬盘不仅需要尽可能大的容量,而且需要足够快的速度和可靠性。例如,为了提高硬盘的可靠性,可以考虑配置硬盘组,形成硬盘的镜像列阵;也可以考虑配置具有热插拔功能的硬盘。

## 3.1.2　工作站或客户机

### 1. 网络工作站应具有的功能

在网络环境中,连入网络中的其他计算机就是客户计算机,有时也称工作站,它是网络的前端窗口,用户通过它访问网络的共享资源。

**2．网络工作站的类型**

各种类型的计算机均可以成为网络工作站。通常用做工作站的机器是 80386、80486 或 Pentium 等各类型的计算机。工作站从服务器中取出程序和数据以后，用自己的 CPU 和 RAM 进行运算处理，然后可以将结果再存到服务器中去。在某些高度保密的应用系统中，往往要求所有的数据都存放在文件服务器上，所以此类工作站便属于不带硬磁盘驱动器的"无盘工作站"。

**3．网络工作站的配置要求**

1）硬件

工作站计算机通过本机上的网卡，经传输介质和网络连接器件与网络服务器连接，用户便可以通过工作站向局域网请求服务并访问共享的资源。工作站的内存是影响网络工作站性能的关键因素之一。工作站需要的内存大小取决于操作系统和在工作站上要运行的应用程序的大小和复杂程度。如上所述，网络操作系统中的"工作站连接软件"部分需要占用工作站的一部分内存，其余的内存容量将用于存放正在运行的应用程序以及相应的数据。因此，工作站的内存不能太小，一般要求 8MB 以上。如果是要运行 Windows 95/98/Me 等的中档工作站，则最好有 32～64MB。如果是要运行 Windows NT/2000 以上的高档工作站，则最好有 64～128MB 以上。

2）软件

工作站通常具有自己单独的操作系统，以便独立工作。工作站操作系统的类型应根据需要选择，常用的有 Windows 95/98/Me/2000/2003 等。工作站与网络相连时，需要将网络操作系统中的一部分，即"工作站的连接软件"安装在工作站上，形成一个专门的引导、连接程序，并通过软盘或硬盘引导、连接上网访问服务器。

## 3.1.3　网络适配器

网络适配器（Network Interface Card，NIC）简称网卡，如图 3.6 所示。它是计算机联网的接口设备，可以利用双绞线、同轴电缆或光缆以 10Mbps、100Mbps 或 1000Mbps 的速率传输信息。网卡应该与计算机总线相匹配，常见的网卡有 16 位 ISA 总线（用于 80486 以下的计算机）、32 位 PCI 总线（用于 Pentinm 计算机）。每个网卡都有自带的驱动程序，只有正确安装驱动程序的网卡才能正常工作。

图 3.6　PCI 接口网卡

**1．网卡的主要工作原理**

网卡是整理计算机上发往网络上的数据，并将数据分解为适当大小的数据包之后向网络上发送出去。对于网卡而言，每块网卡都有一个唯一的网络节点地址，它是网卡生产厂家在生产时存入 ROM（只读存储芯片）中的，称为 MAC 地址（物理地址）。网卡的 MAC 地址是唯一的。

日常使用的网卡都是以太网网卡。目前网卡按其传输速度来分可分为 10Mbps 网卡、100Mbps 网卡、10/100Mbps 自适应网卡以及千兆(1000Mbps)网卡。如果只是作为一般用途,如日常办公等,比较适合使用 10Mbps 网卡和 10/100Mbps 自适应网卡两种。

目前比较流行的还有无线网卡。无线网卡和普通网卡的工作原理是相同的,只是多了一套信号的发射和接收装置,如图 3.7 所示,从而省去了布线的麻烦。但对相连设备之间的通信条件有所限制,如有的无线网卡之间要求直线距离在 50m 以内,并且不能有建筑物间隔等。

图 3.7　PC 接口无线网卡

**2. 选购网卡时应考虑的因素**

1) 速率

网卡的速率是衡量网卡接收和发送数据快慢的指标。目前,常见的是共享式局域网,通常使用 10Mbps 或 10/100Mbps 自适应的网卡就可以满足要求,其价格较低(只有几十元)。在高速局域网、宽带局域网或交换式局域网中,可根据需要选购 100Mbps 或者 1000Mbps 的网卡。

2) 总线接口类型

计算机中常见的总线插槽类型有 ISA、EISA、VESA、PCI 和 PCMCIA 等。前几年,主要使用 ISA 网卡,它使用 IBMPC 8 位或 16 位总线插槽,以 16 位传送数据,许多工作站目前都还使用着 ISA 的 10Mbps 网卡。目前,市面上流行的大多是 10Mbps 或 100Mbps 的 PCI 网卡,这是一种新型的小型网卡,它使用 32 位 PCI 总线插槽,并以 32 位传送数据,属于即插即用硬件设备,应当选购这种网卡。

3) 网卡支持的网络类型和电缆接口

根据支持的局域网类型的不同,使用的通信协议就会不同,目前常见的网卡有以太网(Ethernet)卡、令牌环(Token Ring)网卡、光纤分布式接口(FDDI)网卡和 ARCnet 网卡等。例如常见以太网上用于连接电缆的接口(连接器),即网卡接口,共有三种类型,分别为 RJ-45、BNC 和 AUI,它们分别用在不同的以太网中。RJ-45 接口网卡一般通过 RJ-45 接头、双绞线与集线器相连,再通过集线器与其他计算机和服务器连接。BNC 接口的网卡则通过"细缆"和连接件直接与其他计算机相连。AUI 接口网卡则通过收发器电缆、收发器和粗缆与网络上的其他计算机相连。

4) 其他因素

在选购网卡时还应注意查看它所携带的驱动程序支持何种操作系统。如果对速度要求高,应选择全双工的网卡;如果是无盘工作站,则需要让销售商提供支持对应网络操作系统的,并带有引导芯片(ROOT ROM)的网卡。用户还应注意,一般低档网卡在 Windows 95/98 上不易被识别,因此安装较为困难。另外,网卡的数据缓冲器越大,网卡的性能就越好。目前,网卡的数据缓冲器一般为 2~64KB。

## 3.1.4　集线器

集线器(Hub)的主要功能是对接收到的信号进行再生整形放大,以扩大网络的传输距

离,同时把所有节点集中在以它为中心的节点
上,如图 3.8 所示。

图 3.8 集线器

### 1. 集线器的作用

可对信号再生放大,以保证信号的强度。集
线器具有即插即用功能,不需要进行人工配置。
集线器可集合多达 8、12、16、24 个网络的连接端口,大型集线器采用模块化结构。它能兼容
多种类型的网络端口。双速集线器具有自适应 10~100Mbps 传输速率端口。

### 2. 集线器之间的连接

(1) 集线器的级联。相同品牌或不同品牌集线器之间都可以通过级联的方式扩展端
口,如图 3.9 所示。

(2) 集线器的堆叠。提供堆叠接口的同一品牌集线器可以堆叠,使用骨干线缆通过堆
叠端口将若干集线器进行串行连接,如图 3.10 所示。

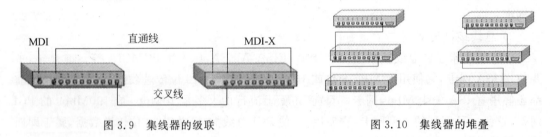

图 3.9 集线器的级联              图 3.10 集线器的堆叠

### 3. 集线器的类型

(1) 按端口数量来分,主要有 8 口、16 口和 24 口三大类,但也有少数品牌提供非标准端
口数,如 4 口和 12 口的,这主要是想满足部分对端口数要求过严、资金投入比较谨慎的用户
需求。此类集线器一般用作家庭或小型办公室等。

(2) 按照集线器所支持的带宽不同,通常可分为 10Mbps、100Mbps、10~100Mbps
三种。

(3) 按照配置的形式,一般可分为独立型集线器、模块化集线器和堆叠式集线器
三种。

集线器相当于多口的中继器,用于完成计算机节点的连接,属于 OSI 参考模型中物理
层设备。简单的集线器实现网络连通的星型拓扑结构,但内部结构为类似以太网的逻辑总
线。稍复杂化的集线器采取了模块化结构,这些模块支持媒体传输、媒体的连接方式和通信
协议等。可以作为网桥和路由器的替代品来减少网络堵塞。高级集线器还提供了与高速的
FDDI、帧中继及 ATM 网络的接口,属于 OSI 参考模型中物理层设备。

## 3.1.5 交换式集线器

交换式集线器(Switch Hub 或 Hub Switch)又称为普通交换机。随着网络用户的增
多,局域网中有更大的数据量,使得网络的数据传输率成为整个网络的系统瓶颈,为了提高

传输速率,在网络中使用交换式集线器可以明显地提高局域网的性能如图 3.11 所示。

图 3.11　交换式集线器

### 1. 交换机的特点

它的主要特点是所有端口平时都不连通。当工作站需要通信时,交换式集线器能连通许多对端口,使每一对相互通信的工作站能像独占通信媒体那样,无冲突地传输数据,通信完后断开连接。

对于普通的 100Mbps 集线器而言,若共有 $N$ 个用户,则每个用户占有的平均带宽只有总带宽(100Mbps)的 $N$ 分之一。在使用交换式集线器时,虽然数据率还是 100Mbps,但由于一个用户在通信时是独占,而不是和其他网络用户共享传输媒体的带宽,因此整个局域网总的可用带宽就是 $N \times 100$Mbps。这就是交换式集线器的最大优点。

### 2. 集线器的应用环境

集线器集多种规格的网络端口于一体,可将各个网段连接起来,扩展网络的范围。集线器对信号起再生与放大的作用,可以扩展介质的长度,增加站点数。集线器能变换网络的拓扑结构,如一个物理上为总线拓扑的网络,经过集线器变换为星型的拓扑网络,自动隔离网络上线路或节点出现的故障,提高网络系统的可靠性。当多台计算机同时使用 Hub 时,各自只能获取几分之一的传输速率。

## 3.1.6　网桥

许多单位都有多个局域网,并希望彼此连接。多个局域网可以通过一种工作在数据链路层的设备连接起来,这种设备叫做网桥(Bridge)。网桥用于符合 IEEE 802.x 标准网络的互连,如以太网、令牌环网或令牌总线网,也可以支持局域网与广域网的互连。属于 OSI 参考模型中数据链路层设备。

### 1. 网桥的基本功能

网桥工作在数据链路层的介质访问控制(MAC)子层,两个网络在 MAC 子层互连,而在逻辑链路控制(LLC)子层选择路径,独立于高层协议。

1) 存储转发功能

网桥从源网络接收信息帧并存储,以目的网络介质访问控制协议的帧格式,向目的网络发送信息帧。

2）过滤功能

网桥记录所连接网络段两端的 MAC 地址并将数据帧的源地址、目的地址与地址表中的地址进行比较,若目的地址在本地,对所接收的数据帧不做任何修改,滤出网桥;若目的地址是直接连接的其他网络段,就将数据转发到该网络段;若目的地址不直接与该网桥连接,就将数据送到传输路径适宜的网桥上。

3）缓存功能

网桥混杂侦听,接收所经过的每一个信息帧,将信息帧的源地址和来自端口的信息记录在缓冲区并对接收到的地址项进行计时,再在缓冲区内查找信息帧的目的地址,过滤/转发信息帧,并且在一定时间内对一直没有信息帧送来的超时地址项进行删除。

4）隔离网络的功能

用网桥互连的网段,当某网段上某站出现故障,破坏了网络运行时,它不会影响所连其他网段上站的网络运行,可以隔离错误和故障,提高网络的安全性。

**2. 网桥的类型**

1）透明网桥

透明网桥主要用于以太网环境,又称为自适应网桥。透明网桥标准规定路由选择功能只设在网桥,局域网上的各站不设路由选择,各站不知道发送帧经过哪几个网桥,各站是看不到网桥的,即是透明的。

图 3.12 所示是两个网桥连接三个局域网的示意图,网桥 1 连接局域网 LAN1 和局域网 LAN2,网桥 2 连接局域网 LAN2 和局域网 LAN3。透明网桥具有学习、过滤和帧转发功能,其路径选择算法如下:

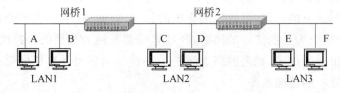

图 3.12 透明网桥

若由 A 站发往 B 站,目的局域网和源局域网相同,均为 LAN1,则网桥将该帧删除。

若由 A 站发往 C 站或 D 站,目的局域网和源局域网是不同的网,则网桥 1 将该帧转发到目的局域网 LAN2。

若由 A 站发往 E 站或 F 站,目的局域网和源局域网是不同的网,则网桥 1 将该帧转发到网桥 2,网桥 2 再将该帧转发到目的局域网 LAN3。

若目的局域网不知道,则采用扩散(扩散法又称洪泛法)处理。除源网段外,将信息帧送至所有网段。

透明网桥提高了局域网的性能。网桥从源网段接收到信息帧后,并不立即发送,而是把信息帧存储起来,然后等待目的网段变为空闲时再转发信息帧,这样就可以避免网桥两端的用户同时发送时导致的冲突。

透明网桥使用很方便,安装时无需改动硬件和软件,将网桥接入局域网内就能运行,但透明网桥不能选择最佳路径。

2) 源路由网桥

源路由网桥是由发送帧的源站负责路由的选择,源站如何确定应选的路由呢? 为了找到合适的路由,源站以广播方式发送一个探询帧,该探询帧在传送的过程中将记录下它所经历的路由。当帧到达目的站后,又各自沿原路返回。源站在得知这些路由后,可从中选择一条最佳路由作为以后通信的路由,这种方法称为探知法。当发送信息帧时,将所选的最佳路由反映在帧的首部。

用源路由选择网桥完全可以得到最佳路由,能较好地利用冗余的网桥来分担负载,适用于含有较多网桥的大规模局域网中。

3) 翻译网桥

翻译网桥是将不同类型网间的格式和传输原理进行翻译,帧格式的转换、无路由信息帧的处理、数据长度的分段或重组、位序的反转、优先级的处理及传输速率的匹配等,适用于以太网和令牌环网的混合网。

**3. 网桥的应用环境**

1) 拓展局域网的范围

由于中继器受 MAC 定时特性的限制,因此一般只能将几个网段连起来,且不能超过一定的距离极限。网桥不受 MAC 定时特性的限制,可以连接的距离几乎无限。利用网桥可将多个局域网段连接到主干网络上,成为桥接主干网络。

2) 提高局域网的性能

用中继器互连的以太网段,随着网上用户数量的增多,总线冲突几率增大,降低了局域网性能。网桥可将一个大型的局域网连接成若干既相互独立又能相互通信的网段,使连接到网桥上的各个网段同时运行,消除过多用户连接在单一网络上所形成的信息量的瓶颈,减少每个网段的用户,调节了网络的负载,减小了数据流量和响应时间,提高了局域网的性能。

3) 实现局域网和广域网的互连

局域网的传输速率比广域网的传输速率高得多,通过网桥的有效缓存能力可以弥补局域网和广域网间传输速率的差异,从而实现局域网和广域网互连。

# 3.2  实训一:局域网组网结构

## 3.2.1  实训目的

(1) 了解局域网所使用的网络设备及设备的功能。

(2) 了解局域网的组成和分类。

(3) 了解实现网络共享系统资源的方法和使用规则。

## 3.2.2  实训前准备

(1) 2 台计算机互连,共享彼此资源。

（2）将某一小型公司办公室的 4 台计算机互连，以便相互之间在网上传送信息，共享打印机，共享资源。本着节省经费的原则，为其设计方案。

### 3.2.3　实训内容及步骤

#### 1. 2 台计算机互连的三种方法

1）利用计算机的串并口连接

2 台计算机互连（严格地说这不能算网络，但有实用价值）是通过计算机机箱自带的串行接口（又叫异步通信接口，就是人们常说的 COM1、COM2 接口）、并行接口（又叫打印接口或 LPT 接口）与一条标准的 RS-232 通信线缆连接，再通过连网的一些命令就可实现共享硬盘上的信息，如图 3.13 所示。

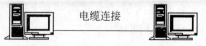

图 3.13　2 台计算机互连

这种连接方式一般用于笔记本电脑和台式机之间交换数据。2 台计算机的距离限制在十几米以内。软件可用 Windows 系统的连接驱动。

2）利用 2 台计算机的网卡互连

为减少线路制作麻烦，可在计算机上插入网络适配器（俗称网卡），通过 5 类双绞线连接两台计算机。注意的问题同串并口连接一样，第一台计算机的输入接口是第二台计算机的输出接口，而第二台计算机的输出接口就是第一台计算机的输入接口，如图 3.14 所示。

3）利用电话线联网

如果 2 台计算机相距较远，可以通过调制解调器、计算机串口以及电话线将 2 台计算机连接在一起，如图 3.15 所示。这种方法叫拨号上网。

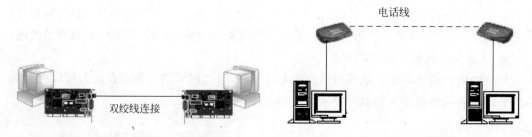

图 3.14　用网卡连接 2 台计算机　　　　图 3.15　用调制解调器连接 2 台计算机

硬件要求是每台计算机串口和调制解调器连接，再利用电话线连接到另一台计算机的调制解调器上，然后再将调制解调器与计算机相连。

#### 2. 4 台计算机互连的设计方法

首先了解公司建网的用途，准备投入多少资金，将来是否扩建等问题。

设计时应本着使用通用型和可扩展的模式，采用星型的网络拓扑结构，这样既简单又经济实惠。

要将 4 台计算机互连，需要准备网络适配器、通信电缆、集线器等硬件设备。每台计算机通过网卡用双绞线连到集线器上，然后在各计算机上安装所需要的网络设置，这样就组成了一个局域网,如图 3.16 所示。由于这种网络没有服务器,网络上的每台计算机不分主次、彼此共享资源,所以称之为对等网。

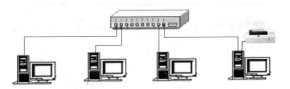

图 3.16　4 台计算机组成对等网

### 3.2.4　实训注意事项

(1) 目前在局域网中,特别是家庭组网,一般不使用串行接口或并行接口方式连接计算机,原因是此种方法的相互访问速度慢,网络的连接接口制作难度大,市场一般没有现成的连接线。

(2) 家庭组网或小型网络的组成一般是利用网卡组网,两台计算机只要通过网卡和网线连接就可以了。多台计算机还要有集线器作为几台计算机的连接节点。因此需要注意的是,在网络连接时,使用的网卡、集线器的单位要一致,即使用 10Mbps 网卡要接 10Mbps 集线器,100Mbps 网卡要接 100Mbps 集线器,不能混接。

### 3.2.5　实训报告

实训结束后,按照上述实训内容和步骤的安排,根据所认识或掌握的相关知识写出实训体会。

### 3.2.6　思考题

(1) 如何根据用户的需求设计网络连接?

(2) 在设计网络时,应如何考虑可扩展的原则?

(3) 两台计算机连接所使用的操作系统是什么? 如何将 30 台计算机连成对等网?

(4) 广域网和局域网的区别是什么?

(5) 自己利用现有的条件将两台计算机连成对等网,共享彼此的资源。

## 3.3　广域网网络设备

计算机广域网是指将分布在不同国家、地区,甚至全球范围内的各种局域网、计算机、终端等互连而成的大型计算机通信网络。

常见的广域网有公用电话网、公用分组交换网、宽带综合业务数字网、公用帧中继网和其他专用网如图 3.17 所示。

网络上的连接设备通常统称为"网间互连设备",常使用的广域网互连设备有调制解调器、路由器、桥式路由器和网关。

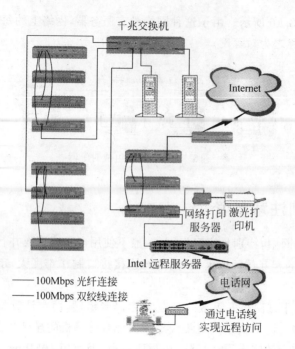

图 3.17　广域网应用

## 3.3.1　调制解调器

**1. 调制解调器**

调制解调器是通过电话线连接网络的小型设备,是一种最便宜、最普及的网络之间的互连设备。

1) 调制解调器的作用

调制解调器的作用是将计算机的数字信号转换成电话使用模拟信号,这一过程为调制;再将电话使用的模拟信号转换成计算机能识别的数字信号,这个过程为解调。因此调制解调器是一种数字形式的电信号与模拟形式的电信号之间相互转换的设备。利用计算机的串行接口电路,可以在普通的电话线上传输计算机信号,其传输速率一般为 33.6kbps、56kbps 或更高的传输速率。每种调制解调器都有自己的驱动程序,事先必须正确地安装驱动程序,如图 3.18 所示。

图 3.18　调制解调器

2) 调制解调器的选择

调制解调器的种类很多,型号各异。对于个人用户来说,在选择调制解调器时主要涉及两个方面的问题:款式和速率。

(1) 款式。

目前市场上出售的用于连接 Internet 的调制解调器,从类型上可以分为内置式(卡式)和外接式(台式)两种。

① 内置式。内置式调制解调器体积小,可以直接安装在计算机的一个扩展槽上,置于

机器内部,随着计算机的启动而自动加电。一般来说,价格比较便宜。但是,内置式调制解调器安装时需要打开机箱,寻找一个合适的插槽,如 ISA、PCI 和 VISA 等。安装时,注意使用的参数不要与本机其他设备发生冲突,这一点对普通用户使用和设置有些麻烦。另外,由于此类调制解调器安装在计算机内部,因此用户只能通过软件来监控它的工作状况。

② 外接式。外接式调制解调器像鼠标和键盘一样连接在计算机的一个接口上,放在机箱外面使用,因此通过面板上的各种指示灯可以观察其工作状况。外接式调制解调器具有安装简单、移动方便、便于携带和可靠性好等特点,这些对于用户来说都是很重要的因素。但是,外接式调制解调器一般来说比内置式的贵。

(2) 速率。

从原理上说,调制解调器的速度越快越好,但是速度的提高往往是以价格的升高作为代价的。调制解调器的速率越高,表明在同一条电话线上传送或接收数据所需要的时间就越短,当然线路使用费用就越低,工作效率也就越高。从这个意义上说,花钱买速度还是合算的。目前 33.6kbps 或 56kbps 已经是通常的产品标准了。用调制解调器上网称之为拨号上网,网速很慢,在上网时影响电话的使用,已经不能满足多媒体上网的使用了,目前属于淘汰产品。

3) 调制解调器连接时的主要特点

(1) 优点:

① 使用普通电话线、硬件等投资和维护费用低。

② 易于安装和维护。

③ 成熟的标准和众多的厂商。

(2) 缺点:

① 传输数据的速度慢。

② 性能低。

### 2. ADSL 调制解调器

ADSL(Asymmetric Digital Subscriber Line)属于非对称式传输,它以铜质电话线作为传输介质,可在一对铜线上支持上行速率为 640kbps ～ 1Mbps、下行速率为 1～8Mbps 的非对称传输,有效传输距离在 3～5km 范围内。这种非对称的传输方式非常符合 Internet 和视频点播(VOD)等业务的特点,成为宽带接入的一个焦点。ADSL 因其技术较为成熟,已经有了相关的标准,适于普通家庭用户使用,所以发展较快,也备受关注。如图 3.19 所示。

图 3.19　ADSL 调制解调器

用 ADSL 上网和用普通调制解调器上网基本一样,都是通过电话线连接 Internet。ADSL 调制解调器有信号分离器(Splite),又叫滤波器,用于将电话线路中的高频数字信号和低频语音信号进行分离。低频语音信号由分离器接电话机,用于传输普通语音信息;高频数字信号则接入 ADSL 调制解调器,用于传输上网信息和 VOD 视频点播节目。这样,在使用电话时,就不会因为高频信号的干扰而影响话音质量,也不会在上网时,因打电话造成语音信号的串入影响上网的速度。

### 3.3.2　路由器

　　路由器(Router)是连接因特网中各局域网、广域网的设备,它会根据信道的情况自动选择和设定路由,以最佳路径,按前后顺序发送信号。路由器是互联网络的枢纽、"交通警察"。目前路由器已经广泛应用于各行各业,各种不同档次的产品已经成为实现各种骨干网内部连接、骨干网间互连和骨干网与因特网互连互通业务的主力军。如图 3.20 所示。

图 3.20　路由器

#### 1．功能

　　路由器的一个作用是连通不同的网络,另一个作用是选择信息传送的线路。选择通畅快捷的近路能大大提高通信速度,减轻网络系统通信负荷,节约网络系统资源,提高网络系统畅通率,从而让网络系统发挥出更大的效益。

#### 2．分类

　　常见路由器有以下几种分类:

　　(1) 宽带路由器:在一个紧凑的箱子中集成了路由器、防火墙、带宽控制和管理等功能,具备快速转发能力,灵活的网络管理和丰富的网络状态等特点,广泛应用于家庭、学校、办公室、网吧、小区接入、政府和企业等场合。

　　(2) 模块化路由器:主要是指该路由器的接口类型及部分扩展功能是可以根据用户的实际需求来配置的路由器。

　　(3) 非模块化路由器:是低端路由器,平时家用的即为这类非模块化路由器。该类路由器主要用于连接家庭或 ISP 内的小型企业客户。

　　(4) 虚拟路由器:一些有关 IP 骨干网络设备的新技术突破为将来因特网新服务的实现铺平了道路。虚拟路由器就是这样一种新技术,它使一些新型因特网服务成为可能。通过这些新型服务,用户将可以对网络的性能、因特网地址和路由以及网络安全等进行控制。

　　(5) 核心路由器:又称"骨干路由器",是位于网络中心的路由器。

　　(6)无线路由器:是带有无线覆盖功能的路由器,主要应用于用户上网和无线覆盖。

　　(7) 无线网络路由器:是一种用来连接有线和无线网络的通信设备,可以在不设电缆的情况下方便地建立一个计算机网络。

　　但是,在户外通过无线网络进行数据传输时,它的速度可能会受到天气的影响。其他的无线网络还包括红外线、蓝牙及卫星微波等。

### 3.3.3　交换机

　　交换机(Exchange)是 20 世纪 90 年代出现的新设备。交换机采用了电话交换机的原理,可以根据网络信息构造自己的转发表,做出数据包转发决策。它是一种易于连接的数据共享设备。

　　交换机能够记忆用户连接的端口,在交换机的地址表中记忆每个端口所对应的 MAC

地址,从而建立端口号与 MAC 相对应的地址表。交换机具有"自动地址学习"功能,当打开计算机电源后,其网卡定期发出空闲包或信号,交换机根据数据包中的源 MAC 地址来建立或更新地址表。

### 1. 第 2 层交换

这种交换机通常将多协议路由嵌入到了硬件中,因此速度相当高,一般只有几十微秒,因此称为第 2 层交换机。第 2 层交换机是真正的多端口网桥,属于 OSI 参考模型中数据链路层设备。

第 2 层交换机是工作在数据链路层(ISO 的第 2 层)上的设备,它相当于多端口网桥,端口自适应 10/100Mbps 的传输速率,可灵活地支持不同速率的混合网络。第 2 层交换机可以根据网络信息构造自己的转发表,做出数据包转发决策,适用于从桌面系统到用户可定制化的校园网。

第 2 层交换机的缺点是处理广播包的方法欠佳,当它收到一个广播包时,会把包传到所有其他端口,有可能形成广播风暴,降低整个网络的有效利用率。

### 2. 第 3 层交换

在第 3 层交换出现之前,网络管理人员对第 2 层交换机的缺点状态唯一的解决办法就是利用虚拟局域网(VLAN)或路由器将网络进行分割。当在第 2 层上创建和管理虚拟局域网时,管理人员必须跟踪物理端口和各用户的介质访问控制地址。因此,此种虚拟局域网令人困惑,而且很难实现。而在第 2 层上,虚拟局域网可以通过向各用户分配 IP 子网的方式实现。对局域网来说,路由器速度慢,并且价格昂贵。局域网中使用路由器的局限性促进了交换技术的发展,并最终导致了局域网中交换机代替路由器。如图 3.21 所示。

图 3.21　第 3 层交换机

第 3 层交换机是实现路由功能的基于硬件的设备,属于 OSI 参考模型中的网络层设备。它能够根据网络层信息,对包含有网络目的地址和信息类型的数据进行更好的转发,还可选择优先权工作,交换 MAC 地址,从而解决网络瓶颈问题。第 3 层交换机的运行速度通常要比路由器快得多,它还可以运行像 RIP 这类传统的路由协议。尽管这种设备价格昂贵,但是大多数用户仍认为速度的极大提高可以抵消成本因素。

目前,尽管第 3 层交换机通常仅支持 IP,但第 3 层路由交换机要比传统的基于软件的多协议路由器快一个数量级。对于那些有多个网段的网络环境,多媒体等注重带宽的软件迫切需要有更快的速度,选择第 3 层交换技术是明智之举。第 3 层交换技术还能提供比传统路由器更加可靠的服务保障体系,因为使用传统路由器,一旦处理机变得繁忙,交通速度就会减慢。

下一代网络的核心将是新一代的交换机,与路由式或共享型网络相比,使用这类交换机的下一代网络将可以更有效地设计、更高效地运行。

### 3. 交换机的主要参数

(1) 转发方式:不同的转发方式适用于不同的网络环境。

（2）延时：是指从交换机接收到数据包到开始向目的端口转发数据包之间的时间间隔。延时越小，数据传输速率越高，网络的效率也就越高。

（3）转发速率：是指交换数据到达传输介质上的数据传输速率。

（4）管理功能：是指交换机的网络管理功能。一般交换机具有统计网管功能，一些复杂的交换机还具有可视化图形界面和基于 Web 的管理界面、远程网络监控功能。

（5）MAC 地址数：交换机的每个端口只支持一个 MAC 地址，称为单 MAC 交换机，主要用于最终用户（即服务器或工作站）、网络共享资源（如磁盘阵列、网络打印机等）或路由器。交换机的每个端口都捆绑多个 MAC 地址，称为多 MAC 交换机，适于作为网络主干并连接集线器。

（6）端口：目前交换机端口的带宽主要有 100Mbps、1000Mbps 和 1Gbps 三种。这三类不同带宽的端口往往以不同形式和数量进行组合，以满足不同类型网络的需要。最常见的组合形式有以下三种：

① $n \times 100Mbps \times 100Mbps$。这种类型的交换机既可以作为小型网络的主干，也可以用于大型网络中的二级或三级节点。100Mbps 端口用于连接服务器或用于级联至另一台交换机，10Mbps 端口可直接连接计算机。

② $n \times 100/1000Mbps$ 自适应。这种类型的交换机是当前市场上的主流产品，不仅能够自适应 10/100Mbps 的速率，而且提供全双工或半双工的工作模式。在全双工状态下收发各占 100Mbps，从而能实现 200Mbps 的带宽。该交换机可以用来连接以太网和快速以太网，作为组交换机直接连接客户机，100Mbps 快速交换到桌面，也可以作为小型网的主干。

③ $n \times 1000Mbps \times 100Mbps$。这种类型的交换机端口支持的传输介质有双绞线和光纤。千兆的带宽不仅很好地解决了多用户对服务器突发性访问的问题，而且能很好地解决高速交换机之间的互连问题。该交换机已经成为大、中型网络的骨干交换机，对上可直接连接服务器，对下可连接各组交换机。

#### 4．交换机的堆叠

提供堆叠接口的同一品牌的交换机可进行堆叠连接，交换机的堆叠有两种方式。

（1）菊花链连接方式。通过普通电缆将交换机一个一个地串接起来，每台交换机都只与自己相邻的交换机进行连接，如图 3.22 所示。

（2）交叉阵列连接方式。在一台交换机中插入"交换机阵列模块"以提供多链路端口，使用阵列电缆，将各交换机分别连接到"交换机阵列模块"的多链路端口上，如图 3.23 所示。这种连接方式的带宽是交换机端口速率的几十倍，且不会造成网络拥塞。

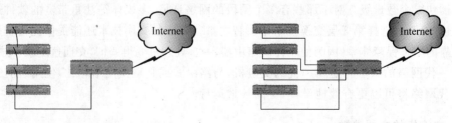

图 3.22　菊花链连接方式　　　　图 3.23　级连的连接方式

**5. 交换机的应用环境**

（1）交换机可以连接不同类型的网络。交换机采用了各种网络技术，集成了不同类型的端口，如 FDDI 端口、ATM 端口等，可以用于构建以太网、快速以太网、令牌环网、FDDI 网和 ATM 网等各种不同的网络。

（2）使用交换机可以建立虚拟局域网。将交换机的大广播区（交换机的所有端口）逻辑地划分为若干个"子广播区"，使所有的广播包都只在本子广播区传送，而不会扩散到其他子广播区，将网络通信量进行有效分离。

（3）交换机具有全双工的工作模式。全双工交换机是高带宽、高吞吐量的连接设备，其潜在带宽为标称带宽的两倍。全双工交换机的发送数据和接收数据同时进行，因而不存在发送/接收碰撞。全双工交换机可以突破链路长度限制，通信链路的长度只与物理介质有关。

（4）交换机按应用领域可分为台式交换机、工作组交换机、部门交换机、企业交换机等，能灵活地互连桌面系统、工作组或通信子网，以构成几百个甚至几千个节点的大型网络。

## 3.3.4　网关

网关（Gateway）又称为协议转换器或网间连接器，它工作在 OSI 协议的传输层或更高层，是互连设备中最为复杂的设备，用于互连不同体系结构的网络。属于 OSI 参考模型中网络层以上的互连设备的总称。

**1. 网关的基本功能**

网关具有报文存储转发、访问控制、流量控制和拥塞控制等功能。

（1）网关支持互联网的网络管理。网络管理应包括活动的会话数量及会话支持的数量、失败的会话数量及建立连接期间总的会话数，每条链路的失败记录、网关状态、可获得的链路描述和寻找最佳路径等。

（2）网关支持互联网协议的转换。网关能检查互联网使用的各种协议，具有足够的协议处理能力。如果不同协议的网络之间从应用层到会话层都相同，要在传输层上做协议转换，其转换可以包括传输分组的重新装配、长数据的分段、地址格式的转换以及操作规程的适配等。如果所用的通信子网不同，还要对低层协议做转换。在实际的网络互连中，协议的转换并不一定是一层对一层的转换，不一定要有明显的分层服务界面，如会话层与传输层的协议转换可以是同时进行，也可能从应用层到传输层一起进行协议转换。

**2. 网关的类型**

网关按路由体系结构可分为内部网关、外部网关和边界网关。

网关连接的不同体系的网络结构只能针对某一特定应用而言，不可能有通用网关，所以有用于电子邮件的网关和用于远程终端仿真的网关等。

**3. 网关的应用环境**

网关可用于互连异构型网络，以完成各种分布式应用。所谓异构型网络是指不同类型的网络，这些网络至少从网络层到物理层的协议都不相同，甚至从应用层到物理层所有各层对应层次的协议都不相同。

　　网关提供局域网的微型机和大型机之间的通信链路,可用于局域网的计算机和大型机管理系统之间进行数据交换。局域网上的工作站用户都可以经过网关透明地访问主系统,即用户仿真主机终端。

　　网关有两种:一种是面向连接的网关,一种是无连接的网关。无连接的网关用于数据包网络的互连,面向连接的网关用于虚拟电路网络的互连。

　　网关工作在 OSI 七层模型的高三层,即会话层、表示层和应用层。或者说,网关使用了 OSI 模型的所有层,但它主要应用在会话层、表示层和应用层。用中继器、网桥、交换机或者路由器连接网络时,对连接双方的高层协议都有所规定,相同时才能连接;而网关则允许使用不同的高层协议,它为互联网络的双方高层提供了协议的转换功能。所以网关又称为"协议转换器",其作用像一个"翻译"。

　　图 3.24 是网关应用的一个例子,图中各局域网的高层协议均不相同,其中 X.25 网是一个最常用的用 X.25 协议控制的分组交换网络。另外,使用网关可以将各种流行的 LAN 连接在一起,例如,使用网关连接 ARCnet、Ethernet、Token Ring 和 AppleTalk 等网络。使用网关还可以利用拨入方式连入使用专用线路的 LAN,或者拨入公共交换网络及专用网络。可用一台计算机作为网关,也可以在服务器中兼有网关功能。在 TCP/IP 网络中,网关有时所指的就是路由器。

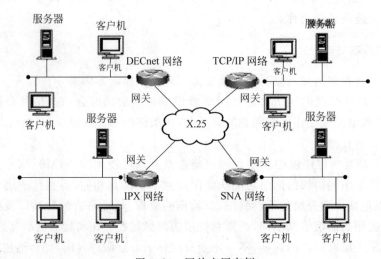

图 3.24　网关应用实例

## 3.3.5　网络设备的选购

### 1. 网卡选购时应考虑的因素

1) 速率

　　网卡的速率是衡量网卡接收和发送数据快慢的指标。目前,以太网网卡有 10Mbps、100Mbps、10/100Mbps 及千兆网卡。对于大数据量网络来说,服务器应该采用千兆以太网网卡,这种网卡多用于服务器与交换机之间的连接,以提高整体系统的响应速率。而 10M、100M 和 10M/100M 网卡则属于人们经常购买且常用的网络设备,这三种产品的价格相差不大。购买时要根据所在网络中的上级网络设备决定选型。目前用的最广的是 100M 网卡。就整体价格和技术发展而言,千兆以太网到桌面机尚需时日,但 10M 的时代已经逐渐远去。因而对中小企业来说,10M/100M 网卡应该是采购时的首选。

2）总线接口类型

计算机中常见的总线插槽类型有 ISA、EISA、VESA、PCI 和 PCMCIA 等。目前计算机上 ISA 插槽基本淘汰了,因此市面上流行的大多是 100Mbps 的 PCI 网卡,这是一种小型网卡,它使用 32 位 PCI 总线插槽,并以 32 位传送数据,属于即插即用硬件设备。

3）网卡生产商

由于网卡技术的成熟性,目前生产以太网网卡的厂商除了国外的 3Com、Intel 和 IBM 等公司之外,台湾的厂商以生产能力强且多在内地设厂等优势,其价格相对比较便宜。

### 2. 集线器选购时应考虑的因素

随着企业需要处理的信息越来越多,局域网对集线器传输带宽的要求也是越来越高,因为集线器的传输带宽是决定企业内部网传输性能的重要因素之一。对于局域网,考虑到建设成本和实用等因素,通常选择 10～100Mbps 自适应集线器,这种类型的集线器在网络中的应用比较灵活,上下兼容、左右逢源,既可以与 10Mbps 网络接轨,又便于升级至 100Mbps 快速以太网。

从节约成本的角度来看,选择合适端口数的集线器也是一个不可忽视的环节。用户在建立局域网时,应首先规划好局域网中可能包含多少个节点,然后根据节点数来选择集线器。不过从应用的角度来看,24 口集线器较 8 口和 16 口的集线器有更大的扩展余地,对局域网规模的拓展非常方便。而家用组网 8 口 10M/100M 自适应集线器就成了这里的最佳选择,毕竟价格也不贵,多在百元左右。一般校园小型局域网(寝室里的)也可采取类似方案。而校园机房或者企业网络,24 口 10M/100M 自适应管理堆叠集线器则更适合。

### 3. ADSL 选购时应考虑的因素

(1)ADSL Modem 分为内置、外置及 USB 三种类型。具体选择哪种,可根据自己的需求而定,其中外置的 ADSL Modem 安装设置使用较为方便,但价格稍贵,还需要买一块以太网卡。而内置 PCI 接口的 ADSL Modem 具备价格便宜,不占外部空间等特点,但是占用较多的系统资源是其一大弱点。另外还可以适当考虑 USB 的 ADSL Modem,它具备 USB 接口同样的优点,如安装使用方便,支持热插拔,接口速度较快等。

(2)在购买 ADSL Modem 时不要贪便宜去选择一些杂牌或不知名品牌的 Modem,这样会给你带来无尽的烦恼,认准国内外的知名 ADSL Modem 品牌,它们会给你良好的品质保证与售后服务。

(3)选购 ADSL Modem 时的防假辨假。大家知道,市场上的假冒产品大都是冲着好销好卖、做工良好、口碑不错的名牌去的,制假者不太可能像一些名牌 Modem 一样采用同样优质的元器件和制造工艺来"精雕细刻",购买时要看好产品的外形工艺。

(4)了解 ADSL Modem 的产品包装也是判别一款产品真伪的重要手段。原包原装是大家在采购时的基本要求,一般来说,在一款全新 Modem 的外包装上除了有与 Modem 相配的外盒外,一块正品的 Modem 盒上还有完整的封条,盒体坚固不易压坏,盒上应有中文的产品标记,代理商标志,以及生产厂商名、地址、型号和规格名,在盒内 Modem 上还应印有产品的规格及 PCB 厂商的名或日期及条型识别码等。另外,正规的内置 Modem 皆用防静电袋内包装,包装盒底有一层抗压保护泡沫。再者,更为重要的是,国内销售的正品 Modem 肯定应该是中文包装盒,其说明书应为中文或中文/其他文,没有中文说明书的 Modem,笔者个人认为肯定是假冒品或水货,从使用便利性及包换包修等各方面来考虑,笔者都劝用户莫贪几元的便宜而去选用。最后在包装的同时,注意一下包装内的随板驱动盘也是一件很重要的辨假手法。随板专用的驱动盘是造假者容易露馅的地方,驱动盘应该和 Modem 相配套,而不是以公版驱动盘或刻录盘替代。

**4. 路由器选购时应考虑的因素**

路由器在网络环境中是一个非常重要的设备。在不同的网络应用环境中,如何选择合适的路由器往往成为决定网络建设成败的重要因素。

(1) 弄清自身需求。市场上各种各样的宽带路由器在性能、功能上都各不相同,适用面也不一样。而且,不同环境有不同的需求,如果盲目地去选择,不光会增加不必要的支出,同时在维护等方面也会造成浪费,甚至有可能对上网性能、信息安全等方面造成负面影响。

还要根据目前国内互联网络主要有两大 ISP 运营商:中国联通和中国电信。由于中国联通和中国电信两个 ISP 网络之间的带宽比较狭小,因此应该选择双线路接入的路由器产品。首先,采用双线路接入可以减少设备投入,简化网络结构。路由器设备可以通过智能分析判断客户端的外网访问请求,并自动选择最优化的外网线路出口,使用户能获得最佳的网络访问速度。其次,双线路接入还可以实现带宽汇聚。广域网可以同时接入多条宽带线路,通过负载均衡的方式满足网络对于带宽的需求。

(2) 选购路由器应注意 6 个方面:性能、功能、可用性、兼容性、友好性和价格。

① 路由器的性能。网吧对于路由器的需求是性能要强大,数据处理能力要强,上网高速畅通,有大数据流量时不掉线、不停顿。

② 路由器的功能。路由器要能够支持绝大多数的常见协议,对于常见应用和较少见的应用都要兼顾到。同时,为了以后的维护方便,一定要考虑到其兼容性。

③ 路由器的可用性。能否长时间不间断地稳定工作,在设计上有没有考虑到冗余等是挑选路由器的要点之一。

④ 路由器的兼容性。好的产品要能和不同的设备生产厂商的产品兼容,要能适应不同运营商的不同接入服务。

⑤ 要使用简单。易安装、易配置、易管理、易使用,并具有友好易懂的用户界面。

⑥ 价格合理。在保证性能的前提下,要有一个合理的价格,并具有优秀的性能价格比。

# 3.4 网络传输介质

通过前面的学习,已经知道传输介质是网络中信息传输的媒体,是网络通信的物质基础之一。传输介质的性能特点对传输速率、通信的距离、可连接的网络节点数目和数据传输的可靠性等均有很大的影响。因此,必须根据不同的通信要求,合理地选择传输介质。目前,在网络中常用的传输介质有双绞线、同轴电缆和光导纤维等。

### 3.4.1　双绞线

在网络工程的综合布线过程中,常用的传输介质主要有同轴电缆、双绞线和光缆。不同的介质在网络布线系统中所起的作用和适用场合是不一样的。

双绞线(Twisted Pair wire)是一种最常用的传输介质。双绞线是由两根具有绝缘保护的铜导线组成的。把两根绝缘的铜导线按一定的密度互相绞在一起,这样可降低信号干扰的影响程度。每一根导线在传输中辐射出来的电波抵消。双绞线一般由两根 22～26 号绝缘铜导线互相缠绕而成。如果把一对或多对双绞线放在一条导管中,便成了双绞线电缆。与其他传输介质相比,双绞线在传输距离、信道宽度和数据速度等方面均受一定的限制,但价格较为低廉。

目前双绞线可分为非屏蔽双绞线(Unshielded Twisted Pair Wire,见图 3.25)和屏蔽双绞线(Shielded Twisted Pair Wire,也称八线头和四线对双绞线,见图 3.26)两种,屏蔽双绞线的外层被铝包裹着,它的价格相对要贵一些。

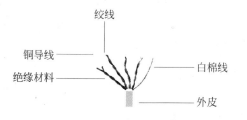

图 3.25　非屏蔽双绞线

图 3.26　屏蔽双绞线

采用双绞线的局部网络的带宽取决于所用导线的质量、每一根导线的精确长度及传输技术,只要精心选择和安装双绞线,就可以在短距离内达到 10Mbps 的可靠传输率。当距离很短,并且采用特殊的电子传输技术时,传输率可达 100Mbps 或更高。

双绞线最适合用于局部网络内点对点之间的设备连接,它很少用于广播方式传输的媒体。因为广播方式的总线通常需要相当长距离的非失真传输。双绞线电缆一般具有较高的电容性,这可能使信号失真,故双绞线电缆不太适合高速率的数据传输。

国际电气工业协会(EIA)为双绞线电缆定义了 5 种型号。计算机网络使用第 3 种和第5 种。第 3 种双绞线适用于部分计算机网络,这种不多见。第 5 种双绞线增加了缠绕密度,是一种高质量的绝缘材料,俗称五类线,这种线广泛使用于局域网的连接中。

### 3.4.2　同轴电缆

同轴电缆(Coaxial Cable)由一根空心的外圆柱导体及其所包围的乌黑的单根内导线所组成,如图 3.27 所示。

柱体与导线用绝缘物质隔开,其频率特性比双绞线好,能进行较高速率的传输。由于它的屏蔽性能好,抗干扰能力强,因而通常用于基带传输。

从图 3.27 中可以看出,同轴电缆由以下几部分组成:

(1) 中心导体:由多芯铜线组成,网络上高速变化的电

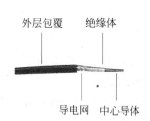

图 3.27　RG58A/U 同轴电缆

子信号主要就是靠它来传递的。

(2) 绝缘体：用来隔离中心导体和导电网，避免短路。

(3) 导电网：环绕中心导体的一层金属网，与中心导体同轴。这层导电网一般用于接地，在传输信号的过程中，它可用来当作中心导体的参考电压。

(4) 外层包覆：用来保护网线，预防网线在不良环境(如潮湿、高温)中受到氧化。

**注意**：同轴电缆的芯线与外环的导电网之间必须是绝缘的，在制作或配置同轴电缆线时，千万不要让中心导线部分与外围的导电网接触，以免因短路而导致网络不通。在施工时最好用万用表测量，确定未短路后再开始动手接线。

最常用的同轴电缆有以下几种：

(1) RG-58/U：用于 10BASE2，阻抗为 $50\Omega$，直径为 0.18 英寸的同轴电缆线，又称细同轴电缆线。它是计算机网络中最常见到的同轴电缆，在 Ethernet 标准中常与 BNC 接头连接。

(2) RG-11：用于 10BASE5，阻抗为 $50\Omega$，直径为 0.4 英寸的同轴电缆线，又称粗同轴电缆线。它需要配合收发器(Transceiver)使用。

(3) RG-59U：阻抗为 $75\Omega$，直径为 0.25 英寸的同轴电缆线。常用于电视电缆线，也可作为宽带的数据传输线，ARCnet 网络用的就是此类电缆线。

### 3.4.3 光导纤维电缆

光导纤维电缆(Optical Fiber)简称光纤或光缆。随着对数据传输速度的要求不断提高，光缆的使用日益普及。对计算机网络来说，光缆具有无可比拟的优势，也是目前和未来发展的方向，如图 3.28 所示。

光缆由纤芯、包层和护套层组成。其中纤芯由玻璃或塑料制成，包层由玻璃制成，护套由塑料制成。光纤具有以下优点和缺点：

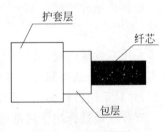

图 3.28    光纤结构

#### 1. 优点

(1) 传输速率高，目前实际可达到的传输速率为几十 Mbps 至几千 Mbps。

(2) 抗电磁干扰能力强，重量轻，体积小，韧性好，安全保密性高等。

(3) 传输衰减极小，使用光纤传输时，可以达到 6～8 千米距离内不使用中继器的高速率的数据传输。

#### 2. 缺点

(1) 光纤通信多用于计算机网络的主干线上。光纤的最大问题是与其他传输介质相比，价格昂贵。

(2) 光纤衔接和光纤分支均较困难，而且在分支时信号能量损失很大。

光缆有单模和多模之分，其特性比较如表 3.1 所示。

表 3.1 单模和多模光缆的比较

| 单 模 | 多 模 | 单 模 | 多 模 |
|---|---|---|---|
| 用于高速度,长距离<br>成本高 | 用于低速度,短距离<br>成本低 | 窄芯线,需要激光源<br>耗散极小,高效 | 宽芯线,聚光好<br>耗散较大,低效 |

光缆的类型由模材料(玻璃式塑料纤维)芯和外层尺寸决定,芯的尺寸大小决定光的传输质量。常用的光缆如表 3.2 所示。

表 3.2 常用的光缆

| 型 号 | 单模或多模 | 型 号 | 单模或多模 |
|---|---|---|---|
| 8.3μm 芯/125μm 外层 | 单模 | 50μm 芯/125μm 外层 | 多模 |
| 62.5μm 芯/125μm 外层 | 多模 | 100μm 芯/140μm 外层 | 多模 |

光缆在普通计算机网络中的安装是从用户设备开始的。因为光缆只能单向传输,如要实现双向通信,就必须成对出现,一个用于输入,一个用于输出。光缆两端接到光学接口器上。安装光缆须小心谨慎。每条光缆连接时都要磨光端头,通过电烧烤或化学工艺与光学接口连在一起。要确保光通道不被阻塞,光纤不能拉得过紧,也不能形成直角。

## 3.4.4 选择传输介质的因素

选择传输介质时应考虑的因素很多,但首先应当确定主要因素,然后再选择合适的传输介质,考虑这些因素应从以下各个方面着手。

### 1. 选择传输介质应考虑的主要性能因素

选择传输介质应考虑的主要性能因素如下:
(1) 网络拓扑结构。
(2) 网络连接方式。
(3) 网络通信容量。
(4) 系统传输时的可靠性要求。
(5) 所传输的数据类型。
(6) 环境因素,例如网络覆盖的地理范围。
具体介绍如下:
(1) 成本:决定传输介质的一个最重要因素。
(2) 安装的难易程度:决定使用某种传输介质的一个主要因素。例如光纤的高额安装费用和需要的高技能安装人员使得许多用户望而生畏。
(3) 容量:指传输介质传输信息的最大能力,一般与传输介质的带宽和传输速率等因素有关。有时也用带宽和传输速率来表示传输介质的容量,它们同样是描述传输介质的重要特性。
(4) 带宽:传输介质允许使用的频带宽度。
(5) 传输速率:指在传输介质的有效带宽上,单位时间内可靠传输的二进制位数,一般使用 bps 为单位。

### 2. 衰减及最大距离

衰减是指信号在传递过程中被衰减或失真的程度；而最大网线距离是指在允许的衰减或失真程度上可用的最大距离。因此,实际网络设计中,这也是需要考虑的重要因素。在实际中,所谓的"高衰减"就是指允许的传输距离短；反之,"低衰减"就是指允许的传输距离长。

### 3. 抗干扰能力

抗干扰能力是传输介质的另一个主要特性,这里的干扰主要指电磁干扰。

在局域网中,计算机的相对位置分为对等式和客户机/服务器两种基本形式。

## 3.5　实训二：校园网组成

### 3.5.1　实训目的

(1) 通过本实训了解校园网的建设。

(2) 学习设计实际的网络系统。

### 3.5.2　实训前准备

(1) 了解校园网的系统拓扑结构。

(2) 根据所学知识,准备自己设计一个企业网建设方案。

### 3.5.3　实训内容及步骤

#### 1. 校园网的组网方案

从学院的实际情况出发,根据各学院内部的职能部门及教师办公室之间进行信息交换,学校行政机关各职能部门与各学院相应的职能部门之间进行信息交换,本网络采用星型拓扑结构。以计算中心的主服务器为中心,呈辐射状连接到其他各学院的子网。这种拓扑的最大特点就是当一条干线出现故障时,并不会影响其他干线的正常工作,所以可靠性相对较强。网络拓扑如图 3.29 所示。

1) 校园网主干网及各子网局域网网络选型

根据目前局域网技术的发展情况和实际需求,校园网的主干网选用千兆以太网,整个网络以 1Gbps 的交换机为中心,设立各类服务器,下设 100M 交换器,连接各个子网和其他附属设备。

各学院的子网可选择 100Base-TX,这是用于光纤和两对 5 类双绞线的快速以太网。工作站通过两对 5 类双绞线或光纤连接到 100Mbps 的集线器或交换机上。物理结构如图 3.30 所示。

2) 网络环境的选择

校园网在建成之后,需要接入 Cernet,并通过它接入 Internet。

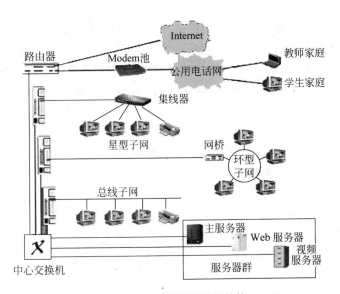

图 3.29 校园网网络拓扑结构

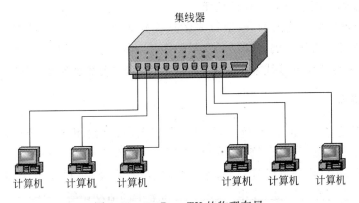

图 3.30 100Base-TX 的物理布局

　　校园网与距离学校总部最近的一个 Cernet 主节点进行互连。由于学校总部地处闹市,周围建筑与道路众多,不适合在校园网与 Cernet 主节点之间铺设光纤或进行微波通信方式,故选择租用电信部门的公用通信网。

　　根据对广域网网络资源的分析比较以及实际情况的需求,选择采用 DDN/Frame Relay 组网。因为它们的网络伸缩性强,性能价格比高,适用于目前以及未来业务进一步发展的需求。

　　3) 网络互连方案

　　校总部的网络通过路由器和 DDN 专线实现与 Cernet 以及 Internet 的连通。其他校区及分散办学点根据自身规模及信息量的大小,目前可选择通过 ISDN 专线拨号接入 Internet,待以后网络规模扩大之后,再通过路由器和 DDN 专线接入 Internet。

　　由于距离太远,目前信息交换量不大,目前暂不考虑其他校区和分散办学点与校总部网络的直接连接。

　　4) 网络设备

　　主服务器是整个网络系统的核心,也是数据存储和处理的中心。因此,对它的可靠性、安全性和运算速度有很高的要求。在这里选择 SUN 公司的企业级服务器。

网络主节点的核心设备选用一台朗讯公司的千兆位路由交换机 Cajun P550。·它是具有路由功能的千兆位骨干交换机,既提供 1000Base-SX 的光纤模块,用于与各建筑物的中心交换机相连;又提供 10/100Base-TX 第二层交换模块,用于服务器的接入。如果需要,Cajun P550 还可提供 ATM、100VG 等网络接口,为以后网络升级和兼容提供了可行性。此外,Cajun P550 还可提供虚拟网络功能,能方便灵活地把网络构造成分门别类的专门系统。

主节点安装一台路由器,通过它连入 DDN 网。

网络设备还包括二级交换机、网络适配器等。

5)网络布线

(1)楼内的布线采用 5 类非屏蔽双绞线。5 类非屏蔽双绞线的最高传输速率可达155Mbps,能满足未来 ATM 高速网络的传输要求,并且它价格经济、铺设方便。

(2)楼与楼之间采用光缆进行连接。光缆具有传输速率高,抗干扰能力强,可靠性高等优点,是建筑物间传输介质的首选。

(3)各楼内采用结构化综合布线系统。各楼层安装配线架,用 5 类非屏蔽双绞线从各楼层的配线架布到各网络节点所在的墙壁。

(4)从主节点交换机接出的线,通过光缆连接到各个楼的二级交换机上。二级交换机接出的线通过 5 类双绞线接到各楼层的集线器上,集线器与配线架相连,再通过楼内水平布线,通到各网络节点的墙壁接线盒上,再与计算机相连,实现数据传输。

### 2. 企业网建设

某房管处下设有 3 个队、4 个管片,管片分散于东城、西城、海淀 3 个区。所辖小区总计有多层及高层住宅楼数十栋,总管房面积 25 万多平方米,住户超过 1600 户。小区居住的人员整体层次较高,小区内服务设施齐全,除房管段、居委会外,还设有粮店、副食店、缝纫店、洗衣店、汽车库、自行车存车处、变电室、热力站和老干部活动站等。

处机关包含有房管、修缮、财务、人事、计算机等多个职能部门(股、室),直接领导和控制着各小区的生产、服务,同时又为各小区提供后勤保障。处机关每天都要从各小区获取各种各样的信息。

根据所给情况,请参照上面校园网的建网实例自己进行企业网网络系统的设计。

## 3.5.4　实训注意事项

(1)了解校园网的拓扑结构,认识网络设备,尤其广域网的网络设备,选择时够用为佳,不能认为越高级越好,要实事求是。

(2)重点了解校园网的主交换机的型号和功能。

## 3.5.5　实训报告

实训结束后,按照上述实训内容和步骤的安排,根据所认识或掌握的相关知识写出实训体会。

### 3.5.6 思考题

(1) 在广域网中如何选择网络接入方式是最合理、最经济的?

(2) 设计广域网结构应注意什么问题?

(3) 网络中各部分的网络设备是什么? 作用何在?

## 习题

(1) 网络硬件从逻辑上看,由哪几个部分组成?

(2) 什么是 C/S 结构的服务器?

(3) 网络服务器有几种分类?

(4) 选购网络服务器时需要考虑的主要因素是什么?

(5) 网络工作站有几种类型?

(6) 选购网络适配器时应考虑的因素是什么?

(7) 集线器有几种类型?

(8) 交换式集线器的特点是什么?

(9) 网桥有几种类型?

(10) 网桥的应用环境是什么?

(11) 常见的广域网有几种?

(12) 常使用的广域网互连设备有几种?

(13) 调制解调器的作用是什么?

(14) 路由器有什么作用?

(15) 路由器有几种分类?

(16) 什么是第 2 层交换? 什么是第 3 层交换?

(17) 网关的基本功能是什么?

(18) 网络中常用的传输介质是什么?

(19) 非屏蔽双绞线的用途是什么?

(20) 同轴电缆的用途是什么?

(21) 光导纤维电缆的用途是什么?

(22) 选择传输介质应考虑的性能因素是什么?

# 第4章 软件系统应用

一台计算机组装好后,紧接着就是系统设置和软件的安装。在安装操作系统前要进行 CMOS 设置、硬盘分区、硬盘格式化等操作,其后安装操作系统软件,显示卡、声卡和网卡的驱动程序,应用软件等,完成这些操作后才能真正使用计算机,最后还可以通过不同的环境连接到 Internet 上。

**本章学习要求:**

理论环节:

- BIOS 设置和 CMOS 设置。
- 系统 CMOS 参数设置。
- 硬盘分区与格式化。

实践环节:

- 系统 CMOS 参数设置。
- 硬盘分区与格式化。
- Windows 操作系统的安装。
- 设备驱动程序的安装与设置。
- 通过 ADSL 与 Internet 连接。
- 通过局域网与 Internet 连接。

## 4.1 系统常规设置

### 4.1.1 BIOS 设置与 CMOS 设置

#### 1. BIOS 设置和 CMOS 设置的区别与联系

当计算机加电后,系统自检正常,进入 BIOS 设置程序。计算机系统的设置是在 CMOS 中进行的,要想设置 CMOS,首先应该明白什么是 BIOS? 什么是 CMOS? 二者的区别是什么?

在计算机日常维护中,常常可以听到 BIOS 设置和 CMOS 设置的说法。它们都是利用计算机系统 ROM 中的一段程序进行系统设置的。那么 BIOS 设置和 CMOS 设置是一回事吗?

BIOS 是系统主板上的一块 EPROM 或 EEPROM 芯片,里面装有系统的重要程序以及设置系统参数的设置程序（BIOS Setup 程序）。

CMOS 是系统主板上的一块可读写的 RAM 芯片，其内容可通过程序进行读写，里面装的是关于系统配置的具体参数。它靠系统电源和后备电池供电，系统掉电后信息也不会丢失，而当后备电池没电时，CMOS 中的信息就有可能丢失。

BIOS 与 CMOS 既相关又不同，BIOS 中的系统设置程序是完成计算机系统参数设置的手段；CMOS 中的 RAM 是设定计算机系统参数的存放场所。由于它们和系统设置有密切关系，故有 BIOS 设置和 CMOS 设置的说法。完整的说法应该是"通过 BIOS 芯片程序对 CMOS 参数进行设置"。BIOS 芯片与 CMOS 设置都是其简化的叫法，指的是一回事，但是 BIOS 与 CMOS 却是完全不同的两个概念，不可混淆。

### 2．系统配置表

每次启动机器，屏幕都会显示系统配置。通过查看启动时显示的配置，即可了解机器的硬件情况。如 CPU 类型、CPU 速度、内存容量、软驱和硬盘类型、内存条类型等信息。

## 4.1.2　BIOS 设置

### 1．BIOS 设置程序的按键

不管是兼容机还是原装品牌机，由于 BIOS 的型号不同，进入 BIOS 设置程序的方法也不一样。表 4.1 列出了常见 BIOS 型号及进入 BIOS 设计程序的按键。

表 4.1　进入 BIOS 设置程序的按键

| BIOS 型号 | 进入 BIOS 设置程序按键 | 有无屏幕提示 |
|---|---|---|
| AWARD | Delete 或 Ctrl＋Alt＋Delete | 有 |
| AMI | Delete 或 Esc | 有 |
| MR | Esc 或 Ctrl＋Alt＋Esc | 无 |
| COMPAQ | 屏幕右上角出现光标时按 F10 | 无 |
| AST | Ctrl＋Alt＋Esc | 无 |
| PHOENIX | Ctrl＋Alt＋S | 无 |

### 2．AWARD BIOS 的 CMOS 设置

由于各大主板制造商都在 AWARD BIOS 的基础上对其进行了修改与添加，因此具体 BIOS 应参考该主板所附的主板说明书。下面介绍 AWARD BIOS 中有关设置选项的含义和设置方法。

计算机冷启动且正在进行自检过程中，在屏幕最下面有一行字 Press Del to Enter SETUP，按 Delete 键可进入 BIOS 设置程序。进入 BIOS 的 CMOS 设置程序后，出现 CMOS 设置程序主菜单，如图 4.1 所示。

```
ROM PCI/ISA BIOS (2A69JF99)
CMOS SETUP UTILITY
AWARD SOFTWARE,INC.
```

| | |
|---|---|
| STANDARD CMOS SETUP | INTEGRATED PERIPHERALS |
| BIOS FEATURES SETUP | SUPERVISOR PASSWORD |
| CHIPSET FEATURES SETUP | USER PASSWORD |
| POWER MANAGEMENT SETUP | IDE HDD AUTO DETECTION |
| PNP/PCI CONFIGURATION | SAVE & EXIT SETUP |
| LOAD BIOS DEFAULTS | EXIT WITHOUT SAVING |
| LOAD PERFORMANCE DEFAULTS | ↑ ↓ →←：Select Item |
| Esc：Quit | (Shift) F2 ：Change Color |
| F10：Save & Exit Setup | |
| Time,Date,Hard Disk Type ... | |

图 4.1　CMOS 设置程序主菜单

在屏幕下边说明了几个按键的使用方法。

Esc：退出。

F10：保存并退出。

↑↓←→：选择项目。

(Shift)F2：改变屏幕颜色。

具体操作如下：

将光标停在第一个菜单项目 STANDARD CMOS SETUP(标准 CMOS 设置)处,显示时间、日期和硬盘类型等。

若要进入某菜单项目,移动光标键到该选项上,按 Enter 键。在设置子选单对话框中,屏幕下部显示 PU/PD/＋/－：Modify,表示当要修改屏幕上的值时,可使用 PageUp/PageDown 或＋/－键。按 Esc 键将退回到主菜单。

1) STANDARD CMOS STEUP(标准 CMOS 设置)

在标准 CMOS 设置中,可以修改日期、时间,设置第一主 IDE 设备(硬盘)和从 IDE 设备(硬盘或 CD-ROM)、第二主 IDE 设备(硬盘或 CD-ROM)和从 IDE 设备(硬盘或 CD-ROM),软驱 A 与 B,显示卡类型以及出错状态导致系统启动暂停等配置项目。标准 CMOS 设置很重要,设置不正确,计算机将无法正常工作。

2) BIOS FEATURES SETUP(BIOS 性能设置)

BIOS 性能设置用于改善系统的性能,有些选项由主板本身设计确定,包括系统启动顺序、安全选项等较高级的设置。

主要设置项目如下：

(1) Virus Warning(病毒警告)：默认为 Disabled。如果设置成 Enabled,开机时若有病毒改写硬盘引导扇区或分区表,BIOS 会给出警告信息,在安装 DOS 或 Windows 前,应将其设置为 Disabled。

(2) CPU Internal Cache(CPU 内部高速缓存)：默认为 Enabled。允许使用 CPU 内部的一级缓存。为提高系统性能,应设置成 Enabled。

(3) External Cache(外部高速缓冲)：默认为 Enabled。允许使用主板上的二级缓存。

应根据主板是否带有 Cache 来设置。

（4）CPU 二级缓存 Cache ECC Checking：设置 CPU 二级高速缓存自动纠错功能。

（5）Quick Power On Self Test（通电快速自检）：默认为 Disabled。主要是加速系统加电自检过程，它将跳过对扩充内存的检测，以缩短启动时间。

（6）CPU Update Data：CPU 更新数据功能。

（7）Boot From LAN First：设置从网卡启动功能。若设置为 Enabled，允许通过网卡从远程启动操作系统。

（8）Boot Sequence（引导顺序）：用来指定系统启动时依照什么次序在硬盘、软盘 A、CD-ROM 和 SCSI 中读取启动信息。

（9）Swap Floppy Drive（交换软驱）：默认为 Disabled。当为 Disabled 时，BIOS 不能使 A,B 互换；当设置为 Enabled 时，允许在不交换连接线的情况下使 A,B 软驱在逻辑上互换。

（10）VGA Boot From：启动显示选择。设置启动时使用 AGP 还是 PCI 显示卡显示。

（11）Boot Up Floppy Seek（引导时检索软盘）：默认为 Disabled。当设置为 Enabled 时，允许 BIOS 对软盘驱动器执行检测。

（12）Boot Up NumLock Status（引导时设置为数字状态）：设置小键盘的默认状态。为 On 时，系统启动后，小键盘默认为数字状态；为 Off 时，系统启动后，小键盘默认为编辑状态。默认为 Off。

（13）Typematic Rate Setting：设置键盘按下某键后的重复功能。设置为 Enabled 时，下面两项功能设置才生效。

（14）Typematic Rate(Chars/Sec)：设置键盘输入时的每秒重复率。即按下某键不放，屏幕上出现第二个该字符后每秒重复出现该字符的个数。

（15）Typematic Relay(Msec)：设置首次延时时间。即按下某键不放，屏幕出现第二个该字符所需的时间。

（16）Security Option（安全选项）：设置检查密码方式。设置为 Setup，只在进入 BIOS 设置时需输入密码；设置为 System 时，系统启动时和进入 BIOS 设置时均需输入密码。

（17）PCI/VGA Palette Snoop：颜色矫正。有些非标准的显示卡可能会出现颜色不正常的情况，把这项设置为 Enabled 可以改善这些问题。一般应设置为 Disabled。

（18）Assign IRQ For VGA：设置是否分配中断给显示器。

（19）OS Select For DRAM>64MB：OS2 操作系统内存设置。

（20）HDD S. M. A. R. T. Capability：硬盘自动检测、分析功能。此功能可以用来检查硬盘存取数据的正确性以及硬盘自身有无缺陷，应设置为 Enabled。

（21）Report No FDD For Windows 95：分配软驱中断。No 表示分配中断 6 给软驱；Yes 表示软驱自动检测 IRQ6。

（22）Video BIOS Shadow（视频 BIOS 影子）：因为 ROM 芯片的存取速度较慢，而内存的存取速度很快，所以当设置为 Enabled 时，则允许 BIOS 将附加的视频卡上的视频 ROM 代码复制到系统内存中，以加快访问速度（缩短 CPU 等待时间）。应设置为 Enabled。

3）CHIPSET FEATURES SETUP（芯片组性能设置）

主要设置项目如下：

(1) EDO CASx# MA Wait State：EDO CASx# MA 等待时间。设置在读取内存页上的数据时所需等待的时钟周期,如果内存条的速度是 60ns,最好用一个周期,这样速度才会匹配得好。如果低于 60ns,设置为 2。

(2) EDO RASx# Wait State：EDO 内存列数据读取等待菜单时间。

(3) SDRAM CAS Latency Time：SDRAM 内存延迟时间。设置在读取内存页上的数据时等待的时钟周期,如果 SDRAM 内存速度小于或等于 10ns,一般设为 2,低于这个速度设为 3 或者 Auto。

(4) DRAM Data Integrity Mode：内存数据完整传输模式。此设置要看 DRAM 是否有校验功能,如果有校验功能,就设为 ECC,这样会提供数据的准确性。

(5) System BIOS Cacheable：系统 BIOS 快速读取功能。

(6) Video BIOS Cacheable：视频 BIOS 快速读取功能。

(7) Video RAM Cacheable：显示内存快速读取功能。

(8) 16 Bit I/O Recovery Time：16 位 I/O 操作的恢复延时。

(9) Memory Hole At 15 M-16 M：保留 15～16MB 内存地址空间。

(10) Delayed Transaction：设置延迟交换功能。

(11) Spread Spectrum：设置频谱扩散功能。

4) POWER MANAGEMENT SETUP(电源管理设置)

主要设置项目如下：

(1) Power Management：电源管理。设置电源的工作模式,以决定是否进入节能状态。

(2) PM Control by APM：设置由 APM(高级电源管理)控制电源。

(3) Video Off Method：设置节能方式下显示器状态。

V/H SYNC + Blank：由 BIOS 程序输出信号,支持省电功能的显示器会关闭电源。

Blank Screen：在进入省电模式时,BIOS 仅将显示器信号中止,此时显示器完全没有显示,也是省电的一种方式。

DPMS：BIOS 会按照 DPMS 标准来管理屏幕的电源。

(4) Suspend Mode：延迟模式。设置计算机多久没有使用便进入延迟省电模式。将 CPU 工作频率降到 0Hz,并分别通知相关省电设置(如 CPU 风扇、显示器),以便一起进入省电状态。

(5) HDD Power Down：关闭硬盘电源。在设定的时间内关闭硬盘电源,范围是 1～15min。Disabled 不使用此功能。

(6) VGA Active Monitor：监视显示器信号状态。设成 Enabled 时,当显示器接收不到信号时,即使鼠标、键盘很久没有动作(如播放 VCD)也不进入省电状态。

(7) Soft-Off by PWR-BTTN：电源开关方式。

Instant-off：按一下机箱开关便直接关机。

Delay 4 Sec：需按住开关 4s 后才关机。

(8) System After AC Back：电源恢复时的系统状态。

Full-On：电源恢复或按下开关时,直接重新启动系统。

Soft-Off：按下机箱开关时,才能再重新启动系统。

Memory：当电源恢复时,可以恢复到断电前的状态。

（9）CPUFAN Off In Suspend：设置延迟模式下是否停止 CPU 风扇。

（10）PME Event Wakeup：设置电源管理事件唤醒功能。

（11）Modem Ring On/Walk on Lanv：设置调制解调器/网络唤醒功能。

（12）Resume by Alarm：设置定时开机功能。此项设置为 Enabled 时下面两项才有效。

（13）Date（of Month）Alarm ＆ Time（hh∶mm∶ss）Alarm：设置定时开机的日期和时间。

（14）IRQ［3-7,9-15］,NMI：中断中止。设置当中断请求发生时,是否要中止省电模式,恢复正常工作。默认为 Enabled（启用）。

（15）Primary IDE 0：IDE 设备存取设置。当 IDE 0/1 装置有存取动作要求时,是否要取消该 IDE 的省电状态。

（16）Floppy Disk：软盘设置。

（17）Serial Port：串行口设置。

（18）Parallel Port：并行口设置。

5）PNP/PCI CONFIGURATION（即插即用和 PCI 设置）

主要设置项目如下：

（1）PNP OS Installed：是否安装了即插即用操作系统。

（2）Resources Controlled By：系统资源控制。设置为 Manual 时,窗口出现 IRQ 和 DMA 菜单供用户分配 IRQ 和 DMA；设置为 Auto 时,由 BIOS 根据即插即用 PnP 自动分配资源。

（3）Reset Configuration Data：是否允许系统自动重新分配 IRQ、DMA 和 I/O 地址。

（4）IRQ［3-5］＆ DMA［0-7］assigned to：设置 IRQ 和 DMA 资源的使用。设置为 PCI/ISA PnP 时,指定给 PCI 或 ISA 卡有 PnP 功能的设备使用；设置为 Legacy ISA 时,指定给传统的 ISA 卡使用。

（5）Used MEM base addr：设置是否使用常规内存,建议值为 N/A。

（6）Assign IRQ For USB：设置是否为 USB 接口分配 IRQ。

6）LOAD BIOS DEFAULTS（装载默认设置值）

使用默认值,仅将 BIOS 各参数设置成厂商设定的值,是最保守的设置,对软硬件的要求较低,不考虑系统的运行效率,只为确保系统的正常运行。

输入 Y（YES）,并按 Enter 键,则用 BIOS 默认的参数（BIOS DEFAULTS）进行自动设置,然后返回主选单。

7）LOAD PERFORMANCE DEFAULTS（装载优化设置值）

该设置采用了比 LOAD SETUP DEFAULTS 优化的参数,以提高系统的性能。

8）INTEGRATED PERIPHERALS（主板集成的外部设备接口设置）

主要的设置项目如下：

（1）IDE HDD Block Mode：设置是否使用 IDE 硬盘的块传输模式。建议值为 Enabled,可加快硬盘传输速度。

（2）IDE Primary Master PIO：设置第一个 IDE 主接口使用的可编程输入输出模式,可选择的范围是 1,1,2,3 或 4。设置的依据由安装的 IDE 设备确定,目前的 BIOS 均可自动检测出来,故应设置为 Auto。

(3) IDE Primary Master UDMA:设置第一个 IDE 主接口使用的 Ultra DMA 传输模式。可设置为 Auto,让 BIOS 自动检测是否为 Ultra DMA 类型的设备,以决定它的传输方式。

(4) On-Chip Primary PCI IDE:设置是否允许使用芯片组内的第一个 PCI IDE 接口。

(5) USB Keyboard Support:设置是否支持 USB 键盘。

(6) Onboard FDC Controller:设置是否允许使用主机板内所用的软驱接口。

(7) Onboard Serial Port 1:设置 COM1(串行口 1)资源配置。默认值为 3F8/IRQ4。通过改变其值来避免地址和中断请求的冲突。

(8) Onboard Serial Port 2:设置 COM2(串行口 2)。默认值为 2F8/IRQ3。

(9) Onboard Parallel Port:设置并行口资源配置。默认值为 378/IRQ7。

(10) Parallel Port Mode:设置并行口传输模式,一般设置为标准模式,即 Normal 或 SPP 模式。其他模式时,可以提高传输速度,但兼容性可能会有问题。其可选项有 EPP、ECP 和 EPP+ECP。

(11) PS/2 Mouse Power On:设置鼠标开机功能。设置为 DblClick,按两次 PS/2 鼠标左键或右键开机。若键盘中有 Power 键,可以由此键开机。Disabled 关闭 PS/2 鼠标的开机功能。

(12) Keyboard Power On:设置键盘开机功能。Disabled 关闭键盘开机功能。Multikey 可设定开机的组合键。

(13) KB Power On Multikey:设置开机组合键。

9) SUPERVISOR PASSWORD(管理员密码)

Supervisor Password(超级用户口令)和 User Password(普通用户口令),便于分级管理。超级用户可以对 BIOS 中所有选项进行修改(包括修改变通用户口令);普通用户只能对自己的口令进行设置,无权修改系统配置。Supervisor 与 User 口令设置方法相同。

10) USER PASSWORD(用户密码)

设置可使用系统的用户口令,进入 BIOS 设置程序时无法修改各项设置值。在提示输入口令时直接按 Enter 键即可消除口令。

11) IDE HDD AUTO DETECTION(IDE 硬盘自动检测)

自动检测 IDE 硬盘的各项参数并将其保存到 CMOS 中。目前使用的硬盘的各种参数都会被自动正确检测到。

对于硬盘设备而言,主要选项包括 NORMAL(普通模式),只适用于容量在 528MB 以下的硬盘;LARGE(大硬盘模式),支持的最大容量为 1GB;LBA(逻辑块地址模式),理论上支持容量达 4TB 的硬盘,现在一般选择该项。

12) SAVE & EXIT SETUP(保存设置并退出)

保存被修改的各项 BIOS 参数后退出 BIOS 设置窗口,功能与在 BIOS 主窗口中按 F10 键相同。

13) EXIT WITHOUT SAVING(不保存设置而退出)

不保存被修改的各项 BIOS 参数而退出 BIOS 设置窗口,功能与在 BIOS 主窗口中按 Esc 键相同。

## 4.1.3　CMOS 口令遗忘的处理方法

在计算机的 BIOS 设置中,一般有口令设置项(也就是常说的密码),用于保护用户的 CMOS 设置不被修改和防止非法用户启动计算机。然而常常有合法用户忘记了自己设置的 CMOS 口令,使原本用于安全保护的密码功能反而变成了使用计算机的阻碍,轻则不能修改 CMOS 配置,重则连计算机也难以启动。

如何清除口令? 首先,CMOS 的口令一般分为两级,即 Setup(系统 BIOS 设置)和 System(开机保护)。Setup 口令可以通过软件方法快速清除,System 口令只能用硬件方法清除。下面分别讲述这两种口令的清除方法。

### 1. Setup 级口令的清除

当接通电源时,首先被执行的是 BIOS 中的加电自检程序(POST)对整个系统进行检测,包括对 CMOS 中的 RAM 配置信息做累加和测试。该累加和与原来的存储结果进行比较,当两者相吻合时,CMOS 中的 RAM 配置有效,自检继续进行;当两者不相等时,系统报告错误,要求重新配置,并自动取 BIOS 的默认值设置,原有口令被忽略,此时可进入 BIOS SETUP 界面。因此,当口令保护被设为 Setup 级时,可以利用这一点往 CMOS 中的 RAM 任一单元写入一个数,破坏 CMOS 的累加测试值,即可达到清除口令的目的。

CMOS 在 DOS 系统中的访问端口为:地址端口 70,数据端口 71。调用 DOS 中的 DEBUG 程序并输入以下指令:

```
– o70,10
– o71,10
– q
```

然后按下 Ctrl＋Alt＋Delete 组合键重新启动系统,系统要求重新配置,口令已被清除。

一些工具软件如 QAPLUS 中有设置系统 CMOS 参数的功能,利用这些选项重新写入 CMOS 数据也能达到同样的效果。当无法找到这样的工作软件,对 DEBUG 的操作也不熟悉时,也可采用下面与 System 级口令相同的硬件方法来解除口令。

### 2. System 级口令的清除

由于 System 级口令保护的是整个系统,在未正确输入口令时不能进入系统,因而当任何"软"方法都无法奏效时,只能用"硬"方法解决。

关闭计算机电源,打开机箱,找到主板上后备电池的位置,观察 CMOS 中的 RAM 和后备电池之间的线路走向,可以发现它们的电路都类似。后备电池在主机断电期间向 CMOS 中的 RAM 提供电源。可用导线短接 CMOS 的 VDD 触点,与地线形成放电回路,进行放电即可清除 CMOS 中的数据(包括口令)。根据所用主机板的不同,又有以下几种方法。

1) 跳线短接法

一般的主板在后备电池的附近都做有一个 Ext. Buttery 或 CMOS Reset 的跳线。断开计算机电源,打开机箱,按照主板说明书上的解说找到它,并将其中的两个脚短接数秒,然后将跳线恢复原状,即可清除口令。有的主板还要求在放电短接状态后,开机才能彻底清除

CMOS 内容,具体做法应该参照主板说明书上的叙述。

在原装品牌机上也有将跳线做成 DIP 开关的,将 CMOS 开关拨到 ON 的位置与短接跳线的作用相同。清除口令后,应将跳线或开关恢复到正常状态,否则计算机有可能不能启动甚至损坏机器。

2) 快速短接法

当一些主板上没有做 CMOS Reset 跳线,或是不能找到该跳线位置时,可以关闭主机电源,打开机箱,分别找到主板电路板上的负极(可直接取后备电池的负极)和 CMOS 芯片的位置,用一根小导线一端接地,另一端在 CMOS 芯片的插脚上快速匀速扫过,即可放电。为防漏划,最好多扫几遍。

有些采用纽扣电池的主板没有 CMOS Reset 跳线,可以把纽扣电池取下,使电池座上的正负极短路数秒,也可以清除 CMOS。

**注意**:CMOS 放电后,所有的数据都丢失了,要在开机时进入 CMOS 重新设置各个选项以使系统恢复正常工作。

# 4.2　实训一:系统 CMOS 参数设置

## 4.2.1　实训目的

(1) 进一步熟悉计算机系统 BIOS 的主要功能及启动、设置方法。

(2) 掌握通过系统设置程序 BIOS 对 CMOS 参数进行优化的方法,进一步提高整机系统性能,并为计算机的使用和故障诊断打下良好基础。

## 4.2.2　实训前的准备

(1) 已组装好的多媒体计算机一台。

(2) 随机附送的主机板说明书。

(3) 认真复习本节相关内容。

## 4.2.3　实训内容及步骤

目前大多数主板通常采用在机器启动时,按热键进入 BIOS 设置程序来修改 CMOS 参数,并优化系统性能。但不同类型的机器进入 BIOS 设置程序的按键不完全相同,有的启动时在屏幕上给出提示,而有的没有给出提示。目前常用的有以下几种启动 BIOS 设置程序的方法,望大家根据自己的机器类型做出选择。

(1) Award BIOS:启动机器时按 Delete 键。

(2) AMI BIOS:启动机器时按 Delete 键或 Esc 键。

(3) COMPAQ BIOS:启动过程中,在屏幕左上角出现光标时按下 F10 键即可。

(4) Phoenix BIOS:启动过程中,在屏幕左上角出现光标时按下 F2 键即可。

**注意**:目前有些兼容主板仍然使用按下 Delete 键的方式。

下面以比较常用的 Award BIOS 设置程序为例来进行操作。

### 1．启动 BIOS 设置程序

（1）开机启动机器，根据屏幕提示按 Delete 键，启动 SETUP 程序，如图 4.2 所示。

提示按 Delete 键可进入 CMOS 设置菜单

图 4.2　进入 SETUP 程序

（2）待几秒钟后，进入 BIOS 程序设置主界面，如图 4.3 所示。

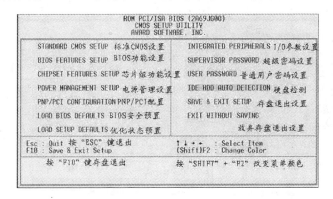

图 4.3　BIOS 程序设置主界面

### 2．了解系统 BIOS 设置的主要功能

进入 CMOS 设置主界面后，对照主机板详细说明书，全面认真地了解其所有的 CMOS 设置功能。如标准 CMOS 设置、BIOS 功能设置、芯片组功能设置、电源管理设置、BIOS 安全设置、I/O 参数设置、普通与超级用户密码设置、硬盘检测、PNP/PCI 设置、系统优化状态设置等。

### 3．常用 CMOS 系统参数的设置与优化

在进行设置时可以利用热键，更加方便操作。这些热键如下：

F1：如果想获得任一项更详细的帮助信息，可按此键，将弹出一个窗口来显示其说明信息。

F5：可重新载入上一次的设置值。

F6：重新载入 BIOS 的默认值。

F10：把设置的参数存盘并退出设置。

Shift＋F2：改变屏幕背景颜色。

←、↑、→、↓：移动光标，改变当前选择项。

PageUp 与 PageDown：修改当前设置项的参数。

1) 了解并修改本机器系统 CMOS 的基本配置情况

要查看并修改系统日期、时间、软驱、硬盘、光驱、内存等硬件配置情况时，使用此功能。

方法：利用箭头键移动光标，在主界面中选中第一项，即 STANDARD CMOS SETUP，再按 Enter 键，如图 4.4 所示。

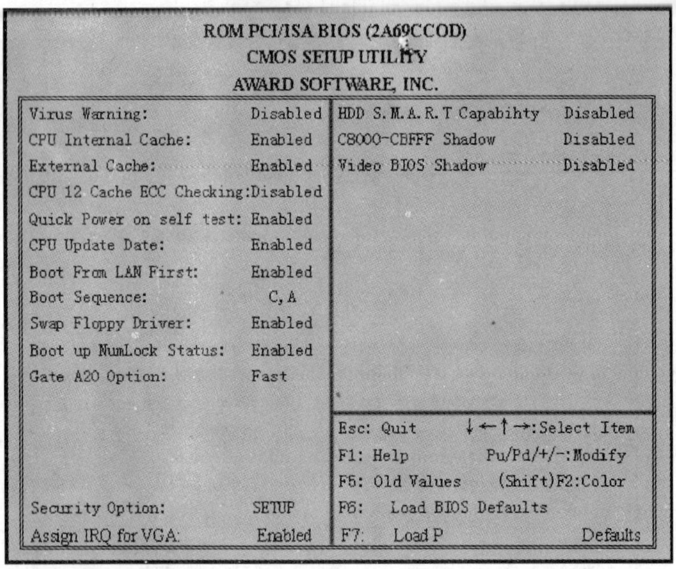

```
                    ROM PCI/ISA BIOS (2A69CCOD)
                        CMOS SETUP UTILITY
                       AWARD SOFTWARE, INC.

 Virus Warning:           Disabled  HDD S.M.A.R.T Capabihty   Disabled
 CPU Internal Cache:       Enabled  C8000-CBFFF Shadow        Disabled
 External Cache:           Enabled  Video BIOS Shadow         Disabled
 CPU 12 Cache ECC Checking:Disabled
 Quick Power on self test: Enabled
 CPU Update Date:          Enabled
 Boot From LAN First:      Enabled
 Boot Sequence:            C, A
 Swap Floppy Driver:       Enabled
 Boot up NumLock Status:   Enabled
 Gate A20 Option:          Fast

                                    Esc: Quit      ↓←↑→:Select Item
                                    F1: Help        Pu/Pd/+/-:Modify
                                    F5: Old Values   (Shift)F2:Color
 Security Option:          SETUP    F6:  Load BIOS Defaults
 Assign IRQ for VGA:       Enabled  F7:  Load P          Defaults
```

图 4.4　BIOS 设置

(1) Date：设置日期，格式为“月：日：年”。只要把光标移到需要修改的位置，用 PageUp 或 PageDown 键在各个选项之间选择。

(2) Time：设置时间，格式为“小时：分：秒”。修改方法和日期的设置是一样的。

(3) Primary Master 和 Primary Slave：表示主 IDE 接口上主盘和副盘参数设置情况。

(4) Secondary Master 和 Secondary Slave：表示副 IDE 接口上的主盘和副盘参数设置情况。

(5) Drive A 和 Drive B：用来设置物理 A 驱动器和 B 驱动器，这里将 A 驱动器设置为 1.44MB，3.5 英寸。

(6) Video：设置显示卡类型，默认的是 EGA/VGA 方式，一般不用改动。

当上述设置完成以后，按 Esc 键，又回到 CMOS 设置主菜单，再选择 SAVE&EXIT SETUP 选项存盘并退出，使设置生效。

2) 自动检查外部存储设备配置情况

安装并连接好硬盘、光驱等设备后，除手工完成相关参数设置外，一般可通过 IDE HDD AUTO DETECTION(自动检查硬盘)功能来自动设置。如图 4.5 所示。

待机器自动检查完成以后，选择 SAVE&EXIT SETUP 项存盘并退出设置。

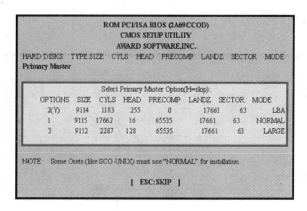

图 4.5 自动检测硬盘参数

3）如何修改机器的启动顺序

Boot Sequence 决定机器的启动顺序。一般机器可以从软盘、硬盘甚至 CD-ROM 启动。

首先选择 Advanced BIOS Features 项，按 Enter 键；再把光标移动到 Boot Sequence 项，此时的设置内容为"C,A"。用 PageUp 或 PageDown 键把它修改为"A,C"、"Only C"或 "CD-ROM"等。比如，Boot Sequence 设为"A,C"，则计算机启动时，先检查软驱 A 里是否 装有磁盘，若没有，则从硬盘启动。

设置完成后，按 Esc 键回到主界面菜单，再选择 SAVE & EXIT SETUP 或直接按 F10 键使新的设置存盘后生效。如图 4.6 和图 4.7 所示。出现确认项"SAVE to CMOS and EXIT（Y/N）？N"后，按 Y+Enter 组合键，计算机会重新启动。至此，系统启动顺序设置 就完成了。

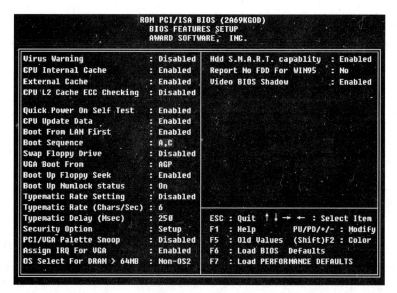

图 4.6 选择 SAVE & EXIT SETUP

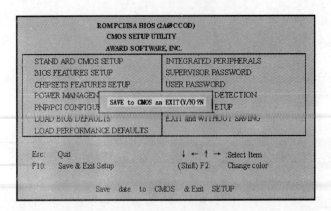

图 4.7　存盘

### 4.2.4　实训注意事项

(1) 如果参数设置错误,可能导致机器整体性能下降或无法正常工作,设置时要倍加小心。

(2) 设置密码后,一定要牢牢记清,否则可能造成机器无法启动。

(3) 每次设置完成后,切记要存盘才能使设置生效。

### 4.2.5　实训报告

(1) 结合本节实训内容,写出每一项的功能和详细操作步骤。

(2) 如果使用的主机板说明书是全英文的话,则把"系统 CMOS 参数设置"一节翻译成中文。

(3) 根据所认识或掌握的相关知识写出实训体会。

### 4.2.6　思考题

(1) 根据硬盘说明书,手工完成硬盘参数的设置。

(2) 如何给机器设置超级用户和普通用户密码? 它们的区别何在?

(3) 完成上述操作以后,再结合教材本章相关内容,完成其他选项的设置和操作(每一项设置都非常重要,要熟练掌握)。

## 4.3　硬盘分区与格式化

CMOS 设置完后,首先要对硬盘进行格式化,即分区格式化,然后安装操作系统,接着根据计算机的硬件配置对操作系统进行设置,如安装和设置显示卡、声卡、打印机驱动程序,最后安装其他的应用软件。

### 4.3.1　硬盘分区

硬盘分区可使用 DOS 版本和 Windows 版本的 FDISK 命令。

在进行硬盘分区前,先要准备一张在软驱启动的系统盘(如 MS-DOS 6.x 系统盘或 Windows 系统盘)。系统盘除了有引导程序外,还要有 FDISK.EXE 和 FORMAT.COM 文件。

另外,为了能从软驱启动,应在 CMOS 中设置好启动系统盘的顺序"A,C"。

在软驱中插入系统盘,启动计算机,软驱开始工作,系统出现提示符 A:\> 后,可对硬盘进行分区。在 A:\> 提示符下输入 FDISK 命令,然后按 Enter 键。

**注意**:在分区硬盘前首先要备份硬盘上的重要数据。

如果使用 Windows 系统盘启动,则屏幕上出现询问信息,询问是否用 Windows 支持的 FAT 32 系统格式,选择"Y"表示使用 FAT 32 系统格式,"N"表示不使用。之后屏幕显示的 FDISK 主菜单和 DOS 一样。若使用 DOS 系统盘,不会出现询问选择信息,直接进入主菜单,如图 4.8 所示。

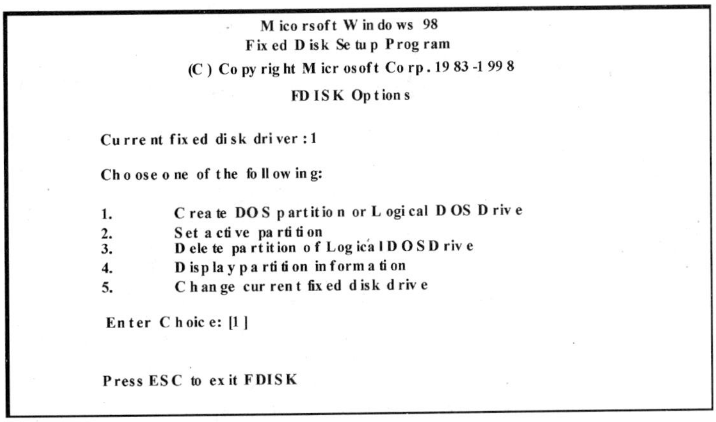

```
                    M ico rsoft W in do ws  98
                    Fix ed D isk Se tu p Prog ram
                (C ) Co py rig ht M icr osoft Co rp. 19 83 -1 99 8

                        FD IS K Op tio n s

        Cu rre nt fix ed di sk dri ver : 1

        Ch o ose o ne of t he fo llo win g:

        1.       C rea te DO S p artitio n or L ogi cal D OS D riv e
        2.       Set a cti ve pa rti tion
        3.       D ele te pa rtitio n of Log ica l D OS D riv e
        4.       D i spla y pa rti tion in fo rma ti on
        5.       C h an ge cur ren t fix ed d isk d riv e

        En ter C ho ic e: [1 ]


        Press ESC to ex it FDISK
```

图 4.8　FDISK 界面

主菜单共有 4 个选项:创建 DOS 分区或逻辑分区;设置活动分区;删除分区或逻辑分区;显示分区信息。

进入到分区界面后,可按下面步骤进行:

(1) 查看分区信息。进入主菜单后,首先选择 4,查看当前分区信息,了解此时硬盘分区情况。

(2) 删除硬盘原有分区。如果硬盘已有分区,在重新分区前,要先将原有分区删除掉。在主菜单中选择 3,进入下级菜单,根据当前的分区情况删除分区的顺序为:删除非 DOS 分区;删除逻辑盘;删除扩展分区;删除主分区。

(3) 建立新的硬盘分区。在主菜单中选择 1,进入下级菜单,共有三项:建立主 DOS 分区;建立扩展分区;建立逻辑分区。

建立硬盘分区的顺序是先建立主 DOS 分区,根据分区提示回答,再建立扩展分区和逻辑分区。

(4) 设置活动分区。建立好分区后,系统会提示设置活动分区,选择 2 后,出现提示信息,一般再选 1,将主 DOS 分区设置为活动分区。

设置完成后,按 Esc 键退出 FDISK 程序,屏幕提示需重新启动计算机,此时系统盘应在软驱中,重新启动计算机出现提示符后,硬盘分区完成。

**注意**：如果要将一个 60GB 硬盘容量平均分给 C 盘、D 盘和 E 盘，应在建立主 DOS 分区处输入 20GB 给 C 盘，然后将 40GB 容量全部给扩展分区，再在逻辑分区中分别给 D 盘 20GB 容量和 E 盘 20GB 容量。

### 4.3.2　硬盘格式化

硬盘分区完成后并不能使用，必须进行高级格式化，步骤是从软驱中启动系统，出现提示符 A:\> 后，输入：

```
FORMAT C:/S
```

此命令是对 C 盘进行格式化，/S 的作用是使格式化后的 C 盘能自动启动系统。屏幕显示提示信息，提示 C 盘上的所有数据将全部丢失，询问是否继续。选择"Y"后继续，屏幕出现格式化进度信息(百分值)。完成后，提示用户输入 C 盘卷标，最后显示 C 盘的容量信息，并返回到 A:\> 下，此时 C 盘格式化完成。

用同样的方法格式化 D 盘、E 盘，但格式化时不加/S，即 FORMAT D：。最后取出软盘，重新启动计算机，系统进入 C 盘，屏幕出现 C:\> 提示符。说明硬盘系统工作正常。

**注意**：上述操作是用 DOS 系统格式化的，格式化后的系统文件格式是 FAT 16。但目前系统大多是 Windows 系统，Windows 系统的文件格式是 FAT 32 或 NTFS 格式，因此在格式化硬盘时，最好用安装 Windows 的系统盘启动，这样可自动格式化为 FAT 32 格式。

另外，硬盘原有 C 盘和 D 盘都是 FAT 32 格式，如果想将 C 盘格式化后重新安装系统，若用的是 DOS 系统盘启动，用 DOS 的格式化盘格式化 C 盘，这时会发现格式化后的硬盘只有 C 盘，没有 D 盘。原因是一个硬盘不能有两种系统文件格式。

如果有 Windows 的系统安装光盘，可以不用格式化硬盘，直接用光盘引导系统。安装 Windows 系统，安装过程会自动将引导系统文件装在硬盘中，Windows 系统安装好后，进入视窗界面，再在 Windows 系统中格式化其他硬盘。

### 4.3.3　系统启动

计算机系统(不管是 DOS 系统还是 Windows 系统)的启动都遵循如图 4.9 所示的顺序。

#### 1. 系统的启动与关闭

系统的启动方式分为冷启动、复位启动和热启动。

(1) 冷启动。当机器还未加电的状态下通过加电启动机器。

打开主机电源开关前，若在软盘驱动器 A 中装有 DOS 系统程序(IO. SYS、MSDOS. SYS 以及 COMMAND. COM 文件)的系统盘，则启动为软盘启动，结果提示符为 A:\>。

若软盘驱动器没有插入系统盘，而硬盘装有系统软件，则由硬盘 C 启动。若用 C 盘启动，其结果进入 C:\>。如果 C 盘装有 Windows 操作系统，开机后，系统自动进入 Windows 视窗界面。

若硬盘上没有操作系统程序，或插入 A 驱动器的软盘不是 DOS 系统盘，则屏幕显示如下的信息：

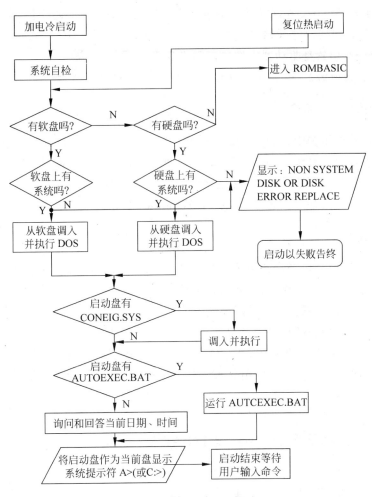

图 4.9 计算机启动流程示意图

Non–System disk or disk error
Replace and strike any key when ready

需要在软驱中插入系统启动盘或将软盘取出从硬盘引导,重启计算机。

(2) 复位启动和热启动。复位启动和热启动是指主机电源已经处于开启情况下进行系统总清除后的再启动。复位键是在主机面板上的一个很小的按钮,又称 Reset 键。而热启动是通过按下 Ctrl＋Alt｜Delete 组合键后实现的。一般当计算机处于加电状态,而不能接受输入键盘命令(通常称之为"死机")或更换系统设置、安装设备驱动程序时,往往是使用热启动的办法来重新启动。如果热启动不成功,再按复位键启动,如果还不能启动,可使用冷启动的方式启动。

复位启动和热启动的区别:前者是按主机面板上的按钮,后者是按键盘上的键。

**注意**:冷启动和复位启动、热启动的区别在于,前者自动进入系统自检,然后进行系统引导;后者绕过自检阶段,直接进行系统引导。

(3) 系统的关闭。关闭操作系统,也就是平时所说的关机。其步骤大体如下:

① 先对所进行处理的各种信息执行存盘操作。

② 如是 DOS 系统下,结束当前软件的工作状态,一般返回 DOS 提示符状态;如在 Windows 系统下,直接选择"开始"→"关闭系统"→"关闭计算机"命令。

③ 关机前先取出软盘驱动器中的软盘和光盘驱动器中的光盘。

④ 最后是关掉电源。

### 2. 系统盘的制作与用途

在日常的计算机维护中,经常会出现系统文件损坏、计算机染上病毒等情况,使得计算机不能正常从硬盘启动系统,影响计算机的正常使用。为了预防这种现象发生,备份干净的系统盘是十分必要的。所谓"干净"是指系统盘没有被病毒感染过。

制作系统盘的方法是可以通过刻录一个 Windows 系统引导盘来实现。

### 3. 修复系统文件

在日常维护计算机时,经常会出现系统不能启动的情况。用系统引导后可以进入系统,可以进行计算机中的其他工作,这说明只是系统引导文件有问题,其他文件仍可以使用。如果重新格式化,许多应用软件就要重新安装,用户的数据就要丢失,这样会费工误时。最好的方法是先用杀毒盘检查硬盘是否感染了病毒,查杀掉病毒后,可使用系统 SYS 命令来传递系统文件,也就是将系统的引导文件 IO. SYS、MSDOS. SYS 重新复制到 C 盘,具体命令格式是"F:\> SYS C:",然后按 Enter 键。传递完成后,重新启动计算机,即可正常进入操作系统。

## 4.4　实训二：硬盘的分区和格式化

### 4.4.1　实训目的

(1) 掌握硬盘的分区和格式化方法。

(2) 了解物理硬盘的结构,从而合理设计硬盘的大小。

### 4.4.2　实训前的准备

(1) 已组装好的多媒体计算机一台。

(2) 有关硬盘分区、格式化工具软件一套。如一张带有 Fdisk. exe 和 Format. exe 两个文件的启动光盘一张。

### 4.4.3　实训内容及步骤

#### 1. 硬盘分区

(1) 首先组装好一台多媒体计算机,把已准备好的带有 Fdisk. exe 文件的启动软盘或者具有直接启动功能的光盘放入软驱或光驱中,启动机器。

(2) 在启动过程中,按 Delete 键进入 CMOS 设置主界面,选择 BIOS FEATURES

SETUP 的 Boot Sequence 一项,把启动顺序设置为"CD-ROM,A,C"或"A,C,CD-ROM",按 F10 键存盘并退出 CMOS 设置,重新启动机器。

(3) 机器进入 DOS 工作状态,在 DOS 提示符后输入硬盘分区命令,即"A:\>fdisk",然后按 Enter 键,如图 4.10 所示。

(4) 接着计算机进入 FDISK 分区主界面。

主界面以菜单形式显示,其中共有 4 个菜单项,如图 4.11 所示。

1. Create DOS partition or Logical DOS Drive
2. Set active partition
3. Delete partition or logical DOS Drive
4. Display partition information

其中第一项为建立 DOS 分区或 DOS 逻辑驱动器;第二项为设置活动分区;第三项为删除分区或逻辑驱动器;第四项为显示有关分区信息。

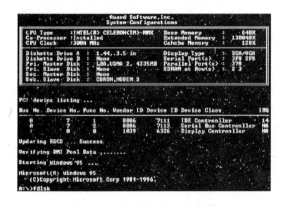

图 4.10 启动 fdisk.exe 文件

图 4.11 选择 DOS 分区

(5) 建立分区。选择第 1 项出现如下菜单,用来建立 DOS 分区或 DOS 逻辑驱动器。

1. Create Primary DOS Partition
2. Create Extended DOS Partition
3. Create Logical DOS Drive(s) in the Extended DOS Partition

其中第一项为建立基本分区,第二项为建立扩展分区,第三项为建立扩展分区中的逻辑驱动器。如输入"1"建立基本分区,机器开始扫描硬盘的容量,扫描完成后,要求输入 C 盘的容量大小(或 X%),然后按 Enter 键。

(6) 按 Esc 键回到 FDISK 主界面,选择"1"后按 Enter 键;再输入"1"后按 Enter 键,机器开始扫描剩下的硬盘容量,直接按 Enter 键即可。

(7) 按 Esc 键退回上一步,机器再次重新扫描剩余空间,输入 D 盘容量大小或百分比,待一会儿,再按照上述方法输入 E 盘容量大小或百分比即可。

(8) 激活分区。设置完分区后,按 Esc 键回到 FDISK 主界面,选择"2"进入另一个菜单界面,再输入"1"设置活动分区(即把 C 盘设置为活动区)。

(9) 删除分区和查看分区信息。在 FDISK 主界面中分别选择第 3 项和第 4 项,分别用来删除和查看有关分区信息。

### 2.格式化硬盘

(1) 分区完成后,自动重新启动机器,然后在 DOS 提示符下输入以下命令,进行格式化硬盘,例如:

```
A:\> Format  C:/S(使 C 盘成为系统启动盘)↙
A:\> Format  D:↙
A:\> Format  E:↙
```

(2) 格式化完成后,重新启动机器,并再重新设置 CMOS 参数,使 C 盘变为第一顺序启动盘,这样以后就可以用 C 盘启动机器了。

### 4.4.4　实训注意事项

(1) 分区时注意 C 盘要分成 3GB 左右,因为一般用它来安装操作系统,要占用较大的空间。

(2) 如果用户的计算机有两个以上的物理硬盘,其他硬盘的分区方法相同,逻辑分区符号按字母顺序自动进行分配。

### 4.4.5　实训报告

(1) 结合对硬盘分区、格式化的实际操作,写出详细的操作步骤。
(2) 根据所认识或掌握的相关知识写出实训体会,并谈谈学习后的体会。

### 4.4.6　思考题

(1) 一个物理硬盘有 C 盘和 D 盘,C 盘装有操作系统,D 盘是应用程序,如果用一张 DOS 系统格式化盘对 C 盘进行格式化操作,请问 D 盘的文件会受到损坏吗? 为什么?

(2) 上述问题如果用 Windows 系统格式化盘对 C 盘进行格式化操作,请问 D 盘的文件会受到损坏吗? 为什么?

## 4.5　实训三：Windows 操作系统的安装

### 4.5.1　实训目的

(1) 了解 Windows 操作系统的硬件要求和双系统启动的设置方法。
(2) 掌握 Windows 操作系统的安装与设置过程。
(3) 掌握 Windows XP 的安装方法。

### 4.5.2　实训前的准备

对于每个操作系统一般都有最低硬件要求,Windows 系列是一个功能强大的操作系统,对硬件要求也相对较高。

### 1. 安装 Windows XP 系列的硬件要求

(1) CPU：Intel Pentium Ⅱ 450MHz 或更高档处理器。

(2) 内存：128MB。

(3) 硬盘空间：4GB。

(4) 显卡：8MB 以上的 PCI 或 AGP 显卡。

(5) 声卡：最新的 PCI 声卡。

(6) CD-ROM：8 倍速以上 CD-ROM 或 DVD。

**注意**：对于 Windows XP 来说 4GB 硬盘空间中至少要留 1/2 给操作系统独自"享用"。要发挥 Windows XP 的多媒体性能，自然少不了显卡和声卡的支持。加上 Windows XP 可以良好地支持 DVD 影视大片，因此建议大家配置 DVD-ROM。

### 2. 网络安装的相应条件

如果用户使用网络安装，还需要：

(1) 与 Windows 兼容的网络适配卡和电缆。

(2) 网卡驱动程序以及网络环境共享资源的设置。

## 4.5.3 实训内容及步骤

### 1. 设置光盘启动

光盘启动就是计算机在启动的时候首先读光驱中的光盘。

设置方法：

(1) 启动计算机，并按住 Delete 键不放，直到出现 BIOS 设置窗口（通常为蓝色背景，黄色英文字）。

(2) 选择并进入第二项 BIOS SETUP(BIOS 设置)。在里面找到包含 BOOT 文字的项或组，并找到依次排列的 FIRST、SECEND、THIRD 三项，分别代表"第一项启动"、"第二项启动"和"第三项启动"。这里按顺序依次设置为"光驱"、"软驱"、"硬盘"即可。选择 FIRST 并按 Enter 键，在出来的子菜单中选择 CD-ROM。再按 Enter 键。

(3) 选择好启动方式后按 F10 键，在出现的对话框中按 Y 键（可省略），并按 Enter 键，计算机自动重启，证明更改的设置生效了。

### 2. 从光盘安装 Windows XP 系统

(1) 在重启之前放入 Windows XP 安装光盘，在看到屏幕底部出现 CD 字样的时候按 Enter 键才能实现光盘启动，否则计算机开始读取硬盘，也就是跳过光启从硬盘启动了。

(2) Windows XP 系统盘光启之后便是蓝色背景的安装界面，这时系统会自动分析计算机信息，不需要任何操作，直到显示器屏幕变黑，随后出现蓝色背景的中文界面。这时首先出现的是 Windows XP 系统的协议，按 F8 键（代表同意此协议）。

(3) 进入硬盘所有分区的信息列表，并且有中文的操作说明。选择 C 盘，按 D 键删除分区（之前记得先将 C 盘的有用文件做好备份），C 盘的位置变成"未分区"，再在原 C 盘位置(即"未分区"位置)按 C 键创建分区,分区大小不需要调整。之后原 C 盘位置变成了"新的未使用"字样,按 Enter 键继续。接下来有可能出现格式化分区选项页面,推荐选择"用 NTFS 格式化分区(快)",按 Enter 键继续。

系统开始格式化 C 盘,速度很快。格式化之后是分析硬盘和以前的 Windows 操作系统,速度同样很快,随后是复制文件,需要 8~13 分钟不等(根据机器的配置决定)。

(4) 复制文件完成(100%)后,系统会自动重新启动,不需要按任何键,让系统从硬盘启动,因为安装文件的一部分已经复制到硬盘里了(此时光盘不可以取出)。

出现蓝色背景的彩色 Windows XP 安装界面,左侧有安装进度条和剩余时间显示,起始值为 39 分钟,也是根据机器的配置决定,通常安装时间是 15~20 分钟。

(5) 此时直到安装结束,计算机自动重启之前,除了输入序列号和计算机信息(随意填写),以及按 2~3 次 Enter 键之外,不需要做任何其他操作,系统会自动完成安装。

### 3. 驱动的安装

(1) 重启之后,将光盘取出,让计算机从硬盘启动,进入 Windows XP 的设置窗口。

(2) 依次按"下一步","跳过"按钮,选择"不注册",单击"完成"按钮。

(3) 进入 Windows XP 系统桌面。

(4) 在桌面上单击鼠标右键,从弹出的快捷菜单中选择"属性"命令,在弹出的对话框中选择"桌面"选项卡,单击"自定义桌面"按钮,选中"我的电脑"复选框,单击"确定"按钮退出。

(5) 返回桌面,右击"我的电脑",从弹出的快捷菜单中选择"属性"命令,在弹出的对话框中选择"硬件"选项卡,选择"设备管理器",里面是计算机所有硬件的管理窗口,其中所有前面出现黄色问号+叹号的选项代表未安装驱动程序的硬件,双击打开其属性,选择"重新安装驱动程序",放入相应的驱动光盘,选择"自动安装",系统会自动识别对应的驱动程序并安装完成(AUDIO 为声卡,VGA 为显卡,SM 为主板。需要首先安装主板驱动,如没有 SM 项则代表不用安装)。安装好所有驱动之后重新启动计算机。至此驱动程序安装完成。

### 4. 建立双引导系统安装 Windows XP

在计算机上可以使用双引导系统,即同时运行 Windows XP 系统和其他兼容的操作系统,如 Windows 2000/Me 等。

具体步骤如下:

(1) 格式化磁盘,建立双引导系统,需要将用户的硬盘格式化成 FAT32 或 NTFS 文件系统。

(2) 安装非 Windows XP 的操作系统。在第一个分区或硬盘上安装想要与 Windows XP 建立双引导系统的操作系统。

(3) 启动计算机。利用先安装的操作系统启动计算机。

(4) 安装。按自定义方式安装 Windows XP。

(5) 选择安装分区。选择"安装过程中选择安装磁盘分区"复选框,然后再选择安装分区。选择一个与当前操作系统不同的分区或硬盘。

(6) 其余操作,用户可以根据安装向导的提示进行,也可以参见前面基本安装的操作过程。

### 4.5.4 实训注意事项

（1）安装 Windows 系统，应注意事先备份硬盘的文件，如果安装出现问题，将会将硬盘的文件损坏。

（2）安装系统前，要对安装的计算机硬件有所了解，如计算机的声卡型号、声卡驱动程序、显示卡型号，将显示卡、网卡、调制解调器等设备的驱动程序准备好，安装完系统后，对这些卡件要安装相应驱动软件。

### 4.5.5 实训报告

（1）叙述安装系统过程中应注意的问题和要准备的软件。

（2）结合实训内容，针对本软件的所有功能，写出详细实训报告。

### 4.5.6 思考题

（1）安装双系统时，能否将两个系统的文件安装在一个逻辑盘中？为什么？

（2）安装双系统时，两个逻辑盘的文件系统格式是否一样？

## 4.6 实训四：设备驱动程序的安装与设置

### 4.6.1 实训目的

（1）熟练掌握安装计算机硬件设备驱动程序的常用方法。

（2）通过实训，使学员进一步理解计算机硬件设备工作的原理和特点。

（3）掌握硬件驱动程序安装相关的要求，有步骤地完成下列设备驱动程序的安装与设置。

### 4.6.2 实训前的准备

（1）一台已组装好的多媒体计算机，且已正确安装 Windows 操作系统。

（2）必须了解已组装好的操作系统的计算机硬件，如显示卡、显示器和声卡等产品型号、主芯片型号等信息和相关驱动程序安装要求。

（3）随机附带的所有硬件设备的驱动程序软盘或光盘。

### 4.6.3 实训内容及步骤

按照本书 4.1 节和 4.2 节中与硬件驱动程序安装相关的要求，有步骤地完成下列设备驱动程序的安装与设置。

（1）主板驱动程序的安装。

（2）显卡驱动程序的安装。

（3）声卡驱动程序的安装。

（4）网卡驱动程序的安装。

(5) 打印机驱动程序的安装。

(6) 扫描仪驱动程序的安装。

(7) 调制解调器驱动程序的安装。

(8) 数码相机驱动程序的安装。

(9) 其他外设驱动程序的安装。

### 4.6.4　实训注意事项

(1) 所有计算机硬件设备只有正确安装相应的驱动程序后才能正常使用。

(2) 若有些设备的驱动程序按常规方法不能正确安装的话,建议参考安装使用说明书,用手工的方法修改和设置某些参数,如端口地址、I/O 地址和中断号等。

(3) 对于一些即插即用的标准化设备,虽然多数情况下不需要专门安装驱动程序,但建议最好安装其随盘附带的驱动程序,这样可更好地发挥其设备性能。

### 4.6.5　实训报告

结合本实训课的要求,写出详细的实训操作报告。

### 4.6.6　思考题

(1) 如果不安装显卡驱动程序,Windwos 系统中的所有应用软件都能使用吗? 为什么?

(2) 现在的许多外设接口使用的是 USB 接口,如何安装此类的驱动程序? 应注意的问题是什么?

## 4.7　实训五:通过 ADSL 与 Internet 连接

### 4.7.1　实训目的

(1) 掌握家庭使用 ADSL 调制解调器上 Internet 的方法。

(2) 掌握 ADSL 在 Windows 2000 和 Windows XP 操作系统的不同安装方法。

### 4.7.2　实训前的准备

进入 Internet 的软硬件要求:

(1) 计算机一台。CPU 奔腾以上,内存 128MB 以上,外存大于 1GB。

(2) ADSL 调制解调器一个。

(3) 电话一部。能与自己的 ISP 连通即可。

(4) IP 地址。向自己的 ISP 申请一个 IP 地址及用户标识和口令。

### 4.7.3　实训内容及步骤

#### 1. ADSL 的硬件安装

首先要到电信局申请 ADSL 电话业务,从电话局购置 ADSL 设备和数字电话,并具备至少一台计算机和支持以太网的网卡。将 ADSL 路由器连接到计算机上的步骤如下：

（1）将 ADSL 的电源插入电源插孔。

（2）接以太网连接线。使用以太网连接线将局域网络连接端口直接接到个人计算机或一部外接式集线器上。

（3）用 ADSL 连接线将 ADSL 连接端口和电话插孔相连接。如图 4.12 所示。

（4）打开 ADSL 的电源检查指示灯闪烁情况。

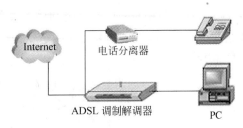

图 4.12　通过 ADSL 上网

### 2．在 Windows 系统安装 ADSL 软件

使用附带光盘对 ADSL 进行配置。

（1）将配置光盘安装在计算机系统上，在桌面上出现"配置文件"的图标，进入后双击"建立新配置文件"图标，出现图 4.13 所示界面，输入连接名称（如"NEW-ADSL"），单击"下一步"按钮。

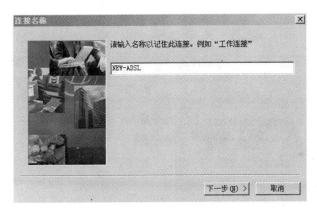

图 4.13　输入连接名称

（2）出现图 4.14 所示界面，在用户名称和密码文本框中输入由电信局得到的用户上网名称和密码，再次确认密码，单击"下一步"按钮。

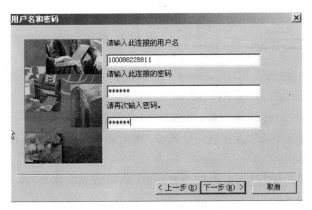

图 4.14　输入用户上网名称和密码

（3）出现服务器的连接信息，单击"下一步"按钮。

（4）出现"完成连接"的信息，单击"完成"按钮，如图 4.15 所示。在配置文件窗体中出现 NEW-ADSL 图标，如图 4.16 所示。完成了上网的用户配置工作。以后想上网就可以单击 NEW-ADSL 图标，出现"北京宽带通 NEW-ADSL"图标，单击"连接"按钮后，连通 Internet 就可以在网上浏览了。

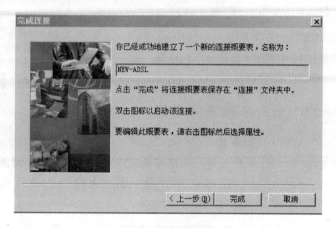

图 4.15　设置信息

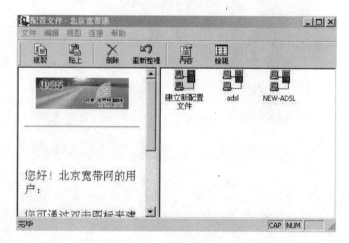

图 4.16　设置后的图标

### 3. 手动配置 ADSL 软件

手动配置 ADSL 软件，要从 Windows XP 系统的应用程序进行，步骤如下：

（1）在图 4.17 所示的 Windows XP 系统中选择"程序"→"附件"→"通讯"→"新建连接向导"命令后，出现连接向导的对话框，单击"下一步"按钮。

（2）在"新建连接向导"对话框之一中选中"连接到 Internet"单选按钮，如图 4.18 所示，单击"下一步"按钮。

（3）在"新建连接向导"对话框之二中选中"手动设置我的连接"单选按钮，如图 4.19 所示，单击"下一步"按钮。

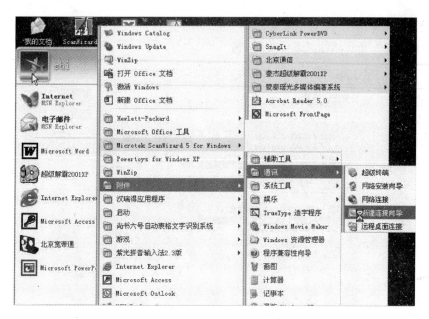

图 4.17 Windows XP 中设置步骤

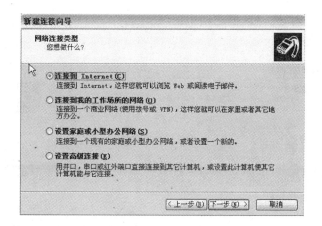

图 4.18 "新建连接向导"对话框之一

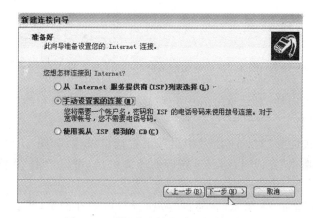

图 4.19 "新建连接向导"对话框之二

(4) 在"新建连接向导"对话框之三中选择"用要求用户名和密码的宽带连接来连接"单选按钮,如图 4.20 所示,单击"下一步"按钮。

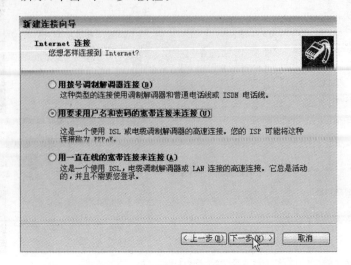

图 4.20　"新建连接向导"对话框之三

(5) 在"新建连接向导"对话框之四中的"ISP 名称"文本框中输入"ADSL",如图 4.21 所示,单击"下一步"按钮。

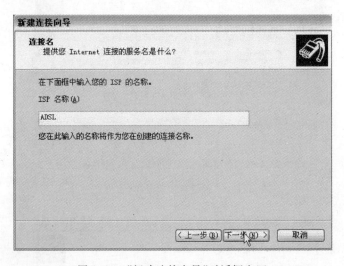

图 4.21　"新建连接向导"对话框之四

(6) 在"新建连接向导"对话框之五中分别输入用户名、密码和确认密码,如图 4.22 所示,单击"下一步"按钮。

(7) 在"新建连接向导"对话框之六中出现设置信息报告,如图 4.23 所示,可在桌面上建立快捷方式,最后单击"完成"按钮。重新启动计算机后,可以单击"联网"的快捷图标,登录上网。

同时也可以单击图 4.24 所示的"属性"按钮进行设置和浏览,共有 5 项,如图 4.25 所示,其中的大部分内容是不用自己设置的,主要是供了解信息之用。

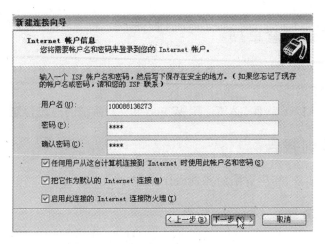

图 4.22 "新建连接向导"对话框之五

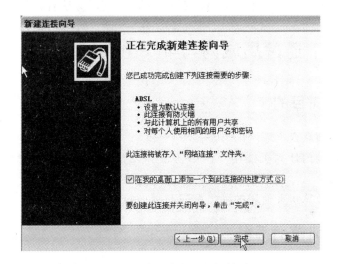

图 4.23 "新建连接向导"对话框之六

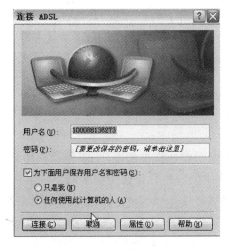

图 4.24 连接 ADSL

图 4.25 "ADSL 属性"对话框

### 4.7.4　实训注意事项

(1) 要想使用 ADSL 上网,必须具备电信部门的宽带网络的硬件环境,然后到电信部门申请后才能安装 ADSL。

(2) 手动安装 ADSL 软件,必须使用 Windows XP 系统的应用程序进行设置。

### 4.7.5　实训报告

结合本实训的要求,写出详细的实训操作报告。

### 4.7.6　思考题

(1) 使用 ADSL 上网,安装拨号软件时,在不同的操作系统应注意的问题是什么?

(2) 如何将几台计算机使用一个 ADSL Modem 上网? 方法有哪些?

## 4.8　实训六:通过局域网与 Internet 连接

### 4.8.1　实训目的

(1) 了解局域网联入广域网的方法。

(2) 掌握局域网内计算机使用的网络协议和设置 IP 地址、子网掩码、网关和 DNS 的参数。

(3) 掌握每台计算机上使用的网络标识和网卡的配置。

### 4.8.2　实训前的准备

(1) 计算机具有局域网环境,并且硬件已经联入 Internet。

(2) 每一台计算机都必须有一个唯一的 IP 地址(任意两台计算机的 IP 地址不能相同),并且通过相应的 IP 地址与其他计算机通信。对网络上的计算机 IP 地址,一般是本系统的网络服务器安装的 Windows Server 2000 系统所提供的动态主机配置协议 DHCP,自动为计算机分配相应的 IP 地址,设置 IP 地址时需向本系统的网管人员询问。

### 4.8.3　实训内容及步骤

#### 1. 安装网卡

网卡是计算机和网络之间的物理接口,用于在网卡和计算机的硬件、固件和软件之间通信。Windows 平台的操作系统一般都支持相当多的网卡,并附有这些网卡的驱动程序。因此,如果要安装的网卡不是比较特殊的话,"安装程序向导"一般都可检测到,不必手动安装。

#### 2. 配置网卡

绝大部分的网卡在安装完后会自动配置网卡的设置。一般情况下,建议采纳生产厂商推荐的设置。但是在使用以前,为了避免硬件设备之间的冲突,首先要检查并确保网卡的中断号(IRQ)和输入输出(I/O)端口地址、缓冲区及其他设置与其他硬件设备的设置不发生冲突。网卡的默认中断号一般为 IRQ3,默认的 I/O 端口地址为 300-31F。如果发生冲突,必须重新设置。设置的具体步骤如下:

(1) 在"控制面板"中双击"网络连接"图标,在出现的"网络连接"对话框中右击"本地连接"图标,从弹出的快捷菜单中选中"属性"命令,出现"本地连接 属性"对话框,如图 4.26 所示。

(2) 选择新安装的网卡,单击"配置"按钮,将显示网卡属性对话框。

(3) 在"资源"选项卡中设置网卡的中断号(IRQ)及输入输出(I/O)地址。

设置完毕后,如果在设置的值前显示"♯"号,表示该值生效,将成为当前硬件的设置;如果显示"＊"号,则表示设置的值与其他硬件设置仍然存在冲突,需要重新设置。

图 4.26 "本地连接 属性"对话框

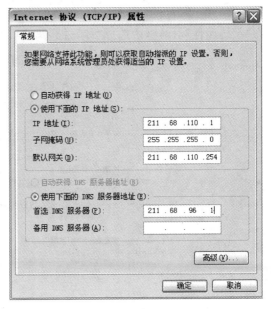

图 4.27 "Internet 协议(TCP/IP)属性"对话框

### 3. 设置 TCP/IP 协议

要手工进行 TCP/IP 的配置,必须为本地计算机指定 IP 地址、子网掩码和缺省网关(路由器)的 IP 地址,对使用 TCP/IP 的计算机上的每一块网卡都必须配置这三个参数。可以使用"本地连接 属性"对话框中"协议"选项的"TCP/IP 属性"对话框来配置这三个参数。

基本的配置过程是:在"本地连接 属性"对话框中选中"Internet 协议(TCP/IP)",并单击"属性"按钮,将弹出"Internet 协议(TCP/IP)属性"对话框。在此对话框中进行 IP 地址、网关及 DNS 的配置,如图 4.27 所示。

1) 配置 IP 地址

如果本机可以从其他 DHCP 服务器中自动获得 IP 地址,可选择"自动获得 IP 地址"单选按钮;否则,选择"使用下面的 IP 地址"单选按钮,在"IP 地址"和"子网掩码"文本框中输入分配的 IP 地址和子网掩码,如图 4.27 所示。

2) 配置网关和 DNS

如果本机要访问多个局域网网段或 Internet,还应指定默认网关的 IP。计算机将按照列表框中的顺序使用网关,用户可以重复此过程来添加多个网关。选择"使用下面的 DNS 服务器地址"单选按钮,输入网络管理员提供的 DNS,单击"确定"按钮。

TCP/IP 协议设置完毕后,在系统提示下重启系统,新的设置将生效。

如果要测试本机的 TCP/IP 配置是否正确,可以运行"ping 127.0.0.1"命令,如果得不到响应,则说明配置上有问题。如果要测试与其他某台计算机是否能联系,可以运行"ping <对方计算机的 IP 地址或域名>"命令。

### 4. 查看网络标识

查看网络标识是为了了解本地计算机的用户名、账号及计算机名称。

(1) 在 Windows 桌面上右击"我的电脑"图标,从弹出的快捷菜单中选择"属性"命令,在"系统属性"对话框中选择"计算机名"选项卡,如图 4.28 所示。

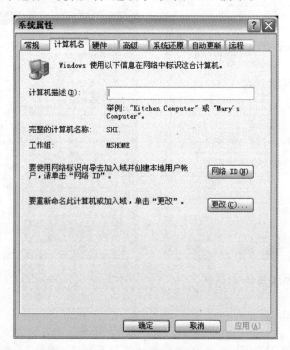

图 4.28　"系统属性"对话框

(2) 单击"网络 ID"按钮,出现"网络标识向导"对话框,单击"下一步"按钮。选择如何使用计算机连接网络标识向导,如图 4.29 所示。选择"本机是商业网络的一部分,用它连接到其他工作着的计算机"单选按钮,单击"下一步"按钮。

(3) 如图 4.30 所示,出现选择使用哪种网络对话框。选择"公司使用带有域的网络"单选按钮,单击"下一步"按钮。

(4) 如图 4.31 所示,出现网络信息,其中有用户名、密码、用户账户域、计算机名和计算机的域,单击"下一步"按钮。

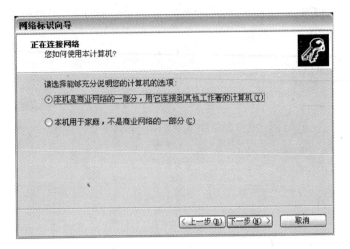

图 4.29 "网络标识向导"对话框(一)

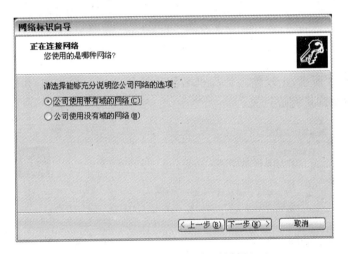

图 4.30 "网络标识向导"对话框(二)

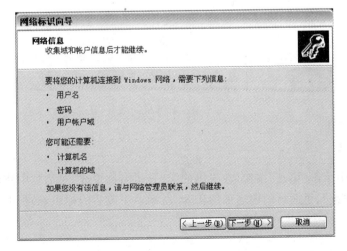

图 4.31 "网络标识向导"对话框(三)

(5) 如图 4.32 所示,出现设置用户名、密码和域名的对话框,用户根据安装时设置的网络信息填写后,单击"下一步"按钮。

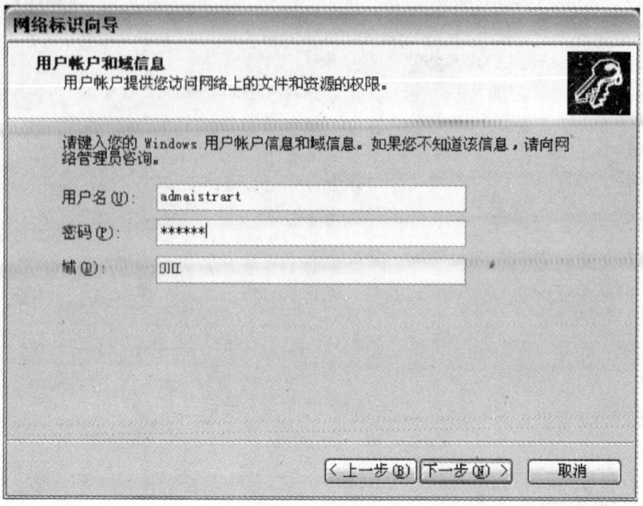

图 4.32 "网络标识向导"对话框(四)

(6) 如图 4.33 所示,出现输入计算机名和计算机的域名信息的对话框。输入完毕后,单击"下一步"按钮即可完成设置。

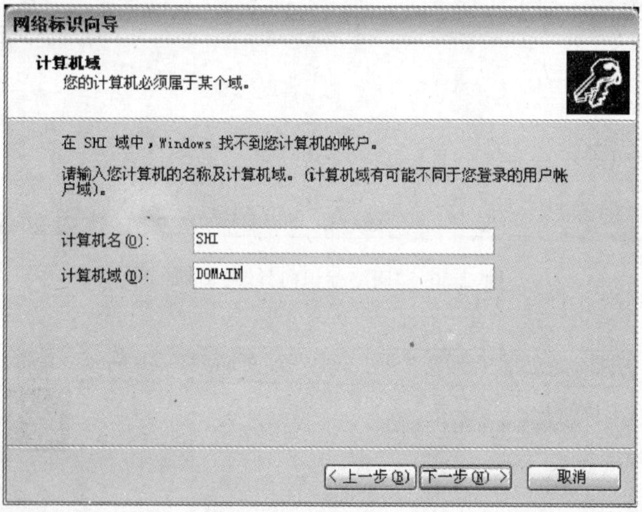

图 4.33 计算机的域

### 5. 更改标识

在图 4.28 中单击"更改"按钮,在弹出的"计算机名称更改"对话框中修改计算机名和隶属的"域"、"工作组",更改后的内容如图 4.34 所示。更改后的标识,必须重新启动计算机才能生效。

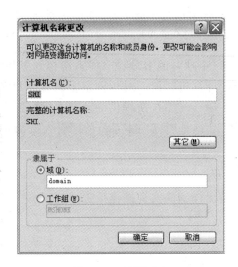

图 4.34　标识更改

### 6. 浏览网页

网络硬件连接好后，系统网络环境设置好，直接单击系统桌面上的 Internet 图标即可浏览各个网站的网页了。如图 4.35 所示。

图 4.35　浏览网页

### 4.8.4　实训注意事项

每一台计算机都必须有一个唯一的 IP 地址(任意两台计算机的 IP 地址不能相同),并且通过相应的 IP 地址与其他计算机通信。对于网络上的计算机 IP 地址,一般是本系统的网络服务器安装的 Windows Server 系统所提供的动态主机配置协议(DHCP),自动为计算机分配相应的 IP 地址,设置 IP 地址时需向本系统的网管人员询问。

### 4.8.5　实训报告

结合本实训课的要求,写出详细的实训操作报告。

### 4.8.6　思考题

(1) 为什么 IP 地址不能重复使用?

(2) 不使用静态的 IP 地址能否和 Internet 联网?

## 习题

(1) CMOS 在 DOS 系统中的访问端口是什么? 地址端口是什么? 数据端口是什么?

(2) 每次启动计算机,屏幕都会显示系统配置。通过查看启动时显示的配置,即可了解机器硬件的什么信息?

(3) 在进行硬盘分区前,先要准备一张在软驱启动的系统盘(如 MS-DOS 6.x 系统盘或 Windows x 系统盘),系统盘除了有引导程序外,还要有什么文件?

(4) 根据当前的分区情况,删除分区的顺序是什么?

(5) BIOS 设置和 CMOS 设置概念上的区别与联系是什么?

(6) 在安装驱动程序之前,必须了解硬件的什么信息?

(7) 进入 BIOS 的 CMOS 设置程序后,如何进行硬盘的参数设置?

(8) 制作 Windows 的启动盘。先找一台安装有 Windows 的计算机,采用什么方法制作 Windows 启动盘?

(9) 日常维护计算机时,经常会出现系统不能启动,最好的方法是使用系统 SYS 命令,为什么? 具体如何操作?

(10) 在安装 Windows 之前,满足系统要求的最小硬件需求是什么?

(11) 如何建立安装有 Windows 的双引导系统?

(12) 为什么要安装显示卡驱动程序?

(13) 非即插即用设备的安装一般有哪几种情况?

(14) 在使用 TCP/IP 的网络协议中,每一台计算机都必须有一个 IP 地址,什么是 IP 地址? 有何作用?

(15) 设置计算机 IP 地址的步骤有哪些?

(16) 如何设置使用 ADSL 来连接 Internet?

(17) 如何查看网络标识? 作用如何?

# 第5章

# 硬件故障分析

计算机系统是由硬件系统和软件系统组成的。因此,计算机的故障既可能出在硬件方面,也可能出在软件方面。

事实上,硬件系统在正常使用过程中出现问题的概率是非常小的(不包括机械故障),一般的硬件问题都是在制造过程中产生的。也就是说,如果硬件有问题,那么在计算机刚刚开始使用时就会出现故障,而在使用过程中出现的问题基本上都是软件系统的问题。

使用过程中的硬件问题大多是由于非正常使用造成的,例如超频、电压波动或受到外力作用等。硬件故障出现的概率虽然较低,不过一旦出现却是比较难以处理的。软件出现故障后,只要用户的文件和数据没有被破坏,基本上就不会造成任何损失。而出现硬件故障时,不论维修还是更换配件,都需要有资金上的投入。如果对故障判断错误或处理不当,还会造成更多的损失。

本章主要分析常见的硬件故障,当然,有些时候解决硬件故障还需要软件的协助。

**本章学习要求:**

理论环节:

• 重点掌握检查和判断计算机硬件故障的一般方法。
• 了解计算机硬件故障的典型症状类别,提高故障判断的准确率。
• 重点掌握使用工具判断故障的方法。

实践环节:

• 计算机硬件系统故障的诊断。
• Windows 系统下磁盘的维护方法。
• Windows 系统下的系统维护方法。

## 5.1 计算机故障分类

正如前面提到的,计算机故障总体来说可以分为硬件故障和软件故障两大类。

### 5.1.1 硬件故障

通过前面的学习,我们知道计算机硬件是由主板、CPU、内存、硬盘、软驱、软盘、光驱、光盘、显示卡、显示器、键盘、鼠标、声卡、音箱、打印机、调制解调器、电源和机箱等十几个部件或设备组装联接而成的,而且随着计算机应用的需要,还会加装其他的设备或部件。每个设备或部件均根据各自的原理由相应的电路、元器件制成;部分设备或部件(如硬盘、软驱、光驱、键盘、鼠标和打印机等)还含有所必须的机械装置;而另一些设备(如硬盘、软盘和光盘)则含有用于存储数据的特殊存储介质;还有一些设备或部件(如鼠标、光驱和扫描仪)则带有光电检测和控制器件。

就硬件故障来说,一般可以分为以下5种情况。

### 1. 电路或元器件损坏

电路损坏一般是指 PCB 的损坏。在制作各种电子产品时,都需要使用一种被称为 PCB (Printed Circuit Board,印刷电路板)的材料作为电容、电感和电阻等元器件的载体。PCB 以绝缘材料为基板,在基板上敷盖一层导电材料(一般是无氧铜箔),经过蚀刻处理后得到一个导电图形,上面开有一些用于插接电子元器件的引脚的孔,通过插件焊接或贴件焊接,可以实现电子元器件之间的电气连接。元器件之间的连接线是经过蚀刻后得到的线形铜箔,称为走线(Trace)。铜箔上的孔称为钻孔。

对于简单电路来说,使用单面 PCB 或双面 PCB 就可以实现了。但随着微电子技术的高速发展,电路的复杂程度越来越高,仅在电路板的两个面上布置电路是不够用的,因此必须把绝缘板分成几层,在它的内部也布置电路,这样做出的电路板就会有 4 层、6 层或更多层的电路,现在已经有超过 100 层的使用 PCB 的电路板了。不过常用的计算机板卡通常采用 4 层板或 6 层板,某些高品质的板卡采用 8 层板。由于每层电路板的两面均有电路,因此电路板只能通过几个预留的接地孔与机箱外壳采用点接触的形式进行固定。电路板都有一定的钢性和弹性,允许一定的弹性变形。但由于与外壳是点接触,因此在往主板等电路板上安装其他板卡(如显示卡、网卡和内存等)时,如果用力过大就会使电路板局部变形过大,从而使电路板内细小的电路导线断裂,造成接触不良或损坏。有时,如果主板在安装过程中搁放位置不在一个平面上,而且固定又比较紧,板面就会受力过大,主板就会因受力不均而导致电路接触故障。所以,电路板一定要受力均匀,避免局部受力过大。

元器件本身的损坏较少发生,主要是由于带电插拔或供电电压的突然大幅升高或降低造成的。由于电路越来越复杂,因此采用的电子元器件也越来越小,超大规模集成电路中使用的电子元器件甚至是纳米级的。这些微小的电子元器件对电压、电流和温度都是非常敏感的。而一般的设备又不是为热插拔(带电插拔)特殊设计的,没有相应的保护电路,因此热插拔和电压波动都非常容易导致电子元器件的损坏。元器件的损坏经常发生在接口芯片或电容等部件。

虽然元器件不容易被损坏,但其本身却很容易老化。任何物品都是有一定寿命的,电子元器件也是如此。每种电子元器件都有自己额定的工作电压、电流等指标,如果长期工作在超负荷状态(如超频状态),就会加速元器件的老化。另外,工作温度过高或过低、潮湿度过低或过高等也会影响到元器件的寿命。因此,在平常使用计算机时,应注意避免超频使用,同时要注意使用环境。

### 2. 机械故障

在硬件故障中,机械故障占了很大比例。机械故障是机械装置常有的现象,其主要原因一般是由于维护、保养不够或使用不当,还有一些原因是产品本身的质量、设计缺陷或使用寿命造成的。例如,键盘的用力敲击,键盘内进水或有杂物;软驱内部遗留下软盘的标签、小弹簧等；鼠标的小球及滚轮太脏；针式打印机的打印头滑杆太脏；激光打印机卡纸等，都会造成相应配件的机械故障。

### 3. 存储介质损坏

存储介质故障主要是指软盘、硬盘和光盘等存储介质受到的无法修复的损伤，造成这种损伤的主要原因一般是使用和保护、保管不当。如硬盘受到猛烈撞击和读写过程中受到剧烈震动；光盘被划伤和污损；软盘变形和盘片发霉等。存储介质的损坏往往会导致部分甚至全部数据丢失，无法修复。因为存储介质的损坏一般是不可预见的，所以重要的数据一定要进行备份，以防万一。

### 4. 光电器件被污染

计算机中有些地方是利用光信号来完成工作的，如软盘的写保护检测，光盘数据的读取，鼠标指针的移动等都是通过光信号的发射和接收来完成的。光电器件被严重污染或信号强度严重减弱，甚至发射与接收部件间的距离太远，都会导致光电器件的工作不正常。软盘写保护孔打开，就是为了让软驱检测写保护的光通过，如果软驱中的光学部件被尘土覆盖，光信号发射不出来，那么小孔的打开与否也就无所谓了，所有的软盘都会当做非写保护盘对待，就会产生能往写保护的盘里写内容的现象。

### 5. 接触不良

接触不良是计算机硬件的常见故障，常出现在电源线、数据线的插接过程中以及板卡的连接部位。这是排除硬件故障首先需要考虑的问题。

计算机是一种精密的电子设备，它使用较低的直流电源，功率和功耗都比较小。而作为计算机不同部件之间连接的接口，通常都要求紧密连接，如有松动，则会产生较大的电阻，从而影响计算机的正常工作。

## 5.1.2　软件故障

计算机中使用的软件分为系统软件和应用软件，而应用软件必须以系统软件为基础。

一台计算机中可以只安装一个操作系统软件，也可以同时安装多个操作系统软件。计算机中使用的应用软件种类繁多，不胜枚举。所以，总体上讲，软件的故障类型是各种各样的，原因也各有不同。从软件故障的严重性来看，在当今以 Windows 为主的操作系统中，应用软件的故障并不可怕。因为在操作系统工作正常的情况下，用户备份完自己的文档和数据后，可以随时卸载和重新安装各种应用软件，而且该方法基本可以排除全部应用软件的系统故障。至于在应用软件使用过程中遇到的具体问题，则属于软件的应用问题，可参看相关的书籍。该类问题不属于软件的系统故障。但是，如果操作系统软件出现故障，轻者，计算机无法启动，需要重新安装操作系统和所有的设备驱动程序及各种应用软件，但用户自己的文档和数据不会丢失；重者，操作系统保存和管理文件的文件分配表被破坏，则保存在硬盘中的全部文件（包括用户自己的文档和数据）将无法找到和恢复，用户多年的辛勤劳动将化为乌有。更严重的是，如果硬盘的分区数据遭到破坏，就会造成硬盘的无法访问，盘中数据的彻底丢失。所以，系统软件的维护和系统重要数据的备份是计算机软件系统故障处理最主要的问题。软件故障产生的原因主要有下列几种。

### 1. 人为操作失误

使用人员对计算机的无知和不熟练、对操作系统文件的组成和结构不清楚、对操作系统的重要性认识不足等是导致误操作的主要原因。常出现的误操作有错误地删除了操作系统的系统文件或文件夹；错误地移动了操作系统的系统文件或文件夹的存放位置；错误地给操作系统的系统文件或文件夹改名等。严格地讲，计算机硬盘中的文件，除了用户自己保存或复制的文档、数据和软件外，其他的任何文件或文件夹均不能随意删除、移动和改名；否则，轻则会造成某个软件不能运行或运行不正常，重则会造成操作系统无法启动和计算机系统瘫痪。另一种误操作经常发生在用户对自己文档和数据的操作上，比如用错误的文档或数据文件替换了正确的同名文件。在此给用户提出两条建议：

(1) 在文件复制或另存为的过程中，如果计算机给出覆盖提示信息，一定要谨慎行事。

(2) 万一用户打开自己的文档后发现内容丢失，一定要选择"不存盘退出"，而且千万不要再往硬盘里复制文件，这是专业人员能够进行恢复操作的前提条件。

### 2. 系统长期缺少必要的维护

操作系统是计算机启动运行的基础，是计算机的管理中枢。它负责分配和使用计算机的 CPU、内存等资源；负责保存和管理外存储器中的文件；负责控制和使用外部设备；负责给用户提供良好的使用界面。但是由于用户的操作不当以及某些外在因素(如非正常关机、不正确的软件卸载和删除、突然断电等)会使操作系统产生很多垃圾文件(留下大量的临时文件)，应用软件卸载时也会在系统内留下很多垃圾信息，这些都会使操作系统的工作效率明显降低。另外，操作系统在多次的文件复制、移动和删除及应用软件的安装和卸载过程中，由于多任务的相互影响也会产生个别的逻辑错误，造成磁盘存储空间的丢失或两个文件同时指向了一个存储位置等现象。随着计算机使用时间的延长和应用软件安装、卸载软件次数的增多，留在 Windows 注册表内的无效注册和错误注册越来越多，注册表的容量会不断增大，造成操作系统的工作效率逐渐降低。所有这些都需要对操作系统进行定期的、必要的维护，以保证操作系统的高效、正常运行。

### 3. 病毒破坏

计算机病毒是一种特殊的应用程序，或多或少都带有一定的破坏性。随着计算机应用和网络的普及，病毒已经变得无所不在，病毒的预防和清除已经成为 IT 行业中一种独特的产业。

计算机病毒作为一种没有自己的程序文件而寄生在其他程序中的特殊程序广为传播，凡是有程序的地方都可能寄生(可执行的程序文件、动态连接文件、分区、引导区、Office 文档、网页和电子邮件等)。而传播的目的多数是为了破坏，少数是为了展示自己。

病毒的破坏体现在两个方面：一是对正在运行的程序进行攻击；二是对暂时没有运行的程序，即存储在硬盘中的程序文件进行染毒。总的来看，病毒就是要破坏操作系统的控制和管理功能，破坏操作系统赖以运行和管理的关键数据(如分区、引导区、文件分配表和文件目录表等)。

对于正在运行的程序，病毒可以不断繁衍自己，抢占内存空间，导致其他正常程序运行效率的降低；也可以往内存中写入大量的垃圾数据，导致其他程序甚至操作系统运行中断

（计算机死机）。

对于暂时没有运行的程序，也就是保存在硬盘中的程序文件（包括用户自己的文档和数据），病毒可以随机地删除这些文件；病毒也可以破坏操作系统用来管理文件的文件分配表，造成存储文件的无法查找和访问；病毒还可以直接破坏引导程序（Boot），造成操作系统的瘫痪；病毒甚至可以破坏硬盘的分区表，使得硬盘根本无法访问。

通过上述分析来看，病毒破坏的后果是非常严重的，是造成重大损失的主要原因，计算机用户一定要引起足够的重视。在第7章会详细介绍计算机病毒的知识。

对于病毒来说，防范是最重要的。首先，要防止病毒的侵入，要安装当前市场中主流的、能够不断升级和进行在线检测的杀毒软件，对所有怀疑有病毒寄生的文件或文档要先查毒后使用。其次，要进行系统关键数据（分区表、引导区、文件分配表及文件目录表等）备份，使得万一系统遭到破坏后能够恢复。

**4．存储介质损坏**

存储介质的突然损坏也是产生计算机软件故障的原因之一。硬盘的损坏可以使硬盘中安装的软件（包括操作系统）文件无法读取，造成软件运行的失败或操作系统的瘫痪。

**5．软件的系统资源占用冲突**

软件的系统资源占用冲突是指两个软件在运行的过程中都必须占用相同的资源，而且互不相让。当这样的两个软件同时在同一台计算机上运行时，就会造成系统死机。在当今即插即用的时代，该类系统资源占用冲突的现象已很少发生。但是，对于功能相同，占用系统资源类似的软件还是应该避免同时安装、运行多个软件（如在线杀毒软件）。有些用户害怕病毒的侵入，安装了多个版本的在线杀毒软件，结果造成了系统工作不正常和频繁死机。

**6．内存及电源故障**

计算机中程序的运行是在内存中进行的，如果内存中的某个单元地址损坏，当计算机运行应用程序使用到该单元地址时，就会出现程序运行异常中断和死机。另外，如果计算机中插有多种不同技术指标的内存，也会因为不同内存之间存在的兼容性问题而产生莫名其妙的软件故障。

电源故障也是造成软件故障的一个原因。初看起来，电源与软件故障没有直接的原因，因为电源只是为硬件提供电源而已。但是，作者确实遇到了多起因电源问题而导致的软件故障。这类故障多发生在从表面上看电源还能够工作，但其个别指标或参数已经发生变化的电源中。所以，此类故障的排查也较困难，常以种种假象把维修人员引入歧途。

**注意**：当计算机突然出现莫名其妙的故障时（后面有实例），不妨考虑是不是电源的问题。

# 5.2　计算机故障的处理原则和诊断方法

**1．计算机故障的处理原则**

随着信息技术以及各种相关制造技术的发展，计算机及其部件变得越来越容易使用，很多人性化设计被应用到计算机系统及其相关产品中，给计算机的组装和使用带来了很大方便。但是,在组装和使用计算机时仍然会出现很多软硬件方面的问题。

解决问题最好的方法是找到问题的原因,对症下药,才能做到药到病除,这就要求维修者必须掌握各种软、硬件的基本工作原理和基本的维修技能与处理手段。因此,在学习过程中,一定要注意掌握基本工作原理和基本维修思路,同时要细心观察,仔细分析,不断积累经验。

对于计算机经常出现的各种故障,首先要解决两个问题:第一不要怕;第二要理性地处理。不怕就是要敢于动手排除故障。很多人认为计算机是电器设备,不能随便拆卸,以免触电。事实上,计算机只有输入电源是 220V 的交流电,从计算机电源出来的给其他各部件供电的直流电源插头最高仅为 12V。因此,除了在修理计算机电源时应防止触电外,计算机内部其他部位是不会对人体造成任何伤害的。相反,人们带有的静电有可能把计算机主板和芯片击穿,并造成损坏。

要理性地处理就是要杜绝无知和盲目的野蛮维修。有些人倒是敢于动手,但是,当他们遇到问题时,往往不善于冷静地根据工作原理进行分析、判断和琢磨,而是到处怀疑、胡乱拆卸,结果是问题越弄越多。正确解决问题的思路是:首先,根据故障特点和工作原理进行分析、判断;然后,逐个排除怀疑有故障的部位或部件。工作的要点是:在排除怀疑对象的过程中,要留意原来的结构和状态,即使故障无法排除,也要保证能够恢复原来状态,切忌故障范围的不断扩大。具体的故障排除原则有 4 条。

1) 先软后硬的原则

即当计算机出现故障时(尤其是某些故障,从现象看既可能是软件故障,也可能是硬件故障),首先应排除软件故障,然后再从硬件上逐步分析导致故障的可能原因。

例如,计算机不能正常启动,要首先根据故障现象或错误信息判断计算机是启动到哪一步死机的?是系统软件的问题,还是主机(CPU、内存)硬件的问题?可能仅仅是不能正常显示的显示系统问题等。

首先应排除 CMOS 设置、操作系统等软件部分的故障。对于硬件故障,如果系统还能够勉强正常工作,可使用 Norton、BCM Diagnostics、Performance Test、WinTune 和 WinBench 等硬件检测工具来帮助确定硬件的故障部位,这样可以起到事半功倍的效果。

当然,有一定维修经验后,一般根据故障现象和提示信息就可以确定硬件故障的可能部位,也就没有必要严格地遵循本条规则。

2) 先外设后主机的原则

如果计算机系统的故障表现在相关的外设上,如不能打印、不能上网等,应遵循先外设后主机的原则。即利用外部设备自身提供的自检功能或计算机系统内安装的设备检测功能,首先检查外设本身是否工作正常,然后检查外设与计算机的连接以及相关的驱动程序是否正常,最后检查计算机本身相关的接口或板、卡。这样由外到内逐步缩小故障范围,直到找出故障点。

3) 先电源后负载的原则

计算机内的电源是机箱内部各部件(如主板、硬盘、软驱和光驱等)的动力来源,电源的输出电压正常与否直接影响到相关设备的正常运行。因此,当出现上述设备工作不正常时,应首先检查电源是否工作正常,然后再检查设备本身。

4) 先简单后复杂的原则

先解决简单容易的故障,后解决难度较大的问题。因为在解决简单故障的过程中,难度大的问题往往也可能变得容易解决;或在排除简易故障时受到启发,难题也会变得比较容易解决。

在计算机系统维修过程中,提醒大家记住两条维修禁忌:

在拆卸过程中要注意观察和记录原来的结构特点,严禁不顾结构特点的野蛮拆卸,以免造成更严重的损坏。

在维修过程中,禁忌带电插拔各种板卡、芯片和各种外设的数据线(USB 接口和 1394 接口等支持热插拔的设备除外)。因为带电插拔控制卡会产生较高的感应电压,足以将外设或卡上、主板上的接口芯片击穿。同理,带电插拔打印数据线、键盘、串行口外设连线,常常是造成相应接口电路芯片损坏的直接原因。

### 2. 计算机故障的诊断方法

通过随机诊断程序、专用维修诊断卡及根据各种技术参数(如接口地址)自编专用诊断程序来辅助硬件维修可达到事半功倍之效。程序测试法的原理就是用软件发送数据、命令,通过读线路状态及某个芯片(如寄存器)状态来识别故障部位。此法往往用于检查各种接口电路故障及具有地址参数的各种电路。但此法应用的前提是 CPU 及总线基本运行正常,能够运行有关诊断软件,能够运行安装于 I/O 总线插槽上的诊断卡等。

1) 利用加电自检程序(POST)

计算机在开机时都要进行加电自检(Power on Self Test,POST),在主板 BIOS 的引导下严格检测系统的各个组件。POST 是存放在系统主板的 BIOS 中的一段程序,是计算机加电启动时首先要运行的程序。POST 工作的过程一般包括以下几个步骤:加电、CPU、ROM、BIOS、System Clock、DMA、640KB RAM、IRQ、键盘、显卡等。检测显卡以前的过程称为关键部件检测,也称为常规检测。如果关键性部件有问题,计算机就会处于挂起状态,并通过喇叭发出错误提示音。这一类故障称为关键性故障,或称为核心故障。产生核心故障的部件一般有主板、CPU、内存、显卡和电源等。一般情况下,根据错误提示音就基本能够确定关键性故障的故障点。如果不存在关键性故障,POST 程序会继续进行检测,并在屏幕上显示各种设备参数信息和错误信息,这时发生的故障称为非关键性故障,根据屏幕上的提示信息,很容易就能确定非关键性故障的故障点。

2) 利用专门的硬件侦错(Debug)卡

有的主板上集成了硬件侦错系统,能够自动检测主板上各种设备的状态。如果有设备出现故障,硬件侦错系统会给出相关信息。根据这些信息,并配合侦错系统的使用手册,就能比较准确且快速地确定故障点。

如果主板上没有集成硬件侦错系统,就可以通过一块具有硬件侦错功能的外接卡来检测硬件故障,这种卡被称为 Debug 卡、诊断卡或 POST 卡。

3) 利用专门的系统测试工具软件

在系统能够工作时,利用专业的系统测试工具软件来检测具体的硬件故障位置是维修人员排除故障的捷径。目前,系统测试工具软件较多,但多数为英文版,如 Norton、BCM Diagnostics、Performance Test 和 WinTune 等。但是,如果计算机"病入膏肓",系统已无法启动或测试工具软件无法运行时,则该方法将失去用武之地。

### 3．人工检测法

人工检测法是指人工通过具体的方法和手段进行检查,最后综合分析判断故障部位的方法。人工通常采取的方法和手段有原理分析法、清洁法、直接观察法、敲打法、插拔法、替换法、交换法、比较法、升温法和降温法、测量法等。

#### 1) 原理分析法

按照计算机的基本工作原理,根据机器启动过程中的时序关系,结合有关的提示信息,从逻辑上分析和观察各个步骤应具有的特征,进而找出故障的原因和故障点,这种方法称为原理分析法,这是排除故障的基本方法。

#### 2) 清洁法

对于机房使用环境较差,或使用较长时间的机器,发生故障后应首先进行清洁。可用毛刷轻轻刷去主板、外设上的灰尘,如果灰尘已清扫掉,或无灰尘,就进行下一步的检查。另外,由于板卡上一些插卡或芯片采用插脚形式,震动、灰尘等其他原因常会造成引脚氧化,接触不良。可用橡皮擦擦去表面氧化层,重新插接好后开机检查故障是否排除。

#### 3) 直接观察法

直接观察法即"看、听、闻、摸"。

"看"即观察系统板卡的插头、插座是否歪斜,电阻、电容引脚是否相碰,表面是否烧焦,芯片表面是否开裂,主板上的铜箔是否烧断。还要查看是否有异物掉进主板的元器件之间(造成短路),也可以看看板上是否有烧焦变色的地方,印刷电路板上的走线(铜箔)是否断裂,是否有烟雾出现等。

"听"是指用耳朵听喇叭及有关部件是否有异常声音来判断故障部位的方法。如喇叭的不同声响可以代表 CPU、内存及声卡的不同故障。系统的启动声音是否正常? 软、硬盘驱动器的读、写声音是否正常? 光驱的读盘动作和声音是否正常? Modem 的连网声音是否正常? 风扇的转动声音是否正常? 另外,系统发生短路故障时常常伴随着异常声响。监听可以及时发现一些事故隐患和帮助在事故发生时即时采取措施。

"闻"即辨闻主机、板卡中是否有烧焦的气味,便于发现故障和确定短路所在地。

"摸"是指用手触摸元器件的表面,觉察其是否过热来判断故障点的方法。元器件在通电一段时间后,其外壳温度一般不超过 50℃,即微热是正常的。如果元器件发烫,则说明该元器件的内部可能有短路现象或过载。采用这种方法要注意不要造成短路,同时还要防止手上的静电对芯片造成损坏,在触摸芯片之前最好先进行放电。

#### 4) 插拔法和最小配置法

插拔法是通过将插件或芯片"拔出"或"插入"来寻找故障原因的方法。最小配置法是指当计算机遇到故障时,可通过不断减少计算机主机的连接设备来排查故障部位的方法。在实际维修过程中,上述两种方法多数会同时使用。

计算机由主机和多种外设组成,其中标准配置的外设有软驱、硬盘、光驱、电源、键盘和显示系统(显示卡和显示器)。实际上,只要有电源、键盘和显示系统,在不连接任何其他外设的情况下,计算机主机(主板、CPU、内存)也是可以工作的,只不过此时所能使用的软件只有 CMOS 的设置程序 SETUP。因此,当计算机出现较严重的故障(如无法启动)时,可以综合采用上述两种方法,一件一件地拔出非必备的外设,不断减少计算机的配置,每拔出一件,就开机试验一次,直到找出故障部位为止。

插拔法的另外一个含义就是看板卡接点是否有锈蚀痕迹? 如有锈蚀现象,可用细砂纸进行打磨。即使表面上看不到任何非正常的情况,也可以拔下后再重新插上,或换个扩展槽再插上。此方法也适用于内存和CPU,其目的就是希望排除接触方面的故障。

在"瘦身"的过程中也要注意减少电源的负载,即减少电源连接的设备数量,以排除由于电源性能降低而导致负载过大的故障。

5) 替换法

将同型号插件板,总线方式一致、功能相同的插件板或同型号芯片相互替换,根据故障现象的变化情况判断故障所在。此法多用于易拔插的维修环境,可以将正常计算机上的部件安装到故障机上测试;还可以将故障机中怀疑有故障的部件安装到正常计算机上进行测试。

例如内存自检出错,可替换相同的内存芯片或内存条来判断故障部位。无故障芯片之间进行交换,故障现象依旧,若交换后故障现象变化,则说明替换的芯片中有一块是坏的,可进一步通过逐块替换而确定部位。

6) 比较法

运行两台或多台相同或相类似的计算机,根据正常计算机与故障计算机在执行相同操作时的不同表现可以初步判断故障产生的部位。

7) 振动敲击法

用手指轻轻敲击机箱外壳,有可能解决因接触不良或虚焊造成的故障问题。然后可进一步检查故障点的位置并排除。

8) 升温降温法

人为升高计算机运行环境的温度,可以检验计算机各部件(尤其是CPU)的耐高温情况,因而及早发现事故隐患。

人为降低计算机运行环境的温度,如果计算机的故障出现率大为减少,说明故障出在高温或不能耐高温的部件中,此举可以帮助缩小故障诊断范围。

事实上,升温降温法采用的是故障促发原理,以制造故障出现的条件来促使故障频繁出现,以观察和判断故障所在的位置。

**4. 仪器检测法**

仪器检测法是指利用专门的仪器对特定的部件进行检测的方法。例如,可以用专门的仪器来矫正软驱的磁头位置等。这些专用的仪器一般只有生产厂家或专业的维修公司才有,使用成本较高,平时的日常维修一般没有条件使用。

## 5.3 计算机硬件常见故障分析

计算机系统的故障80%以上发生在软件系统,但硬件部分有时也会出现各种各样的问题,而且有些硬件故障又常常表现在软件的运行中。下面介绍假故障现象分析。

### 1．电源插座、开关

很多外围设备都是独立供电的,运行计算机时只打开计算机主机电源是不够的。例如,显示器电源开关未打开,会造成"黑屏"和"死机"的假象;外置式 Modem 电源开关未打开或电源插头未插好,则不能拨号、上网、传送文件,甚至连 Modem 都不能被识别。

另外,在使用 USB2.0 的活动硬盘,经常会遇到计算机前置 U3B 口和 USB 延长线过长而引起的计算机供电不足故障,使用 USB 总线向硬盘供电时,尽可能将 USB 硬盘直接连接到计算机的主板 USB 口上。如果选用的硬盘工作电流超过了 500mA,有可能需要使用厂家提供的专用电源线向 USB 硬盘供电。有部分笔记本电脑和台式机的 USB 接口供电不足,也必须使用外接供电。

### 2．连线问题

外设跟计算机之间是通过数据线连接的,数据线脱落、接触不良均会导致该外设工作异常。例如,显示器接头松动会导致屏幕偏色、无显示;主机与显示器的数据线连接不良常常造成"黑屏"的假死机现象。又如,打印机放在计算机旁并不意味着打印机连接到了计算机上,应亲自检查各设备间的线缆连接是否正确。

### 3．设置问题

例如,显示器没有正常显示很可能是行频调乱、宽度被压缩,甚至只是亮度被调至最暗;音箱放不出声音也许只是音量开关被关掉;硬盘不被识别也许只是主、从盘跳线位置不对等。

### 4．系统新特性

很多"故障"现象其实是硬件设备或操作系统的新特性。例如,带节能功能的主机,在间隔一段时间无人使用计算机或无程序运行后会自动关闭显示器、硬盘的电源,在按一下键盘键后就能恢复正常。如果不知道这一特征,就可能会认为显示器、硬盘出了毛病。再如 Windows、NC 的屏幕保护程序常让人误以为病毒发作等。

### 5．其他易疏忽的地方

有些我们自己刻录的 CD-ROM,当未标明正反面时,读盘错误也许只是你无意中将光盘正反面放倒了;软盘不能写入也许只是写保护滑到了"只读"的位置。发生了故障,首先应判断自身操作是否有疏忽之处,而不要盲目断言某设备出了问题。

## 5.4  实训一：基本输入输出系统常见故障分析

### 5.4.1  实训目的

（1）了解和掌握基本输入输出系统常见故障。

（2）掌握计算机的基本输入输出系统故障的诊断方法。

### 5.4.2 实训前的准备

(1) 认真复习本节相关内容。

(2) 准备有故障现象的计算机一台。

### 5.4.3 实训内容及步骤

**1. 故障分析的基本思路**

该类故障的故障现象表现形式较多,主要有无法加电,发出异常的报警声音;给出相关的错误提示;屏幕无显示;有关的指示灯不亮等。在分析的过程中,首先要清楚计算机主机的启动过程,然后根据故障的表象,按照先易后难的原则进行细化和排查。

(1) 计算机的启动过程如图 5.1 所示。

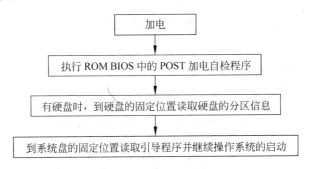

图 5.1　计算机的启动过程

从图 5.1 所示启动过程来看,前两步是排查本部分故障的主要依据,第三、四步是系统软件故障主要考察的对象。

第一步,计算机加电后,电源指示灯应该亮(指示灯损坏除外)。如果电源指示灯不亮,则:

① 检查电源线两端的插头是否接好,220V 电源是否正常工作?

② 计算机电源是否有问题? 可运用替换法换接一个好的电源进行试验和排除。

第二步,POST 自检程序将先后检测计算机的各组成部件。POST 程序首先检测 CPU、主板、基本的 640KB 内存,以及进行 ROM BIOS 的测试,以保证程序的基本运行。然后初始化显卡,测试显示内存,检测显示器接口,以保证基本的显示输出。如果是冷启动,检测扩展内存,检测 CMOS 的完整性,并根据 CMOS 中的设置对键盘、软驱、硬盘及 CD-ROM 进行检测,对串/并行口及其他部件进行检查。

从上述检测过程来看,如果电源、CPU、主板、基本内存、显卡或 BIOS 本身存在严重故障,则:

① POST 自检程序根本无法运行,即机器加电后没有任何反应(没声音,没显示)就死机了。原因有:BIOS 程序被 CIH 病毒破坏,电源故障,CPU 故障,内存故障,主板故障,接触故障,CMOS 设置故障等。

② POST 自检程序能够运行,但检测到致命错误而无法继续,此时由于显示系统还未

进行检测和初始化或初始化失败,因此 POST 只能以声音的长短和数量给出有关的错误信息。所以,此间的喇叭声音是唯一获取错误信息的途径,一定要保证小喇叭工作正常。具体的错误与声音的对应关系与 BIOS 的生产厂家有关,目前市场中两家主要 BIOS 供应商的提示信息的对应关系如表 5.1 和表 5.2 所示。

**表 5.1 AMI BIOS 报错的声音长短和有关的错误信息**

| 声 音 | 错 误 信 息 |
| --- | --- |
| 1 短 | 内存刷新失败 |
| 2 短 | 内存 ECC 校验错误。对于服务器,应更换内存;如果是普通 PC,可在 CMOS 中将 ECC 校验的选项设为 Disabled |
| 3 短 | 640KB 基本内存检测失败 |
| 4 短 | 系统时钟错误 |
| 5 短 | 中央处理器(CPU)错误 |
| 6 短 | 键盘控制器错误 |
| 7 短 | 系统实模式错误,不能切换到保护模式 |
| 8 短 | 显示内存错误 |
| 9 短 | ROM BIOS 奇偶校验和错误 |
| 1 长 3 短 | 内存错误 |
| 1 长 8 短 | 显卡错误 |

**表 5.2 Award BIOS 报错的声音长短和有关的错误信息**

| 声 音 | 错 误 信 息 |
| --- | --- |
| 1 短 | 系统正常启动 |
| 2 短 | CMOS 奇偶校验错误,可进入 CMOS 进行重新设置 |
| 1 长 1 短 | 内存或主板错误 |
| 1 长 2 短 | 显卡错误 |
| 1 长 3 短 | 键盘控制器错误 |
| 1 长 9 短 | 存储 BIOS 程序的 Flash ROM 或 EPROM 芯片局部错误 |
| 不停地(长声) | 内存条未插紧或内存条损坏 |
| 不停地(短声) | 电源故障 |
| 无声音也无显示 | 电源或 BIOS 程序损坏 |

从上述声音表示的错误类型来看,属于硬件错误的主要有 CPU、内存、显卡、BIOS 程序、电源、主板和键盘控制器。具体故障的排除方法如下:

CMOS 设置故障可以借助主板上的跳线对 CMOS 设置进行复位。此方法比较简单,建议出现类似故障时首先使用。

CPU、内存和显卡故障属于常见故障,而且在多数情况下属于接触不良问题,可以通过重新安装、换位置安装或替换法来排除相应的故障。

键盘控制器错误是指主板上的键盘接口芯片出现故障,应等同于主板故障。对于电源和主板故障,由于涉及的电路原理较深,建议采用替换法进行排除。

对于 BIOS 程序损坏,可以用专门的 Flash EEPROM 擦写器进行重写,也可以采用热插拔法进行重写(此法比较危险,操作不当有烧坏主板的可能),还可以请主板经销商或专业维修公司进行重写。

如果不存在上述的致命故障,POST 将通过显卡 BIOS 对显卡进行初始化,同时会在屏幕上显示显卡的有关信息(如生产厂商、图形芯片类型、显存容量等),以及其他设备的检测结果和信息。只是在机器正常情况下,该显示画面几乎是一闪而过,要想看清其显示内容,需要及时按 Pause 键来暂停 POST 程序的运行。但是,当 POST 检测到错误时,也会自动暂停并给出相应的提示信息。所以,用户和维修人员一定要关注计算机在启动过程中给出的提示信息,并据此排除相应的故障。

(2) 计算机正常启动时显示的内容和顺序。

① 显卡的生产厂商、图形芯片类型、显存容量。

② 系统 BIOS 的类型、序列号、版本号和版权,同时屏幕底端左下角会显示主板的芯片组型号、日期、主板的识别编码及厂商代码等。

③ CPU 的类型、主频及 CPU 电压和过热保护版本。

④ 内存测试。

⑤ 硬盘(HDD)检测。

⑥ 光驱(CD-ROM)检测。

**注意**:此时的软驱、串/并行口检测在正常情况下没有提示信息。

⑦ 初始化(检测和配置)即插即用(PnP)设备,并显示该设备的名称和型号等信息,同时为该设备分配中断(IRQ)、DMA 通道和 I/O 端口等资源。典型设备有声卡、网卡和 Modem 等。

⑧ 至此,POST 已检测和配置了所有硬件,然后会重新清屏并在屏幕上方显示系统的配置列表,其中概略地列出了系统中安装的各种标准硬件设备以及它们使用的资源和一些相关工作参数。

⑨ 按下来系统将更新 ESCD(Extended System Configuration Data,扩展系统配置数据),同时给出"Update ESCD Success"的提示信息。ESCD 是系统 BIOS 用于与操作系统交换硬件配置信息的数据,这些数据被存储在 CMOS 之中。

⑩ 根据启动顺序,到软盘、硬盘或光驱的固定位置读取引导程序并继续操作系统的启动。此后的内容是软件系统故障主要考察的内容,请参看有关的章节和内容。

(3) POST 自检主要错误信息。

① BIOS ROM checksum error-System halted。

翻译:BIOS 校验和错误,系统终止运行(死机)。

说明:该故障通常是由于 BIOS 升级时信息刷新不完全造成的。

② CMOS battery failed。

翻译:CMOS 电池失效。

③ CMOS checksum error-Defaults loaded。

翻译:CMOS 校验和错误,加载 CMOS 的默认值。

说明:该故障多数因 CMOS 电池电力不足所致,如果更换电源后故障依旧,则说明CMOS RAM 芯片有问题。

④ Display switch is set incorrectly。

翻译:显示跳线开关设置错误。

说明:旧主板中有设置显示为单色或彩色的跳线开关,该错误信息表示主板上的设置与 CMOS 中的设置不一致。现在的主板不会出现此类错误。

⑤ Press ESC to skip memory test。

翻译：按 Esc 键忽略内存的检测。

说明：在 CMOS 中可以设置 Quick Power On Self Test，以跳过内存的检测。

⑥ Hard disk initializing【Please wait a moment...】。

翻译：正在对硬盘进行初始化，请等待。

说明：该信息在现代高速硬盘和 CPU 的机器中是看不到的。

⑦ Hard disk install failure。

翻译：硬盘安装失败。

⑧ Primary master hard disk fail，Primary slave hard disk fail，Secondary master hard fail，Secondary slave hard fail。

翻译：上述信息均表示相应的 IDE 硬盘初始化失败。

说明：上述故障可检查硬盘的电源线、数据线是否接好？一条数据线上两个硬盘的跳线是否同时设成了 Master 或 Slave？CMOS 中是否设置了不存在的硬盘？

⑨ Hard disk(s) diagnosis fail。

翻译：硬盘诊断错误。

说明：该故障多数因硬盘损坏所致。

⑩ Floppy disk(s) fail，FLOPPY DISK(S) fail(80)，FLOPPY DISK(S) fail(40)。

翻译：上述三条错误信息均表示软驱初始化失败。

说明：该类故障多数是因为软驱的电源线、数据线接触不良所致，但是也不排除软驱本身有故障。

⑪ Keyboard error or no keyboard present。

翻译：键盘错误或没有安装键盘。

说明：可采用插拔法或替换法来排除该类故障。

⑫ Memory test failure。

翻译：内存检测失败。

说明：该故障信息表明内存存在兼容性问题或内存条损坏，可采用替换法排除。

⑬ Override enable-Defaults loaded。

翻译：强行加载 CMOS 的默认值。

说明：当 CMOS 中的设置值远远超过了相关硬件本身的性能时（如 PC-100 的内存，但用户非让它运行 PC-150），系统就会强行加载默认值，以保证系统的正常运行。如果主板没有相应的功能，就会导致死机。只有人为修改 CMOS 中的有关设置，才能够恢复正常启动。

⑭ Press TAB to show POST screen。

翻译：按 Tab 键可切换到 POST 显示画面。

说明：有些 OEM 厂商常用自己设计的显示画面取代 BIOS 预设的 POST 显示画面，该信息给出了恢复 POST 显示画面的切换方法。

**2. 典型故障分析**

**例 5.1** 显示器不显示的故障。

故障现象：显示器没有显示。

　　维修过程及思路：显示器没有显示，对于一般使用者来说，就等于"计算机坏了"，因此其欺骗性很大。实际上，显示器没有显示的原因很多，如显示器的亮度、对比度调得太暗，显示器电源接触不良或未打开，信号线插头松动或引脚变弯、变短，显示器损坏，显卡损坏或显卡接触不良，其他扩展卡接触有问题，主机有故障等，都可以造成显示器不亮。

　　该类故障的排除应遵循先易后难、先简单后复杂、先外设后主机的原则。首先，检查电源和数据线的接触与引脚是否良好，并检查亮度、对比度。其次，应重新开机并仔细观察和监听机器的启动过程，监听是否有错误报警声音，是否有内存检测声音。观察系统在启动过程中初始化各个部件时是否有相应的动作和指示。系统软件在运行时软驱或硬盘是否有相应的指示。再次，利用交换法确认显示器是否工作正常。最后，如果确认是主机的问题，再开机做进一步的检查。具体的故障排查流程如图 5.2 所示。

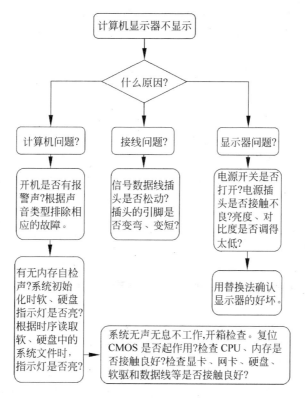

图 5.2　显示器不显示的故障排查流程

造成开机黑屏故障的原因还有可能是：

(1) CPU 故障，包括接触不良、散热系统故障和损坏。

(2) BIOS 设定错误，包括 CPU 电压设置不正确、系统频率设置过高等。

(3) 主板跳线错误。

(4) 存在 CIH 病毒等。

**例 5.2**　系统资源冲突故障。

故障现象：CPU 为 Pentium，128MB 内存，150GB 硬盘，装有瑞星防毒卡，光驱已坏，硬盘已被格式化，无任何操作系统。用户希望安装 Windows XP 系统。

维修过程及思路：由于光驱已坏，只能将硬盘卸下，安装到带光驱的 PC 上将 Windows

XP 安装文件复制到硬盘中,然后再安装。用软盘启动后,从硬盘开始安装 Windows XP,但当 Windows XP 文件复制完成后,重新启动进行系统设置时死机。在故障排除过程中,先确定机器的硬件是工作正常的,因此首先怀疑 CMOS 设置中 Virus Protection 可能被设为 Enabled,导致 Windows XP 安装死机,但考虑到该种死机应在 Windows 安装初期或修改引导区时发生,与故障现象不符,后经检查 CMOS 予以排除。其次,怀疑机器硬件配置太低,不支持 Windows XP,经查证本机硬件配置完全满足 Windows XP 的最低需要。最后,怀疑是瑞星防毒卡与 Windows XP 发生系统资源占用冲突所致。果然,将瑞星防毒卡取下后,Windows XP 便可以正常安装了。

该例的故障表现在软件安装上,但根源却是插接的硬件。所以,在此提醒大家,有些软件故障的根源确实发生在硬件上。在软件故障的排查过程中,在运用故障排查的"先软后硬"的原则时,要注意可能的硬件故障因素。

**例 5.3**　内存兼容故障。

故障现象:某品牌机,CPU 为 Pentium 4/2.4GHz,512MB 内存(256MB×2),80GB 硬盘,Windows XP 系统。运行某些程序时,提示出现非法操作后自动退出。故障现象无规律,但出现较频繁。

维修过程及思路:

(1) 怀疑是机器染上病毒。用最新版的杀毒软件(瑞星 2008 等)盘启动后,检查未发现病毒。

(2) 怀疑 Windows XP 系统损坏。重新安装 Windows XP 系统,但在安装 Windows XP 系统的过程中又发生蓝屏、死机。重新启动后,无法继续执行安装程序,只能重新安装。

(3) 怀疑是 Windows XP 系统有兼容问题,因此改为安装 Windows 2000 Perfessional 系统。但仍然到中途出现蓝屏、死机,无法完成安装。在重复安装过程中,只有一次安装成功,但仍然在运行程序时提示出现非法操作并自动退出。

(4) 后来经向经销商询问,了解到该机使用了两条 256MB 内存,并且是不同品牌(一个是三星的,一个是现代的)的产品,于是怀疑是内存的兼容性问题。取下一条内存后,安装操作系统顺利,使用过程中也很稳定。

此例是由于内存不兼容引起的典型故障,由于过于相信品牌机的质量,没能及时了解机器的硬件信息,以及过于默守"先软后硬"的检修原则,导致故障排除复杂化。但是,整个问题的思考过程还是值得借鉴的。

**例 5.4**　内存容量识别错误。

故障现象:某旧机器,原来配有 128MB 内存,现考虑升级内存,购买了一条 128MB 的内存条,但插在机器上以后,系统只显示增加了 64MB 内存。

维修过程及思路:经查阅主板参考手册,发现主板能够支持 256MB 内存,故排除主板所支持的内存容量限制的问题。后经仔细检查,发现其所用两条内存均为双面内存,于是怀疑是主板所支持内存 BANK 数量不足。经查阅主板参考手册,确认主板支持的内存 BANK 数量为 3,将内存更换为单面内存后问题解决。

这一类问题在为旧机器升级内存时很常见。很多主板产品为了显示其产品具有很好的可扩展性,安装了三条甚至四条内存插槽,但实际上主板所能支持的物理 BANK 有限,可能无法正确识别所有内存。

**例 5.5** 显卡常见故障。

故障现象一：开机无显示。

关于开机无显示的故障前面已经讨论过,可能会造成这一现象的故障很多,其中由于显卡原因出现此类故障一般有两种:一个是因为在显卡调解选项中设置的屏幕分辨率和刷新频率过高;另一个是因为显卡与主板接触不良或主板插槽有问题造成的,而且开机后一般会发出声音报警。处理方法是重插,插牢,清洁或更换插槽即可。对于集成显卡的主板,只要在 CMOS 中将主板集成的显卡设为禁用,然后再插上外接显卡即可。

故障现象二：显示颜色不正确。

此类故障一般有以下几种原因：

(1) 没有安装显卡驱动程序或驱动程序安装不正确。

(2) 显示器数据信号线接触不良。

(3) 显示器数据信号线插头个别引脚变弯或变短。

(4) 显示器原因(显示器丢色)。

(5) 显卡损坏。

(6) 显示器被磁化。

故障现象三：死机。

此类故障一般是由于主板与显卡不兼容或显卡与其他扩展卡不兼容而造成的。

故障现象四：在 Windows 中出现异常的竖线或不规则图案。

此类故障一般是由于显卡上的显存出现问题或显卡与主板接触不良引起的。

故障现象五：开机后满屏幕的五颜六色,即花屏。

造成这一现象的原因可能是：

(1) 使用某些软件对显示芯片或显存进行调节时出现错误。

(2) 显示芯片或显存工作频率超过了额定工作频率(超频)。

(3) 显示芯片或显存散热不及时,造成温度过高。

(4) 显示芯片或显存损坏。

**例 5.6** 键盘常见故障。

故障现象一：开机时,显示"KeyBoard Error,Press F1 to Continue",但按 F1 键无效。

维修过程及思路：按 F1 键无效表明计算机在自检过程中没有检测到键盘,所以该类故障的原因有两种可能：一是键盘接口问题,是否因为碰撞导致键盘接口接触不良,可采用插拔法排除故障(注意先关机)。二是与键盘的连接发生了短路或断路,可通过开机时键盘右上角的 NumLock、CapsLock 和 ScrollLock 三个灯是否有闪烁来判断。检查主板键盘接口的方法为：在开机状态下,如果测量的第 1、2、5 脚的某个电压相对于第 4 脚为 0,说明主板键盘接口电路有断路现象,应检查主板的相关电路。依次还可以检查键盘的接线和键盘内部本身。

故障现象二：键按下后不能弹起。

维修过程及思路：该类故障常发生在 Enter 键和空格键上,因为这两个键使用的频率最高,使得键帽下面的弹簧弹力减弱,甚至产生塑性变形,致使该键与触点不能及时分离和无法弹起。解决的方法是恢复原弹簧的形状或替换故障按键。

如果是新买的键盘出现类似问题,可能是因为键盘加工粗糙,键体、键帽注塑质量差,周边有许多毛刺未清理或清理不彻底所造成的,可用小刀把碍事的毛刺剔除干净即可。击键用力过大也是产生此类故障的原因。

故障现象三:某些按键无法输入或输入非常困难。

维修过程及思路:该类故障多数是由于按键接触不良造成的,也有可能是按键焊点虚接的结果。解决的方法是打开键盘,清洗故障按键的触点或焊实虚接焊点。键盘太脏是产生此类故障的主要原因。

故障现象四:输入字符与显示字符不一致。

维修过程及思路:此类故障多数是由于键盘电路板上有短路现象造成的。排除方法是查找短路故障点并修复。

故障现象五:按下一个键产生一串多种字符,或按键时字符乱跳,在 Windows 下可能会打开多个窗口。

维修过程及思路:该类故障是由键盘的逻辑电路故障或短路造成的。输入的字符如果不在 Enter 键的行或列,有可能产生多个其他的字符;若是在 Enter 键的行或列,相当于在不断地按 Enter 键,就可能会产生字符乱跳或打开很多窗口,以至于无法继续操作。该类故障多数是因键盘进水所致。

**例 5.7**　鼠标常见故障。

鼠标常见的故障有以下几种:

(1) 滚球、滚轴泥土过多,鼠标移动不灵活。

(2) 按键内的弹片损坏,造成按键失灵。

(3) 位于 X 轴或 Y 轴位移光栅计数轮两侧的发光二极管与光敏晶体管(光检测器)距离太远,造成光信号检测失败,鼠标单方向或双方向无法移动。

(4) 鼠标信号线折断。

(5) 鼠标内部电路板中的电器元件损坏。

故障现象一:鼠标能够正常使用,但移动不灵活。

维修过程及思路:滚球、滚轴泥土过多所致。清洁鼠标,清洁的方法是把鼠标背面的 O 形环向 OPEN 方向旋转,打开后取出滚球,将小球洗干净后擦干或晾干;用镊子之类的工具将鼠标内部三个滚轴上的脏物轻轻刮下(注意不能破坏滚轴的光滑表面),再用皮老虎等工具把鼠标内部的脏物清理干净,把小球放回,反向安装 O 形环即可。此过程可以不关机进行,但应注意鼠标内不应掉入金属异物,以免造成短路。

鼠标的这种清理应经常进行,同时应保持使用鼠标的桌面及鼠标垫卫生、平整。

故障现象二:鼠标横向或纵向移动困难或根本不能移动。

维修过程及思路:该类故障是由于鼠标内部位于 X 轴或 Y 轴位移光栅计数轮两侧的发光二极管与光敏晶体管(光检测器)距离太远所致,需要调整。调整的方法是取出鼠标滚球,撕去鼠标下面的商标,找到紧固螺钉,用螺丝刀将其拧下,然后稍用力推动鼠标上盖,即可打开鼠标(打开鼠标盖时要注意观察,有些鼠标在底和盖的连接处还会有塑料倒钩,拆卸时要多加小心,以免造成损坏)。打开鼠标后应检查是否有断路或元件虚焊现象,然后在光栅计数轮的两侧找到发光二极管和光敏三极管,用手将两只收、发光管间的距离调近一些即可。拆卸鼠标最好不要在带电状态下进行,以防静电或误操作造成短路,损害计算机的鼠标接口。为了确认故障出在横向还是纵向,也可带电操作,但应特别小心。

故障现象三：鼠标按键失灵。鼠标光标移动正常,但按键失灵。有时按键感觉正常,但没有响应;有时按键感觉失去了弹性,也没有了原来的滴答声,同样没有响应。

维修过程及思路：该故障有两种可能,一是按键内的簧片移动不灵活,运动受阻,无法弹起;二是按键内的簧片已断裂损坏。对于第一种情况(一般出现在原装鼠标中),可打开鼠标,拆开故障按键的微动开关,仔细清洁触点,并滴上少许润滑油(如缝纫机油),归位后即可。对于第二种情况,只能用同规格的按键进行替换,如果是三键鼠标,可以用中间的键来替换(因为中间的键很少使用),也可以用其他废弃鼠标中同规格的按键替换。替换的过程比较简单,只需焊下原来损坏的按键,再焊上正常的按键即可。

故障现象四：鼠标移动时好时坏,用手推动鼠标连线,光标有抖动现象。

维修过程及思路：该类故障是由数据线断裂引起的,处理的方法也比较简单,找到断点并重新焊接好或更换一条新数据线即可。断线故障点多发生在鼠标插头处或与鼠标的连接处。

故障现象五：光电鼠标怕见光,光电鼠标在强光的照射下无法移动。

维修过程及思路：该类故障是由于鼠标的外壳密封不好,光线从缝隙照射到了鼠标内部,干扰了光敏三极管的感光性能,导致光敏三极管的光检测性能失效所致。解决的方法就是在鼠标盖的内侧进光处贴上一层黑纸,以阻挡外来光线的进入即可。

### 5.4.4　实训注意事项

由于实训所涉及的设备都是比较精密和费用较高的计算机硬件,而且故障的判断诊断也要建立在大量故障分析和处理的经验上,所以,学生在进行实训时,可以利用软件实现一些故障的模拟,同时需要在日常生活中注意积累经验。

### 5.4.5　实训报告

(1) 写出三个输入输出系统故障的现象,并分析原因。
(2) 根据自己的亲身经历,写出一个故障诊断的案例。
(3) 实训结束后,根据所认识或掌握的相关知识写出实训体会。

### 5.4.6　思考题

(1) 出现输入输出系统故障后,故障分析的顺序是什么?
(2) 总结一下你在处理输入输出系统故障中的好方法。

## 5.5　实训二：电源常见故障分析

### 5.5.1　实训目的

(1) 了解和掌握电源系统常见故障。
(2) 掌握计算机电源系统故障的诊断方法。

### 5.5.2　实训前的准备

计算机电源的基本功能是将市电 220V 的交流电转换为计算机能够使用的直流电(直流电压分别为 3.3V、+5V、−5V、+12V 和 −12V),分别为主板、硬盘、软驱、光驱、各种风扇等提供电源。由此可以看出,电源是计算机的动力源泉,是整个系统的核心,对计算机系统能否稳定、可靠地工作起着至关重要的作用。所以,计算机的电源一定要配备质量最好的。

电源的工作原理是电路的整流原理,其基本的技术参数就是功率的大小以及能否提供稳定的、没有噪声、散杂信号、尖峰脉冲和浪涌的直流电源。高质量的电源能够抵御任何时候供电的突然中断、电压任何程度的降低、交流输入高达 2500V 的尖峰脉冲的冲击,电源对地的漏电流应小于 $500\mu A$。

电源的具体参数和分类可参看本书第 2 章及其他书籍介绍的内容。

## 5.5.3　实训内容及步骤

**1. 故障分析基本思路**

下列症状与计算机电源有关:

(1) 系统无法启动。系统无法启动的原因很多,在排除了 CMOS 复位,CPU、内存的接触,硬盘的识别及操作系统本身的问题后,很有可能就是电源的问题。

(2) 系统在正常运行过程中经常出现自动重新启动或间歇性的死机(说明电源的输出质量很不稳定或者是功率严重不足)。

(3) 市电很小的电压波动就会引起系统的重新启动(说明电源的抗市电干扰能力太差)。

(4) 很少的静电释放就会干扰系统的运行(说明电源的抗外界干扰能力太差)。

(5) 触摸机箱时有触电感觉。

(6) 风扇、硬盘、软驱和光驱等突然停止工作(表明电源的 +12V 输出损坏)。

(7) 存储器间歇性地出现奇偶校验错误(表明电源的电压输出不稳定)。

(8) 电源烧保险或者冒烟。

最小配置法(减少电源负载法)、插拔法和替换法是电源故障排查的基本方法。

**2. 典型故障分析**

**例 5.8**　机箱靠近电源部位不能摸。

故障现象:新攒的计算机,没过几天就发现不能用手摸机箱靠近电源的部位,一摸机器就重新启动。

维修过程及思路:此故障是典型的电源的抗静电干扰能力太差所致,应更换电源。

**例 5.9**　系统延时启动。

故障现象:一台奔腾计算机,在使用两年后出现开机后没有任何反应,不能马上启动的现象,并且延时启动的时间越来越长。

维修过程及思路:该故障刚出现时具有很大的欺骗性。在没有发现延时启动时,故障现象与 CPU 或内存的接触问题相同,而且打开机箱按一按就好,确实给人一种名副其实的接触问题的假象。一个偶然的机会,开机后没有像往常那样处理它,过一会自己也启动了,这才发现了延时启动的问题,且以后延时越来越长。后来,电源保险烧毁,而且换上新保险后马上又烧毁,说明电源内部有短路。更换电源后故障排除。

**例 5.10** 系统突然无法启动。

故障现象:一台使用两年的计算机一直使用正常,但有一天系统突然无法启动。

维修过程及思路:检查时电源指示灯正常,所以当时就没有想到是电源的问题。此后,开始检查 CPU、内存的接触问题;利用最小配置法,撤掉硬盘、软驱、光驱的连接;怀疑是主板本身的接触问题或短路,将主板取出。最后,在上述种种检测手段无效,没有办法的情况下想到了可能是电源有问题,替换电源后故障排除。

该例告诉我们"先电源后负载"原则的重要性。如果按照该原则去处理,可以少走很多弯路。另外,不能仅根据电源指示灯的正常与否来判断电源状态的好坏,要根据万用表检测到的电源输出各引脚的电压值来判断。为软驱、硬盘等供电的电源是一个四芯插头,其各引脚输出的电压值、导线颜色和信号规格如表 5.3 所示。

表 5.3 电源引脚规格

| 引脚 | 导线颜色 | 信号 |
|---|---|---|
| 1 | 黄 | +12V |
| 2 | 黑 | 地 |
| 3 | 黑 | 地 |
| 4 | 红 | +5V |

AT 式与 ATX 式电源不同,分别如表 5.4 和表 5.5 所示。

表 5.4 AT 式电源

| 引脚 | 信 号 | 引脚 | 信 号 |
|---|---|---|---|
| P8-1 | Power-Good(+5V) | P9-1 | 地 |
| P8-2 | +5V | P9-2 | 地 |
| P8-3 | +12V | P9-3 | −5V |
| P8-4 | −12V | P9-4 | +5V |
| P8-5 | 地 | P9-5 | +5V |
| P8-6 | 地 | P9-6 | +5V |

表 5.5 ATX 式电源

| 引脚 | 信 号 | 颜色 | 引脚 | 信 号 | 颜色 |
|---|---|---|---|---|---|
| 1 | +3.3V | 橙 | 11 | +3.3V | 橙 |
| 2 | +3.3V | 橙 | 12 | −12V | 蓝 |
| 3 | 地 | 黑 | 13 | 地 | 黑 |
| 4 | +5V | 红 | 14 | PS-ON | 绿 |
| 5 | 地 | 黑 | 15 | 地 | 黑 |
| 6 | +5V | 红 | 16 | 地 | 黑 |
| 7 | 地 | 黑 | 17 | 地 | 黑 |
| 8 | Power-Good | 灰 | 18 | −5V | 白 |
| 9 | +5V SB | 紫 | 19 | +5V | 红 |
| 10 | +12V | 黄 | 20 | +5V | 红 |

说明：

Power-Good 是供主机检测电源好坏的信号输出端，待命状态(未开机时)为 0 电位(ATX)，电源稳定输出后为 5V 高电平。

PS-ON(Power Switch ON)是 ATX 式电源机箱开关控制输入端，待命(未开机)时为 +5V 高电平，受控启动后转为 0 电平。

+5V SB(+5V Stand By)是用于实现主机控制电源启动的一路备用电源，总是处于工作状态。它始终向主机输送一路 +5V 的电源，保持主板系统部分电路工作，以保证主机在关机状态下网络唤醒、Modem 唤醒、键盘开机和机箱开关(软开关)开机功能的实现。

主板电源有多条地线的目的是为了降低插接损耗。

**例 5.11**　计算机频繁死机。

故障现象：联想 Pentium 4 计算机突然出现系统启动后不久就死机的现象，显示器黑屏无信号，光驱灯长亮。无论从 C 盘进入 Windows 还是用软盘启动，或者在进入 CMOS 时，都会出现上述故障。一旦死机，无论是复位键还是开关键均不能关机，只有关闭 220V 的电源后再等一会儿才能再次开机。

维修过程及思路：经询问，此机出现故障前一直工作正常，而且现在还能够正常启动，只是一会儿便死机而已。从故障现象看，应该是典型的电源问题。但是，用万用表检测各供电引脚，电压均正常，表明电源工作正常。测量市电为 240V，怀疑是电源对较高市电输入应变能力下降所致，用交换法将其接入正常的 220V 市电时工作正常，故障得到确认和排除。

**例 5.12**　电源功率不足。

故障现象：在装机过程中(使用 ATX 式电源)，如果连接全部负载(软驱、硬盘、光驱)，开机后系统没有任何反应，无法启动；如果去掉软驱等负载，系统便能够正常启动。

维修过程及思路：该例是典型的电源功率不足，更换电源后故障排除。电源功率不足也可能表现为软驱无法使用，无法识别硬盘和光驱，光驱读盘能力严重下降等现象。

**例 5.13**　计算机必须启动两次。

故障现象：本来工作正常的机器，突然出现开机时必须要开两次才能够正常引导系统。

维修过程及思路：这是典型的 Power-Good 信号不正常故障，应更换电源。

### 5.5.4　实训注意事项

由于电源的维修涉及较深的电路知识，而且内部有 220V 的交流强电，因此缺少相关知识的用户请不要擅自打开电源自己进行维修，以免发生危险。但是，用户或专业维修人员要掌握电源故障的排查方法，确认损坏后能够进行替换。

### 5.5.5　实训报告

(1) 写出两个电源故障的现象，并分析原因。

(2) 根据自己的亲身经历，写出一个电源故障诊断的案例。

(3) 实训结束后，根据所认识或掌握的相关知识写出实训体会。

### 5.5.6 思考题

（1）出现电源故障后，故障分析的顺序是什么？
（2）总结一下你在处理电源故障中的好方法。

## 5.6 实训三：主板常见故障分析

### 5.6.1 实训目的

（1）了解和掌握主板系统常见故障。
（2）掌握计算机主板系统故障的诊断方法。

### 5.6.2 实训前的准备

#### 1．了解主板故障产生的原因

主板的英文是 MathorBoard，直译过来就是"母板"。作为将计算机各部件连接在一起的"母体"，几乎所有的部件都要通过主板连接起来形成一台完整的计算机系统。一般来说，主板故障分为软故障和硬故障。所谓软故障是指各部件因接触不良或外界其他因素引起的故障，这类故障一般只要注意维修的技巧就可以解决。硬故障是指因部件本身质量问题引起的，这类故障一般要借用专用的仪器才能够解决。在这里只针对一般性的软故障进行分析解决。

主板产生故障的原因一般有三个方面：

1）人为故障

有些人对计算机操作方面的知识懂得较少，在操作时不注意操作规范及安全，这样对计算机的有些部件将会造成损伤。如带电插拔设备及板卡，或安装设备及板卡时用力过度，造成设备接口、芯片和板卡等损伤或变形，从而引发故障。

2）环境引发的故障

因外界环境引起的故障，一般是指人们在未知的情况下或不可预测、不可抗拒的情况下引起的。如雷击、市电供电不稳定，它可能会直接损坏主板，这种情况下人们一般都没有办法预防；外界环境引起的另外一种情况，就是因温度、湿度和灰尘等引起的故障。这种情况表现出来的症状有经常死机、重启或有时能开机有时又不能开机等，从而造成机器的性能不稳定。

3）元器件质量引起的故障

这种情况是指主板的某个元器件因本身质量问题而损坏。这种故障一般会导致主板的某部分功能无法正常使用，系统无法正常启动，自检过程中报错等现象。

#### 2．认真复习本节相关内容。

### 5.6.3 实训内容及步骤

#### 1．故障分析的基本思路

主板故障往往表现为系统启动失败、屏幕无显示、有时能启动有时又启动不了等难以直观判断的故障现象。主板常见的故障有系统时间偏差、系统启动错误、系统兼容错误、BIOS设定错误、DMA错误、设备冲突错误。

处理主板故障时的常用检测及维修方法如下：

在对主板的故障进行检查维修时，一般采用"一看，二听，三闻，四摸"的维修原则。就是观察故障现象、听报警声、闻是否有异味、用手摸某些部件是否发烫等。这在前面已经实训过。还可以通过电阻、电压测量法。

为防止出现意外，还应该测量一下主板上的电源+5V与地(GND)之间的电阻值。最简捷的方法就是测量芯片的电源引脚与地之间的电阻。在没有插入电源插头时，该电阻一般为300Ω，最低的也不应该低于100Ω。然后再测下反向电阻值，可能略有差异，但相差不可以过大。如果正反向阻值都很小或接近导通，就说明主板上有短路现象发生，应该检查短路的原因。

一般产生这类现象的原因有以下几种：

(1) 主板上有被击穿的芯片。一般来说，此类故障较难排除。例如TTL芯片(LS系列)的+5V连在一起，可吸去+5V引脚上的焊锡，使其悬浮，逐个测量，从而找出有故障的芯片。如果不采用吸掉焊锡而直接使用割线的方法，有可能会影响到主板的寿命。

(2) 主板上有损坏的电阻电容。

(3) 主板上存有导电杂物。

当排除短路故障后，插上所有的I/O卡，测量+5V，+12V与地是否短路。特别是+12V与周围信号是否相碰。如果手头上正好有一块同样型号的主板，也可以用测量电阻值的方法测板上的疑点，通过对比，可以很快地发现芯片故障所在。

如果通过上述步骤还没有见效，可以插上电源加电测量。一般测电源的+5V和+12V。当发现某一电压值偏离标准太远时，可以通过分隔法或割断某些引线或拔下某些芯片再测电压。当割断某条引线或拔下某块芯片时，若电压变为正常，则这条引线引出的元器件或拔下来的芯片就是故障所在。

可以看出来，计算机主板的故障分析和排除不仅仅需要紧跟当前主板的制造和发展技术，而且还要熟悉和掌握PC及主板的工作原理，不断总结实际工作中的经验才是最重要的。

**2. 典型故障案例分析**

**例5.14** 系统时间偏差。

故障现象：一台计算机使用Windows XP操作系统，使用过程中发现系统显示的时间不正确，经过多次调校，每次都是没过多久就不准了。

维修过程及思路：每块主板上都有一块纽扣电池负责为CMOS提供不间断供电，一块电池一般可以使用大约5年的时间，但由于电池的质量问题或使用不当，可能会提前出现电池电量不足的情况。上述故障现象就是典型的电池电量不足的症状，经更换电池后故障排除。

电池电量不足不仅会引起系统时间偏差，严重的还会导致系统无法正常启动，而这又是一个容易被忽视的原因。

**例5.15** 主板插槽接触不良。

故障现象：一台计算机已使用4~5年的时间。在闲置了5个月之后，再次开机时发现无法正常启动。

维修过程及思路：开机后电源风扇转动,电源指示灯常亮,但没有任何警告提示音或提示信息。考虑到机器使用时间已经很长,怀疑是尘土引起的问题。打开机箱后发现箱内果然满是尘土。经简单清扫后,开机故障依旧。于是将机器完全拆解,彻底清扫后重新组装起来,故障排除。

灰尘是影响产品电气性能的一大因素,过多的积尘会严重影响元器件的散热;如果灰尘受潮,还可能导致元器件短路。正常情况下,应该每年打开机箱1～2次,彻底清扫里面的灰尘。

**例 5.16**　BIOS 设置错误。

故障现象：一台正常使用的计算机原有一条 128MB 内存,后购入一条 128MB 内存,插入后无法开机。

维修过程及思路：经检查,单独使用原有内存时能够正常工作,而同时使用两条内存或单独使用新购买内存时出现故障,于是可以确定故障点在于新购买的内存。但据称所购内存是经过检测的,能够正常使用。经对比,原有内存为 Kingmax 133 SDRAM 内存,新购入内存为普通现代 133 SDRAM,于是怀疑系统对内存要求较高。进入 BIOS 检查,发现 BIOS 设定内存工作频率为 133MHz,且 CAS 值设定为 2。将 CAS 值设定为 3 后,故障排除。

同样是 133 SDRAM,能否在 133MHz 频率下正常工作,还要看其他参数的设置。CAS 值设定为 2 时,对内存品质的要求就要高于设定为 3 的时候,某些品质较差的内存可能无法达到要求,因而不能正常工作。

### 5.6.4　实训注意事项

由于实训所涉及的设备都是比较精密和费用较高的计算机硬件,而且故障的判断诊断也要建立在大量故障分析和处理的经验上,所以学生在进行实训时,可以利用软件实现一些故障的模拟,同时需要在日常生活中注意积累经验。

### 5.6.5　实训报告

(1) 写出两个主板故障的现象,并分析原因。
(2) 根据自己的亲身经历,写出一个故障诊断的案例。
(3) 实训结束后,根据所认识或掌握的相关知识写出实训体会。

### 5.6.6　思考题

(1) 出现计算机主板故障后,故障分析的顺序是什么?
(2) 总结一下你在处理计算机主板故障中的好方法。

## 5.7　实训四：内存常见故障分析

### 5.7.1　实训目的

(1) 了解和掌握内存常见故障。
(2) 掌握计算机内存故障的诊断方法。

### 5.7.2　实训前的准备

认真复习本节相关内容。

### 5.7.3　实训内容及步骤

#### 1. 故障分析的基本思路

内存是计算机系统中比较容易出现问题的部件。常见的内存故障有容量出错、找不到SPD信息、开机自检内存报错。

#### 2. 典型故障案例分析

**例 5.17**　暴力清洁损坏内存。

故障现象：一台正常使用的计算机经过一番清扫后，重新组装起来却自检内存报错。

维修过程及思路：故障现象非常明显，一定是内存出现问题。经仔细检查，发现内存条有两个金手指剥落。更换内存后，故障排除。

前面介绍过，板卡上的金手指是镀在基板上的一层薄薄的金属膜，其强度本身就不高，某些产品由于制作工艺的原因，其金手指更是容易剥落。因此在清扫内存时，一定要注意保护好金手指。

**例 5.18**　打磨内存引起故障。

故障现象：一台计算机自买回来之后未出现大的问题，使用了大约半年之后，故障出现：每次开机，只要运行 3D 游戏，不久便会死机，死机时屏幕无蓝屏等情况，只是游戏画面静止，无论按鼠标还是键盘均没有反应，只能重启，重启之后再次进入 3D 游戏便不会死机了。但是如果将电源关闭后一段时间再开机，故障又会重新出现。机器平时运行情况良好，运行 2D 游戏时没有问题。

维修过程及思路：因为是在运行 3D 游戏时死机，所以首先怀疑是显卡驱动问题。先找来最新的显卡驱动，安装完毕后关掉电源，再次开机运行游戏，不料却出现了蓝屏。仔细看了看蓝屏信息，似乎是主板驱动有冲突，想到此机器使用的是 VIA 芯片组的主板，又找来最新的 VIA 4in1 驱动装上，这次不再蓝屏，却仍然会出现死机状况。于是借来一块好的显卡插上，但故障依旧，至此可以排除显卡的原因。

考虑到每次启动两次便不会死机，又怀疑是电源功率不够，结果换了一个 300W 的电源后，故障依然存在。

现在，可能出现问题的就只有内存了，把内存取下来仔细观察发现，此机器使用的是现代 DDR333 256MB 的内存，而现代内存的假货很多，经仔细观察发现，这根内存的边缘有一点点厚，字迹也不是十分清晰，于是安装了 SiSoft Sandra MAX 进行检测，果然在主板信息中显示这条内存是三星 DDR266 的。

更换内存后问题解决。

#### 3. 内存混插解决方法

如果内存混插使用过程中出现了不稳定、蓝屏、死机或黑屏等现象，可以尝试使用下面的方法解决：

（1）更换内存的插槽位置。这是一种比较简单而且有效的方法，具体原因没有办法确定，但改变内存的插槽位置往往能够使内存运行得更稳定。

（2）改变 BIOS 设置，将有关内存性能的选项设置成最低值。先把对内存性能的要求降至最低，待能够顺利运行后再尝试慢慢调高，直至找到能够稳定运行的最高性能设置。

（3）降低内存的工作频率。所有的计算机配件都是这样，降低工作频率一般没有问题，而超频时就容易出现问题。道理很简单，假设你正常步行速度是每小时 10 公里，如果需要你每小时走 6 公里，你会觉得很轻松，但让你每小时走 16 公里呢？你能坚持多久？

（4）适当降低或调高内存的工作电压。对于所有电气设备来讲，电压都是影响其电气性能的重要因素。

### 5.7.4　实训注意事项

关于内存混插的一些问题。所谓内存混插就是将不同规范、不同品牌或不同容量的内存放入同一台计算机中使用。

一般情况下，相同规范但不同品牌或不同容量的内存混插出现问题的概率比较小，而不同规范的内存混插使用时最容易出现故障。如果必须这样使用，需要注意以下事项：

（1）不可将不同类型的内存混插。在内存类型过渡时期，总会有一些主板能够同时支持两种内存类型，如同时支持 EDO 内存和 SDRAM 内存，这时需要注意，绝对不能将两种不同类型的内存混插使用。

（2）将低规范、低标准的内存插入内存插槽中的第一位置，即 DIMM1 插槽中。

（3）即使对于同一类内存，也应事先查看其标准工作电压，严禁将不同标准工作电压的内存混插，这样不仅会造成计算机出现运行不稳定现象，而且有可能烧毁内存或主板。

### 5.7.5　实训报告

（1）写出三个内存故障的现象，并分析原因。

（2）根据自己的亲身经历，写出一个故障诊断的案例。

（3）实训结束后，根据所认识或掌握的相关知识写出实训体会。

### 5.7.6　思考题

（1）出现内存故障后，故障分析的顺序是什么？

（2）总结一下你在处理内存故障中的好方法。

## 5.8　实训五：硬盘、U 盘常见故障分析

### 5.8.1　实训目的

（1）了解和掌握硬盘、U 盘常见故障。

（2）掌握计算机硬盘、U 盘故障的诊断方法。

### 5.8.2　实训前的准备

认真复习本节相关内容。

### 5.8.3　实训内容及步骤

**1. 故障分析的基本思路**

1) 硬盘故障分析的基本思路

硬盘出现硬件故障的几率不高,一般的故障都是软件故障,其中最多的故障是由计算机病毒引起的,除此之外的硬盘故障大多数是由于使用不当造成的。在使用过程中,应注意以下问题:

(1) 避免震动。硬盘应牢固固定在机箱内,否则当机器进行读写操作时,一旦发生震动,易出现磁头损坏盘片的数据区。当读写硬盘时,不要移动或碰撞工作台,否则磁头容易损伤盘片,造成盘片上的信息读取错误。

(2) 保持工作环境的洁净。硬盘的头盘组件是密封体,仅以带有超净过滤纸的呼吸孔与外界相通,因此它可以在大气环境下使用。但这也是有限度的,环境中的灰尘过多,会被吸附到印刷电路板的表面及主轴电机内部。时间一长,会使呼吸过滤器堵塞,造成内部压差不平衡,影响头盘组件内的空气循环,进而影响磁头的浮动状态。一定要禁止在计算机旁吸烟,烟雾会严重损害硬盘。

(3) 硬盘不要放在强磁场物体附近。

(4) 硬盘可以水平或垂直装在机箱内,但最好不要倒置。

(5) 当发现硬盘有故障时,任何时候、任何条件下都不应打开硬盘。这是因为在达不到超静100级以上的条件下拆开硬盘,空气中的灰尘就会进入盘内,当磁头进行读写操作时,必将划伤盘片或损伤磁头,从而导致盘片或磁头报废。另外,盘内的某些零件一旦拆开,就无法还原,从而使硬盘全部报废。

2) U盘故障分析的基本思路

USB接口的特点是即插即用,但是如果计算机上已经连接了一个USB接口的存储设备,若再连接一个USB接口的存储设备后,可能会遇到在"我的电脑"窗口中显示不出来或不能使用该USB接口存储设备的情况。而且还有一种情形是如果在计算机上已经连接了一个其他接口的存储设备,如IDE接口、并行接口或SCSI接口连接的640MB的可擦写磁光盘驱动器(MO),再连接一个USB接口存储设备后,在"我的电脑"窗口中也显示不出来,即使重新启动计算机也无济于事。其实操作方法完全正确,而且USB接口存储设备本身及USB连接线也完全正常,将它与计算机连接后的各种提示也是正确的,并没有错误信息提示,但就是找不到想要的设备,为什么会这样呢?

**2. 常见典型故障分析**

**例 5.19**　系统找不到硬盘。

故障为在CMOS设置中,利用IDE硬盘自测功能找不到硬盘,因为:

(1) 硬盘的数据线、电源线接触故障。处理方法是利用插拔法检查排除。

（2）数据线故障。处理方法是检查数据线是否有明显的断痕并进行替换。

（3）IDE 接口故障。处理方法是改接另一个 IDE 接口。

（4）硬盘跳线故障。如果在一条数据线上连接两个设备（如两个硬盘，或一个硬盘一个光驱，或两个光驱），那么必须利用跳线将一个设为主盘，另一个设为从盘；否则，将无法识别所连接的设备。

（5）硬盘损坏。

**例 5.20**　某硬盘在冬天能够使用，但在夏天几乎无法使用。

故障现象：硬盘在冬天干燥的季节能够正常使用，但在夏季潮湿的季节逐渐变得坏道增多，最后无法正常使用。这是典型的硬盘密封体密封不严的结果。

维修过程及思路：可以试着将硬盘密封体的螺钉再拧紧点，如果不行，只能在高清洁的环境下打开硬盘后才能够检查修理，但一般用户不具备相应的条件。

**例 5.21**　硬盘无法进行读/写和格式化。

故障现象：硬盘在运行时有咔、咔的声音而且无法进行读/写和格式化。

维修过程及思路：出现上述情况，表明该硬盘有严重的坏道，硬盘在读/写或格式化过程中无法通过该坏道区间而发出这样的声音。磁盘可能有坏道的表现还有：

（1）读取某个文件或运行某个软件时经常出错，或者要读取很长时间才能操作成功，其间硬盘不断读盘并发出刺耳的杂音。

（2）正常使用计算机时频繁无故出现蓝屏，并伴有硬盘灯常亮。表明硬盘中 Windows 所使用的虚拟缓存出现了坏道。

硬盘中出现坏道或坏的扇区是常有的事情，尤其是在开机状态下，在读/写硬盘时搬动计算机。此外，严重的超高温、磕、碰、摇晃或震动计算机更容易产生坏道和坏扇区。发现或怀疑有坏道、坏扇区后的处理方法如下：

（1）及时运行"磁盘扫描（SCANDISK）"程序，进行完全扫描，以剔除坏的磁道和扇区（将其标为"B"），防止以后在硬盘的使用过程中数据被写到坏的磁道或扇区而无法读取，造成数据丢失。也可以用 Norton 的磁盘医生（NDD）来实现此功能，而且这类工具软件的功能更强一些。在做"完全扫描"的过程中，如果有比较严重的磁道损坏，也会发出吱吱的声音，只要能不断前进，就要坚持扫描完成。

（2）如果坏道过多，可以对硬盘进行低级格式化。低级格式化时，不同厂家的硬盘需要不同的低级格式化软件，可以到硬盘厂家的网站上进行下载。常用的有 DM、LFormat 等。

（3）如果怀疑坏道是逻辑损坏而不是物理损坏，也可以用 DM 工具软件的 FILL ZERO（清零）功能对整个硬盘进行清零，然后再进行格式化。当然，要事先做好数据备份。

（4）如果硬盘中出现了无法修复的坏道（即扫描时通不过去的坏道）或者坏道集中且很多，可以对硬盘进行重新分区，分区时将这些严重损坏的磁道单独分为一个区，待分区全部完成后，再将这些坏道所在的分区隐藏起来或者删除。这样操作的结果，就相当于跳过了坏道的那部分硬盘空间而不用，而仅使用硬盘中磁介质好的部分。该方法由于不会引起磁头读/写坏扇区从而加剧其损坏的可能，可防止磁盘物理损坏范围继续扩大，同时也延长了硬盘的使用寿命。

**例 5.22**　硬盘容量不准。

故障现象：硬盘实际使用的容量小于硬盘应有的容量。

维修过程及思路：

(1) CMOS 中硬盘的物理参数设置错误。此类错误常发生在早期的计算机中。

如果硬盘原来的 CMOS 参数设置正确，那么修改 CMOS 硬盘参数出现错误后，原硬盘中的系统将无法启动。只有恢复正确的 CMOS 硬盘参数后，系统才能恢复正常。

如果新买的硬盘一开始 CMOS 的硬盘参数就设错了的话，一旦将 CMOS 的硬盘参数修改正确，就会造成原硬盘中数据的去失，所以，修改前一定要做好数据备份。修改参数后，需要重新格式化硬盘。

(2) 硬盘分区时，有部分硬盘容量没有进行分区或者没有对扩展分区做逻辑分区。处理方法是：只需补做分区即可，而且一般不会对原有硬盘数据造成损害。

**例 5.23**　与硬盘故障有关的提示信息。

(1) Hard disk drive failure：硬盘驱动器故障。

(2) Hard drive controller failure：硬盘控制器故障。

(3) 读/写硬盘时提示 Sector not found 或 General error in reading drive C 等类似错误信息，表明硬盘磁道出现了物理损伤。

(4) Track 0 bad，disk unusable：零磁道损坏，硬盘无法使用。零磁道是指硬盘的 0 柱面 0 面 1 扇区(即 cylinder 0 side 0 sector 1)，而该处存储的是硬盘的主引导记录和分区信息。一旦它损坏，硬盘就没法使用了。如果是硬盘的引导区扇区损坏，即硬盘的 cylinder 0 side 1 sector 1 有物理损坏，可以借助工具软件(如 DISKEDIT)将硬盘的起始分区位置从 0 柱面 1 面 1 扇区改为 0 柱面 2 面 1 扇区，跳过已经损坏了的磁道，就可以继续使用该硬盘了。

**例 5.24**　USB 不能显示出。

故障现象：使用 USB 接口存储设备在"我的电脑"上不能显示出。

维修过程及思路：

(1) "可移动磁盘(F:)"盘符现象。USB 接口存储设备是何种类型，在与计算机连接后在"我的电脑"窗口中都显示为可移动磁盘，后面跟一个盘符，如"可移动磁盘(F:)"；再连接一个 USB 接口存储设备，在"我的电脑"窗口中还是显示一个可移动磁盘，而没有像常规情况那样直接显示为"可移动磁盘(G:)"。进入"可移动磁盘(F:)"的属性菜单中也看不出什么问题，进入"我的电脑"属性菜单将盘符"F:"改为"G:"或"H:"，同样不能解决问题，显然问题的关键不在盘符。

(2) 问题在于设备名称。再考虑设备的名称，由于前面已经有 USB 接口存储设备显示为可移动磁盘，因此在"我的电脑"窗口中显示的可移动磁盘可能是指第一个 USB 接口存储设备，而后接的 USB 接口存储设备虽然在"我的电脑"窗口中也显示为可移动磁盘，但由于其优先级低于第一个 USB 接口存储设备(计算机默认的规则是先来先到)，它或许就不能使用了。

(3) 改名就可解决问题。在"我的电脑"窗口中，用鼠标右击可移动磁盘，在弹出的快捷菜单中选择"重命名"命令，将"可移动磁盘"改为其他名字(如 USB1 等)，然后确认，再按 F5 键刷新"我的电脑"窗口或重新启动计算机，再进入"我的电脑"窗口，发现已经能找到连接的另一个 USB 接口存储设备了。故问题的关键在于设备的名称上。若需要连接第三个 USB 接口存储设备，则重复以上方法就可以了，注意名字不能相同。

由此可见,出现以上问题的主要原因是有时计算机上的所有移动存储设备,无论其接口为 USB、IDE、SCSI 或其他的并行接口等接口方式,其默认名称均为"可移动磁盘(X:)",而不像对普通硬盘那样将新硬盘直接按英文字母顺序自动向后分配,只有将其默认名称"可移动磁盘"变换后才可以连接多个移动存储设备。

### 5.8.4　实训注意事项

由于实训所涉及的设备都是比较精密和费用较高的计算机硬件,而且故障的判断诊断也要建立在大量故障分析和处理的经验上,因此学生在进行实训时,可以利用软件实现一些故障的模拟,同时需要在日常生活中注意积累经验。

### 5.8.5　实训报告

(1)写出三个硬盘、U 盘故障的现象,并分析原因。
(2)根据自己的亲身经历,写出一个故障诊断的案例。
(3)实训结束后,根据所认识或掌握的相关知识写出实训体会。

### 5.8.6　思考题

(1)出现硬盘故障后,故障分析的顺序是什么?
(2)总结一下你在处理硬盘故障中的好方法。
(3)在网络上查询修复 U 盘的软件。

## 5.9　实训六:光驱常见故障分析

### 5.9.1　实训目的

(1)了解和掌握光驱常见故障。
(2)掌握计算机光驱故障的诊断方法。

### 5.9.2　实训前的准备

认真复习本节相关内容。

### 5.9.3　实训内容及步骤

#### 1. 故障分析的基本思路

光驱是目前多媒体计算机的标准配置之一,由于光盘的物理结构,决定了光驱的寿命并不长,是日常使用中容易出现的问题的部件。光驱出现的问题主要有以下几种:
(1)光驱机械部件故障。因长期使用后造成某些机械部件磨损或松动,从而引发故障。
(2)光驱光学部件故障。光驱中的光学部件主要有激光头和透镜两部分,这两个部件在工作时的温度都比较高,因此比较容易老化,从而引发故障。

(3) 光驱内部灰尘太多,也会引起光驱出现故障。

**2．典型故障分析**

**例 5.25**　光驱挑盘或不读盘。

光驱挑盘是指光驱只能读正版的、质量好的光盘,而且特别挑剔。不读盘是指放入光盘后,光驱的指示灯亮一下便熄灭。下面分析其原因。

(1) 光驱无法识别该光盘的数据格式或者光盘的质量太差,这都会使光驱无法寻道而终止读盘。

(2) 操作系统不能识别光驱,即光驱的驱动程序安装不正确。

(3) 光驱本身故障。判断光驱本身是否有故障可做如下检查:主轴电机是否工作? 主轴电机的电源是否正常? 电机的传动皮带是否打滑、断裂? 状态开关是否开关自如? 放入一张光盘,观察是否有下列动作发生,以判断电路是否存在故障。

① 激光头光电管点亮,光驱面板指示灯也点亮。

**注意**:切不可正对着聚集透镜观察光电管是否点亮,否则将伤害用户的眼睛。

② 激光头架有复位动作(回到主轴电机附近)。

③ 激光头由光盘的内圈向外圈步进检索,然后回到主轴电机附近。

④ 激光头聚焦透镜上下搜索三次,主轴电机加速三次寻找光盘。

(4) 光电管和聚焦透镜表面太脏。可用纯净水和棉签进行清洁。

(5) 光电管老化。可以调大光电管的输出功率。调整时,每次调整不宜过大,边调边试。

**注意**:切不可调整过量,否则会烧坏光电管。

需要说明的是,增大光电管的输出功率会降低其使用寿命。

**例 5.26**　光驱无法弹出。

故障现象:光驱在没有光盘的情况下,托架无法弹出。

维修过程及思路:该光驱在有光盘的情况下,托架进出自如。但光驱内没有盘片的话,托架就无法弹出,只有用小针捅紧急弹出孔托架才能弹出。从该故障的现象来看,应该属于机械故障,所以拆开光驱,加电后开始观察、研究。

经过观察,发现固定盘片的横梁中央有一个小圆片,小圆片的下方有一个小的柱状突起物,在光驱读盘时,该突起物紧扣下方转轴的小凹洞,当光盘要退出时才离开那个凹洞。问题是当光驱内有盘片时,突起物能够离开下方转轴的小凹洞,可以顺利退出;但是,如果光驱内没有盘片,突起物就不能离开下方转轴的小凹洞,导致托架无法弹出。故障点找到了,解决也就容易了。把控制突起物的弹簧的弹性减弱一点,故障排除。

**例 5.27**　光驱划盘。

故障现象:光驱经常出现划盘的现象。

维修过程及思路:在托架上有 4 个支柱用于承载盘片,在这 4 个支柱上有少许软性橡胶,用以减少光盘与托架的摩擦,防止光盘被划伤。由于光驱使用时间较长,原有的橡胶已基本被磨掉,只剩下 4 个光秃秃的塑料支柱,光盘出仓时,由于其转速较高,在没有完全停止之前就与托架接触,此时这 4 个塑料支柱就成了划盘的罪魁祸首。解决的方法就是再粘一点橡胶或直接将 4 个支柱去掉。

### 5.9.4　实训注意事项

由于实训所涉及的设备都是比较精密和费用较高的计算机硬件,而且故障的判断诊断也要建立在大量故障分析和处理的经验上,因此学生在进行实训时,可以利用软件实现一些故障的模拟,同时需要在日常生活中注意积累经验。

### 5.9.5　实训报告

(1) 写出两个光盘故障的现象,并分析原因。
(2) 根据自己的亲身经历,写出一个故障诊断的案例。
(3) 实训结束后,根据所认识或掌握的相关知识写出实训体会。

### 5.9.6　思考题

(1) 出现光盘故障后,故障分析的顺序是什么?
(2) 总结一下你在处理光盘故障中的好方法。

## 5.10　实训七:打印机常见故障分析

### 5.10.1　实训目的

(1) 了解和掌握打印机常见故障。
(2) 掌握打印机故障的诊断方法。

### 5.10.2　实训前的准备

目前,市场上主要有三种打印机:点阵式打印机、喷墨打印机和激光打印机,它们的打印原理、打印功能和打印效果不同,因此适用的领域也有所不同,可以说是各有千秋。目前点阵式打印机主要应用于银行、公司、商场或企事业单位等需要打印多联票据的地方,可以利用其打击打印的原理,在压感复印纸上一次打印出几张票据来;喷墨打印机则以其廉价的彩色打印占据了家庭打印的大部分市场份额;黑白激光打印机对于经常打印黑白文稿的个人用户和公司用户是一个很好的选择,而彩色激光打印机由于成本较高,目前主要应用于一些专业领域。

### 5.10.3　实训内容及步骤

#### 1. 故障分析的基本思路

随着打印机价格的不断降低,打印机开始大量地进入家庭,得到了越来越广泛的应用。可是由于各种原因,打印机在使用一段时间后经常出现这样或那样的故障,比如卡纸、乱码、字迹不清等。除此之外,因为三种打印机的工作原理不同,所以会有一些各具特色的故障。

(1) 针式打印机:针式打印机经常遇到的问题是断针问题。

(2) 喷墨打印机:使用喷墨打印机时最常见的问题是喷嘴堵塞。

(3) 激光打印机:激光打印机经常遇到的问题是硒鼓受损和墨粉不均匀。

### 2. 典型故障分析

**例 5.28** 打印机不停地走纸并打印乱码。

故障现象:打印机不断地走纸,并在每页纸的开头打印一些乱码,这是常见的打印故障。

维修过程及思路:

(1) 打印机驱动程序损坏,需要重新安装。

(2) 打印机驱动程序与所接打印机不符。在一台计算机中同时装有多种打印机驱动程序时,如果默认的打印机不是所连的打印机,就会出现此类故障。

(3) 打印数据线接触问题。检查数据线的连接情况,用插拔法排除故障(一定要先关机)。

(4) 打印机打印头电缆经长时间磨损后造成断路。

**例 5.29** 打印品颜色太浅。

故障现象:打印品颜色太浅。

维修过程及思路:

(1) 点阵式打印机的原因:

① 打印色带颜色浅,更换色带。

② 打印头距离打印辊太远,应根据纸的厚度,参照说明书,正确地调整打印头与打印辊的距离。

(2) 激光打印机的原因:打印机使用的墨粉质量太差,更换质量好的墨粉。

(3) 喷墨打印机的原因:安装的是一个彩色墨盒。彩色墨盒在打印黑色时,是用黄、青、洋红三色混合而成的,这样调制出的黑色当然不会很纯正。应该用黑色墨盒进行文字打印。

**例 5.30** 喷墨打印机问题。

故障现象:喷墨打印机打印的是白纸或打印字符残缺不全。

维修过程及思路:

(1) 墨盒中的墨水用完。此时缺墨水指示灯应该亮,需更换墨盒或加装墨水。

(2) 打印机长时间不用或受日光直射、空气干燥等因素影响,易造成喷头堵塞。用喷墨打印机提供的喷头清洗功能反复清洗喷头,直到打印效果良好为止。如果经过长时间的清洗仍无法恢复喷头的正常使用,可进行人工清洗。清洗方法:按操作手册中的步骤拆卸打印头,借助注射器,用经过严格过滤的清水进行冲洗。冲洗时用放大镜仔细观察喷孔,如喷孔旁有淤积的残留物,可用柔软的胶制品清除。长期搁置不用的一体化打印头由于墨水干涸而易堵塞喷孔,可用热水浸泡后再清洗。

清洗打印头应注意以下几点:

① 不要用尖锐物品清扫喷头,不能撞击喷头,不要用手接触喷头。

② 不能在带电状态下拆卸、安装喷头(允许带电更换打印头的打印机除外)。不要用手或其他物品接触打印机的电气触点。

(3) 打印机如长时间不用,应将喷头取出并密封保存。

**例 5.31** 激光打印机输出图像色浅,看不清字迹。

故障现象:一台 Canon LBP 型激光打印机,输出图像色浅,基本看不清字迹。试将对比度旋钮调至最大挡,输出的样张字迹仍看不清,考虑镜面脏污,用酒精棉球将反射镜及聚焦透镜擦拭干净,故障依旧。检查转印电极丝是否正常,未见异常,并把电极丝清洁干净,故障仍未排除。检查粉盒充电电极丝,完好正常,检查高压及高压接点也无问题,说明故障与电极丝无关。

维修过程及思路:发现激光驱动电路的灵敏传感开关的一个弹簧片断裂,致使打印机工作时未能闭合而造成上述故障。更换新的弹簧片之后,故障排除。

**例 5.32** 激光打印机定影加热不正常。

故障现象:一台佳能激光打印机,开机后电源指示灯亮,准备/等待指示灯一闪即灭了,定影加热器只闪亮一次也不再加热,有时开机定影加热器根本不工作。

维修过程及思路:怀疑定影加热器接触不良或损坏。取下定影加热器部分,用万用表电阻挡检测两端正常,检测热敏电阻及温度传感器和保护电路,均未发现问题。检查主控板控制接口电路也未见异常。

进一步检查加热驱动电路,发现可控硅有问题。更换新的可控硅后,定影加热器工作恢复正常,故障排除。

**3. 关于打印机耗材的说明**

(1) 目前市场上很多喷墨打印机的喷头与墨盒是一体的,墨水用完后,喷头也就作废了。同样,很多激光打印机的感光鼓与墨粉盒也是一体的,墨粉用完后,感光鼓也一起报废。上述两种结构在为用户带来方便的同时也使用户的成本大大地增加了。实际上,上述两种一体结构的耗材也是可以单独添加墨水或墨粉的,只是工艺较复杂而已,故在此不再详述。但强烈建议用户或维修人员掌握该技术,这样可以大大地降低耗材的使用成本。

(2) 在购买墨水或墨粉时,一定要注意型号和质量,质量差的墨水和墨粉打印效果很浅、不均匀或颜色不正。购买时一定要做好市场调查,千万不要贪图便宜而购买假冒伪劣墨水和墨粉。

(3) 彩色剩余墨水再利用的方法:准备几支一次性注射器(一定要清洗干净)和针头,将注射器头插入墨盒的出墨口,再在墨盒上部的排气孔插入一个针头,即可方便地将墨水全部抽出,随后将抽出的墨水直接打入另一个墨盒内即可。

(4) 对于非一体化的喷头,一般不要使用非原装墨盒,因为绝大部分墨盒内均有海绵,非原装墨盒内海绵的溶出物较多,出墨口使用的不锈钢滤网达不到要求,极易造成喷嘴堵塞。因此,使用原装墨盒时,添加兼容墨水才是合理的方案。

## 5.10.4 实训注意事项

由于实训所涉及的设备都是比较精密和费用较高的计算机硬件,而且故障的判断诊断也要建立在大量故障分析和处理的经验上,因此学生在进行实训时,可以利用软件实现一些故障的模拟,同时需要在日常生活中注意积累经验。

### 5.10.5　实训报告

(1) 写出三个打印机故障的现象,并分析原因。

(2) 根据自己的亲身经历,写出一个故障诊断的案例。

(3) 实训结束后,根据所认识或掌握的相关知识与出实训体会。

### 5.10.6　思考题

(1) 出现打印机故障后,故障分析的顺序是什么?

(2) 总结一下你在处理打印机故障中的好方法。

## 5.11　实训八:网络连接常见故障分析

### 5.11.1　实训目的

(1) 了解和掌握网络和网络设备常见故障。

(2) 掌握网络连接故障的诊断方法。

### 5.11.2　实训前的准备

(1) 有一台具有网络连接功能的计算机。

(2) 认真复习本节相关内容。

### 5.11.3　实训内容及步骤

#### 1. 故障分析的基本思路

随着计算机网络的迅速发展,上网已经成为人们使用计算机的一个重要用途,由于上网牵涉到许多网络设备,这些设备不止是自己使用的设备,还有电信方面的广域网设备,因此网络故障处理要分清问题的所在。大体上来讲,有硬件设备出现的故障和软件设置的故障两类。

#### 2. 典型故障分析

**例 5.33**　无法校验密码。

故障现象:计算机设置同步,连接一切正常,但有的时候会出现无法校验密码的情况,WinPoET 软件会显示 691 错误,EnterNet 软件显示错误提示是"37P",此时需耐心进行分析。

维修过程及思路:

(1) 账号和密码要区分大小写。账号要求是小写,有的 ADSL 账号是 jm1xxxxx,而且同时只能有一个人使用此账号。当别人正在使用你的账号上网时,若你再使用同样的账号上网,也会有这样的提示。若发生这样的情况,可以带身份证到相关的电信营业厅更改密码。

(2) 虚拟拨号软件的问题。不能排除虚拟拨号软件有时候会出毛病或者与操作系统中的某些软件有冲突的情况,此时最好重装拨号软件,或者尝试更换其他的软件。

(3) 网卡驱动程序出现问题。如果网卡出了问题,也会造成密码验证错误的情况,不过这种几率比较小,只要安装好网卡,一般是不会出现此问题的。

(4) 欠费。如果出现了欠费情况,那么一般在每个月 1 号后到电信营业厅或邮政储蓄缴清话费。如果在 24h 内未能开通,可致电电信营业厅进行询问。

**例 5.34**　无法浏览网页。

故障现象:使用 ADSL 的时候看见 ADSL Modem 灯正常,可以成功登录,但无法浏览网页。

维修过程及思路:首先 ping ISP 的 DNS 服务器地址(或 ping 其他网站的 IP 地址),查看能否 ping 通。如果能 ping 通,说明网络是连通的,软件很可能有问题;如果不能 ping通,则应该检查硬件设备/线路连接状况和通信协议(TCP/IP)。

要使用 ping 命令的话,先执行"开始"→"运行"命令,在下拉列表框中可输入"ping 202. 96.128.68 -t"、"ping 202.96.134.133"或"ping 61.144.56.100"(IP 地址可以是任意一个网站的)。

若能连通的话,则会显示图 5.3 所示的信息。

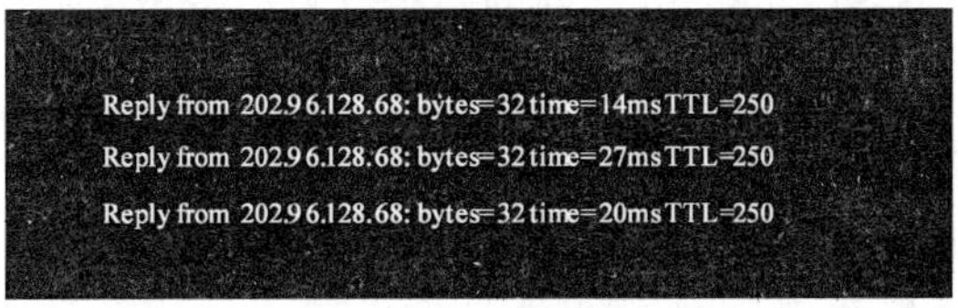

Reply from 202.96.128.68: bytes=32 time=14ms TTL=250
Reply from 202.96.128.68: bytes=32 time=27ms TTL=250
Reply from 202.96.128.68: bytes=32 time=20ms TTL=250

图 5.3　检测通过

如果连不通,则会显示图 5.4 所示的信息。

Pinging 61.144.56.100 with 32 bytes of data:
Request timed out
Request timed out
Request timed out
Request timed out

图 5.4　检测未通过

解决方法可以遵照以下步骤:

(1) 有多台计算机的用户,可以用别的计算机替换,替换计算机不要安装任何代理服务器软件,也不要安装任何防火墙,并且只安装一个网卡直接与 ADSL Modem 相连。正确安装 ADSL 拨号软件后,看能否正常浏览。如果能,故障就是用户端的计算机引起;如果不能,就需要检测 Modem 和线路是否正常。

(2) 只有一台计算机的用户,可以先停止运行或退出所有代理服务器软件,如WinGate、SYGate、Windows 的 Internet 连接共享(ICS)等,直接登录查看故障能否排除。

如果停止运行代理服务器软件后故障排除,那可以确定是代理服务器软件的问题。

(3) 检查浏览器(特别是 IE)的设置。例如,引发不能浏览网页的最常见故障是在 IE 中选取了"自动检测设置"复选框,记住千万不要选取这个选项。如果是 IE 6.x 版本,选择"工具"→"Intrenet 选项"命令,在"连接"选项卡中单击"局域网设置"按钮,就可以看到该选项。若该选项前面打了勾,一定要取消。取消后故障就可以解决。

(4) 检查 TCP/IP 协议的属性设置,尤其是 DNS 服务器设置是否正确。特别要说明的是,拨号软件不同,设置 DNS 的位置也不一样。有的在拨号网络的连接图标的属性中设置,有的在控制面板网络中设置,还有的在拨号软件自带的连接 Profile 属性中设置。这三个地方都务必要设置正确。

(5) 使用 Windows 系统的用户,如果经过上述检查都确认正确无误后,可以准备好 ADSL 拨号软件安装光盘和 Windows 系统光盘,然后先删除拨号软件,再删除"控制面板"窗口中"网络"中的所有 TCP/IP 协议,重启计算机后再重新添加 TCP/IP 协议,并打开 Modem 电源,重新安装拨号软件并进行测试。如果设置正确无误,重装拨号软件和 TCP/IP 协议后,一般都可以解决拨号能拨通但无法浏览网页的问题。

(6) 打开浏览器,选择"工具"→"Internet 选项"命令,在"高级"选项卡中,找到"始终以 UTF-8 发送 URL"选项,将前面的勾去掉,然后重新启动。

(7) 将原来的 ADSL 虚拟拨号软件删除,然后重新安装。

(8) 更换一个浏览器软件,并进行浏览测试。

(9) 如果直接连接 ADSL Modem 上网的那台计算机安装了两个网卡,试着把连接局域网的网卡先拔掉,只留下连接 ADSL Modem 的网卡。然后查看故障是否排除,若故障排除,就应该检查网络和系统资源配置。特别是查看网卡和其他设备有没有冲突(Windows 用户可以通过在"控制面板"窗口中双击"系统"选项,在打开的"系统属性"对话框中选择"硬件"选项卡,单击"设备管理器"按钮查看设备是否正常)。

(10) 最后的办法就是格式化系统,然后重新安装系统。

(11) 经过以上这些步骤,如果故障还是不能排除,或者看到 ADSL Modem 的 Power 灯或 SYS 灯不正常(正常状态下,Power 指示灯在打开 Modem 两分钟后应该长亮而不是闪烁,SYS 灯应该长亮而非闪烁),那么只能拨打电信局 ADSL 维护组报障电话,同时需要提供以下几种信息帮助他们判断故障。

① ADSL 账号。

② 上网电话号码。

③ ADSL Modem 的品牌和型号。

④ 打电话是否正常。

⑤ 指示灯的状态(灯是绿色还是红色)。

⑥ 详细的故障描述。

⑦ 联系人、联系电话。

**例 5.35** 断流问题。

故障现象:用 ADSL 能成功拨号登录,但上网的时候出现突然断流,没有反应,过一会儿又自动恢复正常。

维修过程及思路:

（1）线路问题。确保线路连接正确（不同的 ADSL 分离器的连接方法有所不同，务必按照说明书指引正确连接），同时确保线路状况和通信质量良好而没有被干扰，没有连接其他会造成线路干扰的设备，如质量差的分线盒，特别是与电力线并行时的影响尤甚，并检查线路是否接触不良以及是否与其他电线缠绕在一起。电话最好用标准电话线，若能使用符合国际标准的三类、五类或超五类双绞线则更好。电话线入户后就分开线走，一线接电话，一线接计算机。如果一定要用分线盒，最好选用质量好的。接 ADSL 的连接线用 ADSL Modem 附带的网线。

（2）Windows 问题。打补丁解决。Windows 的补丁可以在以下网址找到：
http://download.microsoft.com/download/win98SE/Update/Q243199/W98/CN/243199CHS8.EXE

（3）网卡问题，包括网卡有故障或 ISA 网卡有一些问题。

ISA 网卡最好换成 PCI 的，选择质量好的网卡安装，不要贪便宜，安装后要查看中断有没有冲突。

（4）拨号软件问题。一般地，软件都会或多或少地有各自的优缺点和 Bug。当使用一种 PPPoE 拨号软件有问题时，不妨卸载它后换用一个其他的 PPPoE 拨号软件。请务必注意不要同时安装多个 PPPoE 软件，以免造成冲突。

（5）系统软件设置问题。设置有误，最常见的是设置了 ADSL 网卡的 IP 地址，或是错误设置了 DNS 服务器。对于 ADSL 虚拟拨号的用户来说，绑定 ADSL 网卡的 IP 地址选项是不需要设定 IP 地址的，靠自动分配即可。另外，DNS 要设置正确，绑定 ADSL 网卡的 TCP/IP 网关一般不需要设置。

（6）TCP/IP 问题。TCP/IP 问题最容易引起不能浏览网页的故障。如果没有更改过设置，一直可以正常浏览，但某一天突然发现浏览不正常了，则可以尝试删除 TCP/IP 协议后重新添加 TCP/IP 协议。

（7）软件问题。卸载有可能引起断流的软件。现在发现某些软件偶然会造成上网断流，具体在什么条件下会引发，尚要进一步测试。当发现打开某些软件就有断流现象，关闭该软件就一切正常时，可尝试将该软件卸载。

（8）防火墙、共享上网软件、网络加速软件等设置不当。如果安装了防火墙、共享上网的代理服务器软件、上网加速软件等，不要运行这类软件，再上网测试，查看速度是否可以恢复正常。

（9）双网卡冲突。拔出连接局域网或其他计算机的那块网卡，只用连接 ADSL 的网卡进行上网测试。如果故障恢复正常，再检查两块网卡有没有冲突。

（10）Modem 的问题。尝试重启 Modem。

**例 5.36**　经常断线的处理办法。

故障现象：在安装使用过程中发现 ADSL 经常断线、同步非常缓慢的话，则是一个比较麻烦的事情了。它可能涉及很多方面的问题，包括 ISP 的接入服务器故障、线路故障、线路干扰、ADSL Modem 故障（发热、质量差、兼容性不佳）和网卡故障（速度慢、驱动程序老）等。

维修过程及思路：在找电信局的专家来解决之前，建议大家首先进行以下力所能及的检查：ADSL 电话线接头稳妥；ADSL 远离电源线和大功率电子设备；ADSL 入户线和分离器之间没有安装电话分机、传真机等设备；正确安装分离器；确保 ADSL Modem 散热良好;拔出 ADSL Modem 的电话线接上电话测试,听电话音是否清楚。如果在确定以上检查无误但还是解决不了问题的话,那么只有向电信局询问了。

例 5.37　连接到 Hub 后死机。

故障现象:计算机 A 安装 Windows 2000,ADSL 上网,想与家中另一台计算机 B 共享上网,于是使用集线器将两台计算机连接在一起。A 计算机上网正常,可是只要把 Hub 的电源接通,就会立即死机。如果 Hub 先接电源再连接网台计算机,则分机正常,而主机没进系统就宕机了。计算机在硬件上应该没有什么问题,因为计算机 A 以前也组过局域网,很正常的。

维修过程及思路:从故障现象上看,应当与集线器有关。由于是将计算机 A 连接到集线器后才会发生故障,建议采用以下方式解决问题:

(1) 更换计算机 A 所连接的集线器端口,使用计算机 B 使用的网线和接口再试。如果故障排除,说明网线或集线器接口可能有故障。

(2) 更换计算机 A 使用的网线或者更换所连接的集线器接口再试,以确认是网线故障还是集线器端口故障。

(3) 使用一条直通线直接连接计算机 A 和计算机 B,观察计算机是否正常,可否进行正常通信,以排除网卡故障。

例 5.38　经常提示"你的网线没有连接好"。

故障现象:计算机最近经常出现这样的提示"你的网线没有连接好",然后网卡图标上就出现一个红色的"×",几秒后又说连接好了。这是什么原因?

维修过程及思路:

(1) 网线老化或者网线质量不好。建议使用网线测试仪测试一下网线的连通性,以及网线的性能参数,或者直接更换一条网线。

(2) RJ-45 接头松动,与网卡或集线设备的连接不稳定。建议重新制作一条网线,更换后查看故障是否仍然存在。

(3) 网卡或集线设备故障。试着更换一块网卡,或者将网线接入集线设备(集线器或交换机)的另一个端口。

例 5.39　上网速度慢。

故障现象:有时候用宽频 ADSL 上网感觉并不比普通拨号 Modem 快。

维修过程及思路:

(1) 如果访问国外的或外省的一些网站,由于所经的路由级别较多,访问速度在很大程度上易受到出口带宽及对方站点服务器配置情况等因素影响。

(2) 浏览普通网页时,凭感觉判断网速的快慢是非常主观的,一般可通过软件客观地测试网速,读者可到网络上下载一个测试上网速度的软件,一般速度超过 120kbps 都算正常。

(3) 网速还与客户计算机终端的性能(包括 CPU 主频、内存大小、硬盘存取速度、网卡质量等)有一定关系,总体来说,CPU 级别高的话,上网速度要快一些。

(4) 由于 ADSL 技术对电话线路的质量要求较高,而且目前采用一种速率自适应 ADSL 技术,如果用户电话线路在某段时间受到外在因素干扰,则设备会根据线路质量的优劣和传输距离的远近动态地调整用户的访问速度。

例 5.40　其他计算机连接后,本机性能明显下降。

故障现象：某公司有 7 台计算机共享宽带上网，一台计算机做主机，装双网卡，其他的计算机用 Hub 接入这台计算机，系统为 Windows XP，用的一直很正常，一段时间后发现只要局域网中任何一台计算机上网之后，这台计算机就出奇的慢，CPU 占用率一直居高不下，用任务管理器查看有时甚至在 100％ 的地方成一条直线，然后就是死机，结果局域网中计算机也不能上网了，不管是用 GHOST 还原系统还是把分区格式化重装都没用。后来又换了 Windows Server 2003 Enterprise Edition，可是问题依旧。但是，当把局域网的网线拔掉之后，这台计算机就没事了。另外，两块网卡都接上时，只要别的计算机不上网，这台计算机就没事。

维修过程及思路：从故障现象来看，问题应该出在连接局域网的网卡、连接至集线器的跳线或者集线器上。

（1）重装和恢复系统都不能解决问题，说明故障根本没有出在操作系统上。

（2）其他计算机不连接本机就没有问题，说明故障也没有发生在其他网络连接上。

（3）既然拔掉局域网的网线或者其他计算机不访问 Internet 就没有问题，那么故障自然就被定位在代理服务器的局域网连接上。

导致计算机运行速度变慢和 CPU 占用率过高的原因是大量广播包的产生。由于广播包是发送给每一台计算机的，因此代理服务器需要处理每一个广播包。当广播包的数量太多时，计算机就会不断地处理这些广播包，从而导致系统资源消耗殆尽。

什么原因会导致大量广播包呢？网卡和集线器端口故障都会导致大量广播的发生。另外，如果网线串扰严重，导致数据传输失败或误码率过高，计算机也需要反复尝试，也会发送大量广播，从而导致网络内计算机运行速度变慢。

可以采用以下步骤排除故障：

（1）更换 Hub 端口，将连接局域网的网卡连接至集线器的另外一个端口上。

（2）更换连接至局域网的网卡，从故障来看，该网卡发生故障的可能性最大。

（3）测试跳线的连通性，并检查网线的制作是否符合 568A 或 568B 标准。

（4）通过以上处理都无法恢复正常时，考虑更换集线器。

另外，许多宽带路由器价格只有几百元左右，可以直接为局域网中的计算机提供 Internet 共享服务，而不必再使用一台计算机作为代理服务器，既便于维护和管理，又提高了 Internet 接入的稳定性。

在局域网接入 Internet 的 IP 地址信息中，默认网关应当设置为代理服务器上用于局域网连接的网卡的 IP 地址。

## 5.11.4 实训注意事项

由于实训所涉及的设备都是比较精密和费用较高的计算机硬件，而且故障的判断诊断也要建立在大量故障分析和处理的经验上，因此学生在进行实训时，可以利用软件实现一些故障的模拟，同时需要在日常生活中注意积累经验。

## 5.11.5 实训报告

（1）写出日常生活中遇到的网络故障的现象，并分析原因。

（2）根据自己的亲身经历，写出一个故障诊断的案例。

（3）实训结束后，根据所认识或掌握的相关知识写出实训体会。

### 5.11.6　思考题

（1）出现网络故障后，故障分析的顺序是什么？

（2）总结一下你在处理网络故障中的好方法。

## 5.12　硬件系统的维护

计算机系统的日常维护分为硬件系统维护和软件系统维护，目的是为了保证硬件系统长久无故障地运行。日常维护的重点在于软件系统，它可以保证操作系统的正常启动和用户数据的安全，但是必要的硬件日常维护可预防硬件故障的发生或减少故障出现的频率。硬件日常维护的主要内容就是硬件的清洁和使用注意事项。

### 5.12.1　计算机的维护

#### 1. 计算机的硬件维护

（1）计算机硬件系统（包括机箱内部、显示器、打印机、光驱和软驱等）的清洁与家用电视的清洁类似，清洁的时间间隔视工作环境和湿度而定，如果工作环境较脏、湿度较大，一般几个月清洁一次为宜；若工作环境较好、湿度较小，可一至两年清洁一次。一般以是否积有灰尘为原则。如果在湿度较大的情况下不及时清除堆积的灰尘，表面灰尘就会返潮，从而加剧元器件管脚的锈蚀速度，造成接触不良等故障。清洁时，可借助毛刷和小型专用吸尘器，边刷边吸，但要注意先释放静电。

（2）如果主板上的板卡、内存等部件没有故障，就不要轻易地拆卸。频繁地拆卸（尤其是在拆装过程中动作不规范、用力过大或用力不均匀等）会导致接口松动、变形，造成接触不良。

（3）计算机的供电电压为 220V±20V，如果电源电压波幅过大，应加装稳压电源。如果使用场所频繁断电，应加装 UPS（不间断电源），以防止频繁断电所造成的数据丢失和对系统的损害。需要注意的是，安装了 UPS，就没有必要再安装稳压电源了，因为 UPS 同样具有稳压的功能。

（4）要保证计算机电源的正常接地，以避免因地线带电所造成的各种奇特故障。

（5）计算机应经常使用，以保证 CMOS 电池的连续供电和夏季潮湿季节机器内部的干燥。如果长时间闲置不用，CMOS 电池的电能就会耗尽，CMOS 中的数据就会丢失，对于不能自动检测硬盘参数的主板来说，就需要在 CMOS 设置程序中强制检测硬盘的参数，否则硬盘就不能使用，系统就无法正常启动。同时，由于机器长时间不用，雨季机内的潮气得不到烘干，就会加速机内元器件的锈蚀。

（6）计算机在使用过程中，尤其是在外存储器（硬盘、光盘和软盘）的读写过程中（相应的指示灯亮时），应避免机器的剧烈震动和移动。否则，轻者会影响读写数据的正确性；重者会造成硬盘的损坏。在硬盘转速越来越快的情况下，更应该引起用户的高度注意。同理，在软驱的读写过程中(软驱灯亮),应严格禁止取出软盘。

(7) 计算机应避免靠近强磁场。强磁场会导致磁盘中数据的丢失和显示器颜色的不正常。

(8) 计算机应远离高温热源,以保证良好的通风和散热。

(9) 除 USB、1394 和其他支持热插拔的外设接口外,应严禁带电插拔外部设备,尤其是打印机等并行口外设。否则,很容易造成外设或计算机接口电路的故障。

(10) 软驱和光驱应定期(半年)用清洁盘进行清洁,尤其是环境较差又长时间不用,使用前一定要先清洁。否则,软驱磁头上的尘土可能会划坏软盘;光驱的读盘能力可能会变得很弱。软驱磁头的清洗也不能太勤,频繁地清洗也会对磁头造成损坏。

(11) 光驱的日常维护及注意事项。

① 要尽量使用质量好的盘片。盘片的质量不好是光驱质量下降的决定因素。质量不好的光盘,如盘片变形、表面严重划伤、污染等,在光驱内进行读取时,聚焦透镜将不断地上下跳动和左右摆动,以保证激光束在高低不平和左右偏摆的信息轨迹上正确地聚集和寻道,从而加重了系统的负担,加快了机械磨损。另外,长时间地播放影碟也是光驱使用寿命缩短的主要原因。

② 要定期对光驱做清洁工作。光驱出现读盘速度变慢或不读盘的故障,主要是激光头出现问题所致。除了激光头自身寿命有限的原因外,无孔不入的灰尘也是影响激光头寿命的主要因素。灰尘不仅影响激光头的读盘质量和寿命,还会影响光驱内部各机械部件的精度,所以保持光驱的清洁显得尤为重要。首先要尽可能保持室内的清洁,减少灰尘。其次要经常清洁光驱内部组件和激光头。对于光驱的机械部件,一般使用棉签擦拭即可。而激光头的清洁危险性较高,稍不留意就会造成激光头的损坏,所以操作时一定要小心行事。另外,清洁激光头不能使用酒精及其他清洁剂,可以用皮老虎对激光头进行吹扫。

③ 光驱在读盘时不能进行移动。光驱是一种高精度设备,工作时激光头与盘片表面的浮动高度非常小。当光驱处于读写状态时,一旦发生较大的震动就可能造成激光头与盘片的撞击,导致损坏。光驱在安装、拆卸、运输过程中也应尽量减少磕碰和剧烈的震动。

为了防止光驱在读写数据时产生噪声和震动,可以在安装光驱槽的两侧垫衬一些防震物品。

④ 光驱操作的基本注意事项。在光驱的托盘架上放盘时严禁用力下压,以免造成盘片和托架的损坏;禁止托盘架长时间弹出在外,以免发生剧烈碰撞,造成断裂和损坏;要用按键控制托盘架的进出,而不能用手强行回推,以免造成托盘架进出控制机构的损坏和失灵。

⑤ 用完的光盘要及时取出。光驱在不用时,尽量不要把光盘盘片放在光驱内。因为当光驱检测到托盘上有盘片时,光驱内的所有部件都处在工作准备状态,时刻准备读取数据。长此以往会增加光驱的机械磨损,减少激光二极管的使用时间,缩短光驱的使用寿命。

⑥ 光盘刻录时要关闭节能功能。在刻录光盘的过程中,计算机如果进入了节能状态,就会失去响应而停止工作,从而造成刻录盘片的损坏。节能功能的关闭需要在"控制面板"和 CMOS 中同时设置。

⑦ 保护好光盘的内缘。光盘的数据存储方式与软盘不同,软盘是在外部磁道存储最重要的文件目录表和文件分配表,而光盘的数据却是从内往外沿螺旋形式顺序记录的,是在光盘的内缘起始处记录着文件表的数据,所以光盘内缘的损坏是致命的。

⑧ 光驱应尽可能单独使用一根数据线。在所接 IDE 设备不是很多的情况下,光驱最好单独占用一条数据线,尤其不能与现在的高传输速率硬盘使用同一条数据线。这样可以提高数据的传输速率和保证刻录的成功率。

⑨ 光盘使用注意事项。光盘表面最怕灰尘、污垢、手印和擦痕,它们将严重影响光盘中数据的正确读出,严重者将使光盘报废。因此,在拿取、放置和保存光盘的过程中应引起使用者的高度重视。同时,也要保护好光盘背面的保护涂层,它是反射激光的基础,是读取数据的保证。光盘表面的灰尘、污垢可以用清水冲洗,用软布轻擦,但禁止用酒精等溶剂进行清洁。

⑩ 光驱在工作过程中禁止强行按键弹出光盘。应避免在光驱工作过程中强行按键弹出光盘,以避免光盘在高速旋转过程中飞出或擦伤盘片。放置光盘要注意搁放到位,以避免光盘门在关闭过程中夹住光盘,造成盘片的擦痕和损坏。

⑪ 光盘的标签制作。光盘的标签是用特制工具制作的圆形标签,禁止局部粘贴标签,否则会造成盘片在高速旋转过程中失去平衡,转动不均匀,影响读盘效果。

(12) 硬盘的日常维护。

① 硬盘正在读写时不能关闭电源。硬盘工作时,盘片总是处于高速的旋转之中(一般为 5400rpm 或 7200rpm),硬盘读写时磁头与盘片的距离只有大约 $1\mu m$,如果突然关闭电源,在磁头还没来得及归位的情况下,可能会导致磁头与数据区域的盘片发生摩擦而损坏硬盘。所以在关机时,要注意观察机箱面板上的硬盘指示灯,只有在指示灯停止闪烁、硬盘读写结束后才能关机。

② 严禁私自拆卸硬盘。用户严禁自行拆卸硬盘。因为硬盘是在高清洁度的条件下装配的,打开后,普通室内条件下空气中的灰尘就会进入盘内,由于磁头读/写操作时与盘片的距离非常小,因此一旦灰尘进入磁头与盘片之间,就会划伤盘片或者造成磁头的损坏。同时要保持环境卫生,减少空气中的含尘量。在灰尘严重的环境下,硬盘很容易吸引空气中的灰尘颗粒,使其长期积累在硬盘内部电路的元器件上,影响电子元件的散热效果,造成元器件的温度上升,产生漏电或烧坏元件,同时还会使某些对灰尘敏感的传感器不能正常工作。

③ 防止硬盘受到剧烈震动。硬盘是十分精密的设备,工作时磁头在盘片表面的浮动高度不到 $1\mu m$,不工作时,磁头与盘片是接触的,停放在一个不存储数据的区域。硬盘在进行读/写操作时,一旦发生较大的震动,就可能造成磁头与数据区盘片的撞击,导致数据区盘片磁性存储介质的损坏,造成硬盘内存储数据的丢失。因此在工作时或关机后,主轴电机尚未停机之前,严禁移动硬盘,以免磁头与盘片产生撞击而擦伤盘片表面的磁性材料。

硬盘在安装、拆卸过程中一定要轻拿轻放,严禁用力摇晃,避免磕、碰和撞击。运输时最好用泡沫或海绵包裹一下,以尽量减少磁盘的震动。不能用手随便地触摸硬盘背面的电路板。因为在气候干燥时,人体的静电很强,用手触摸电路板时,人体的静电可能会对电子元器件造成损害,导致硬盘损坏。

④ 控制环境温度,防止潮湿、磁场的影响。硬盘的主轴电机、步进电机及其驱动电路工作时都要发热,使用中要严格控制环境温度,保证良好的散热条件,温度最好控制在 $20\sim25℃$,过高或过低都会使晶体振荡器的时钟主频发生改变。温度过高会造成硬盘电路元器件失灵,磁介质也会因热胀效应而造成记录错误;温度过低,空气中的水分会被凝结在集成电路等元器件上,造成短路。

湿度以 45%～65%为宜,湿度过高,电子元器件表面可能会吸附一层水膜,氧化、腐蚀电子线路,造成接触不良或短路,还会使磁介质的磁力发生变化,造成数据的读写错误;湿度过低,容易积累大量的因机器转动而产生的静电荷,容易烧坏 CMOS 电路、吸附灰尘。在潮湿的季节要注意保持环境干燥,要经常给系统加电,靠自身的发热将机内的水汽蒸发掉。另外,尽量不要使硬盘靠近强磁场,如音箱、喇叭、电机和电台等,以免硬盘里所记录的数据因磁化而受到破坏。

⑤ 禁止随意进行低级格式化。硬盘在出厂时已经做过低级格式化,在硬盘使用过程中,如果出现坏道或坏扇区,可以通过低级格式化来排除故障。但在正常情况下,要严格禁止随意进行低级格式化,因为低级格式化会降低磁性介质的使用寿命。

(13) 键盘应严禁浸水和掉入污物,应防止击键用力过猛、过大。对于没有防水功能的键盘,水会渗入键盘的电路板中,使按键触点生锈、电路元器件损坏,造成按键无法使用。键盘中掉入污物会影响按键的灵活性,使按键发涩,难以使用。击键用力过大会造成按键弹簧的损坏或失效,使得按键无法弹起。

(14) 对于机械或机械光电鼠标,应定期清洁小球和与小球接触的部位。如果清理不及时,鼠标就会出现定位不准、移动困难等故障。一般清理完后,鼠标就会完好如初。

(15) 显示器与显示卡的插接要注意 D 型头的方向,若插入时方向错误,且用力过猛,就会使针脚变弯或被顶后缩回到里边,就会导致显示器不显示或显示颜色不对等故障。

(16) 显示器的亮度不宜过大,同时应避免阳光直射,否则会加速显像管荧光粉的老化,导致亮度和对比度的降低。

(17) 计算机长时间不用,应设置适当的屏幕保护程序或关闭显示器。因为如果屏幕上长期显示不变的字符或图案,将使那些常亮像素点的荧光粉老化。

(18) 软盘的使用注意事项。

① 软盘应禁止用手触摸磁性表面,禁止接近强磁场。保持环境清洁、干燥,防止磁性材料表面发生霉变。

② 由于软盘的质量不同,软驱的磁头位置和质量也会存在差异,因此软盘中数据的安全随时会受到威胁。因此,用户软盘中的数据最好要留有备份。

③ 软盘的标签要粘贴牢固,避免黏性外露,否则很可能会导致磁盘取出困难。

## 5.12.2　外部设备的维护

本书仅介绍打印机的日常维护以及使用注意事项,其他设备请参阅产品说明书或有关书籍。

(1) 使用过程中应仔细阅读打印机说明书中的有关章节。

(2) 严格禁止带电插拔打印机并口的数据电缆线。

(3) 当点阵式打印机出现夹纸故障时,严禁带电用手通过手柄强行阻止进纸轮的转动,此举动很容易损坏打印机的走纸电机。正确的故障处理方法为迅速关闭电源。为防止出现此类违规行为,可将走纸轮的转动手柄卸掉。

(4) 要使用高质量的色带,色带破损后要及时更换,否则很容易引起断针。要保证色带盒中的色带运动灵活,否则会造成色带局部使用过度而破损,而其他大部分完好无损,使得色带使用寿命缩短。

(5) 点阵式打印机应根据纸的厚度正确选择打印头与打印辊间的距离。距离过大,打印针出针距离变长,打印到打印辊的力变小,因此打印的效果变浅,同时还容易造成断针;距离过小,会使色带和打印辊受力过大,当使用新色带时,打印效果感觉过浓。

(6) 要保持点阵式打印机打印辊的光滑,否则很容易造成打印针断针。

(7) 要保持点阵式打印机打印头小车滑杆的光滑、卫生,保证打印头小车的运行自如。如果滑杆很涩,打印头移动就很困难,就会出现打印对位不准的现象。如果是双向打印,打印的表格竖线就会出现错位。可以用缝纫机油对滑杆进行清洗。

(8) 在加电情况下,绝对禁止用手移动点阵式或喷墨打印机的打印头,否则很容易造成打印头小车驱动电机的损坏。

(9) 在有多个进纸渠道的情况下,进纸位置调节杆要释放到位,否则很容易引起不走纸、带纸或走纸不畅等故障。

(10) 喷墨打印机使用的墨水质量要好,类型要匹配,以保障喷头畅通和良好的打印效果。

(11) 喷墨打印机如长时间不用,应将墨盒保存在密闭的专用容器里,防止因墨水干枯而造成的打印不出字或文字严重缺少笔画的故障。如遇此类故障,反复清洗喷头即可。

(12) 激光打印机使用的打印纸要保持干燥,否则容易引起卡纸或影响打印效果。

(13) 给激光打印机添加墨粉时,一定要选购质量好的墨粉,否则将会产生打印质量不均匀、印字不清楚等现象。

(14) 对于较难排除的激光打印机夹纸故障,可以借助打印机本身的初始化功能,使得夹纸一点一点自己排除。

(15) 根据打印机类型和型号,正确安装打印机的驱动程序,否则会产生打印机走纸不停或打印乱码等现象。

### 5.12.3　网络设备的维护

在家庭使用计算机系统时,主要的网络设备包括网卡和 ADSL 调制解调器。

#### 1. 网卡的维护

1) 正确设置网卡

一般局域性网络大多采用共享式以太网,使用的网卡多为 16 位,采用客户端(工作站)/服务器体系结构。系统网络中服务器数量及每台服务器所插网卡数量视网络结构及工作站数量、分布情况而定(一般一台服务器可插 1~4 块网卡),故在安装调试时就涉及网卡设置问题。若这些网卡设置不当,则信息无法实现共享,网络系统无法正常运行。

网卡设置要遵守以下原则:

(1) 同一台服务器上几块网卡的中断请求线(IRQ)、基本 I/O 地址(I/OBASE)以及电缆连接系统网络号(NET)应各不相同(其中 IRQ、I/OBASE 为随卡出厂设置,如 TE-200016 位网卡的 IRQ＝3、I/OBASE＝300H。若系统网络只有一台服务器,则 NET 可不设置)。若想把几块网卡安装在同一台服务器上,则要在该服务器上对上述参数进行设置。假如要将三块网卡安装在服务器 1 上,如果第一块网卡 IRQ 设为 3,那第二块则要设为除 3 以外的其他数,即数值不能相同,依此类推。

(2) 同一网络系统中几台服务器实现数据共享,其不同服务器上网卡设置参数(IRQ、

I/OBASE、NET)可以相同,也可以不同,但几台服务器之间的互连线对应的那几块网卡的NET参数设置必须相同。例如,一个网络系统有三台服务器,要求工作站可以分别访问这三台服务器,服务器1中一块网卡的三个设置分别是 IRQ＝3、I/OBASE＝300H、NET＝13,服务器2或服务器3中一块网卡的设置可以和服务器1的那块网卡设置完全相同,但服务器1与服务器2和服务器3之间的网络连线对应的那三块网卡的NET参数必须相同,比如 NET 均为26,即只有电缆连接系统网络号相同,网络才能实现互访。基于上述两点,建议网络维护人员在安装调试过程中做好网卡的管理登记工作,切实做到服务器上不同型号网卡的安装软件、在线设置的相关数据有案可查、对号入座,尤以较大规模的网络为甚。这样在网络维护过程中,无论网卡出现硬故障还是软故障,都可以通过网络提供的信息与登记记录进行对照,快捷清晰地判断问题出在哪里,进而排除,以确保系统的安全可靠。

2) 科学合理地使用网卡

(1) 一般网卡有 BNCT 型接头和水晶头两种插口形式。与水晶头相连的双绞线(RT-45)为8芯制。而实际上一条双绞线传输网线只使用其中的4芯,其余4芯为闲置。有效的4芯线分别安装在水晶头1、2、3、6插槽内(水晶头水平放置,插入网卡端面对用户,固定卡朝下,插槽自右向左依次为1、2、3、…、7、8)。这样,若一根双绞线传输有故障时,只检查有效的4芯即可。同时这样一根双绞线(8芯制)就可以作为两条网络线使用,即可以同时连接两个工作站(若两台工作站相隔较近且对网络干扰要求不高)。这样一来,既提高了工作效率,又节省了材料。

(2) 同轴电缆(RG58A/U)作为传输媒体,在网络系统中也较常见。它大多用于服务器与集线器(HUB)、服务器与工作站之间的连线,其优点是频带较宽,数据传输不易受干扰。但是如果网络一端不接地或接地不良,运行过程中遇到雷暴天气,大气中产生雷电过电压,进而产生雷电流,该电流通过同轴电缆传入网卡及集线器中(此电流为网卡及集线器工作电流的几十倍),极有可能将相关元器件击穿,中断网络传输。通过实践深深体会到,要使网络运行更安全,网络系统可靠接地至关重要。具体实施如下:对于一个网络系统必须有自己独立的接地系统,其接地极与接地线的安装铺设和接地电阻的测量要严格按照电工技术安装部颁标准实施。网络系统中每条用终结器连接的网络回路两端都必须可靠接地(即把用同轴电缆连接的每条回路的一端终结器外壳用一根铜芯线焊接到接地线上),切不可掉以轻心,否则后患无穷。这样,当网线遭雷击时,其电流通过同轴电缆屏蔽网与接地装置流入大地,杜绝和减少网络设备遭受雷击而损坏的可能性。

**2. ADSL 调制解调器的维护**

1) 日常维护

对 ADSL 设备进行必要的日常维护不仅可以减少意外的故障,保持网络的通畅,还可以提高设备的使用寿命。主要的日常维护包括以下内容:

(1) ADSL Modem 一般最好在温度为 $0\sim40℃$、相对湿度为 $5\%\sim95\%$ 的工作环境下使用,并且还要保持工作环境的平稳、清洁与通风。一般 ADSL Modem 能适应的电压范围在 $200\sim240V$ 之间。

(2) ADSL Modem 应该远离电源线和大功率电子设备,比如功放设备,大功率音箱。

(3) 要保证 ADSL 电话线路连接可靠,无故障、无干扰,尽量不要将它直接连接在电话分机及其他设备,比如传真机上。要接分机可以通过分离器的 PHONE 端口来连接。

（4）遇到雷雨天气,务必将 ADSL Modem 的电源和所有连线拔掉,以避免雷击损坏。最好不要在炎热的天气长时间使用 ADSL Modem,以防止 ADSL Modem 因过热而发生故障及烧毁。

（5）在 ADSL Modem 上不要放置任何重物,要保持干燥通风、避免水淋、避免阳光的直射,也不要将 ADSL Modem 放置在计算机的主机箱上。

（6）定期对 ADSL Modem 进行清洁,可以使用软布清洁设备表面的灰尘和污垢。

（7）定期拔下连接 ADSL Modem 的电源线、网线、分离器及电话线(接线盒),对它们进行检查,看有无接触不良、有无损坏,如有损坏,电话线路接头如果氧化,要及时更换。

2) 软件维护

由于 ADSL Modem 是通过软件来实现虚拟拨号的,而且网卡、外置式 USB 接口及内置式 ADSL Modem 是必须安装驱动程序的,因此对它们进行软件的维护也是必不可少的。

（1）建议不要安装多个 PPPoE 虚拟拨号软件,使用某一种比较好用的拨号软件就可以了,比如使用 WinPoET、RASPPPoE 等。在 Windows XP 中还可以使用系统自带的虚拟拨号软件。

（2）对于 ADSL 用户,拨号连接一般采用"自动获得 IP 地址"即可。如果 ISP 没有要求,DNS 服务器采用"自动获得 DNS 服务器地址"就可以了。

（3）在进行拨号的时候往往会出现拨号速度慢或者停顿在"正在连接 WAN 微型端口(PPPoE)"窗口没有响应,在遇到这些问题的时候一般可重新启动计算机以解决问题。

（4）对 ADSL Modem 以及与 Ethernet(以太网)口连接的主机网卡,可以定期从它们的官方网站上下载最新的驱动程序进行安装,以发挥它们的最佳性能。

# 习题

（1）硬件故障总体上可分为哪 5 种?

（2）软件故障产生的原因主要有哪几种?

（3）简述计算机故障的处理原则。

（4）在计算机系统维修过程中,提醒大家牢记的两条维修禁忌是什么?

（5）诊断程序检测法有几种? 人工检测法指的是什么?

（6）简述主机及基本输入输出系统的常见故障,故障分析的基本思路是什么?

（7）电源输出的电压有哪些?

（8）鼠标常见故障有哪些?

（9）硬盘和 U 盘的常见故障是什么?

（10）光驱的常见故障是什么?

（11）打印机的常见故障是什么?

（12）计算机的日常维护需注意的问题是什么?

（13）打印机的日常维护以及使用注意事项是什么?

（14）网卡的日常维护应注意的事项是什么?

（15）ADSL 调制解调器的日常维护应注意的事项是什么?

# 第6章 计算机系统的维护

在前面的章节中,我们了解到计算机系统的故障,既包括硬件系统的故障,也包括软件系统的故障。硬件故障是指硬件本身的物理损坏、连接错误、不兼容等,软件系统的故障则是指应用程序本身存在缺陷漏洞、用户误操作、操作系统遭破坏、驱动程序错误等。

实际上从用户使用计算机的情况来看,软、硬件同时出现问题的可能性是很小的,其中软件系统故障的出现更为频繁和常见。本章将在前面章节内容的基础上,重点讲述关于计算机软件系统的故障、操作系统的管理、维护及优化等。

**本章学习要求:**

理论环节:

* 了解 Windows 系统优化的常规方法和手段。
* 掌握软件故障的处理方法。
* 掌握"控制面板"中工具的使用。
* 掌握系统的性能分析和维护管理的工具。

实践环节:

* Windows 系统磁盘维护。
* 注册表常用操作和维护。
* 常用系统维护工具软件的使用。

目前,计算机所使用的操作系统环境主要包括 DOS、Windows 98/Me/2000/XP/2003/2007 和 Linux 等。对于系统维护人员来讲,除了了解它们的主要功能,掌握它们的安装使用方法外,更要熟悉它们的一些常用高级操作技巧和系统维护工具。从用户群的角度来看,大多数用户的机器配置以 Windows 操作环境为主。在此,重点讲解 Windows 系统的配置、优化及故障处理、维护方法方面的知识和技能。

## 6.1 Windows 系统的维护

Windows 系统的维护主要包括 Windows 操作系统高级使用技巧、优化,系统管理工具箱的使用,系统注册表的使用、维护和常用工具软件的使用等内容。有关这方面的内容在本章的各节中会逐步进行介绍。首先介绍的是控制面板。

### 6.1.1 "系统工具"的使用与维护

在 Windows 系统中,选择任务栏的"开始"→"程序"→"附件"→"系统工具"命令,即可看到图 6.1 所示的系统工具子菜单项。

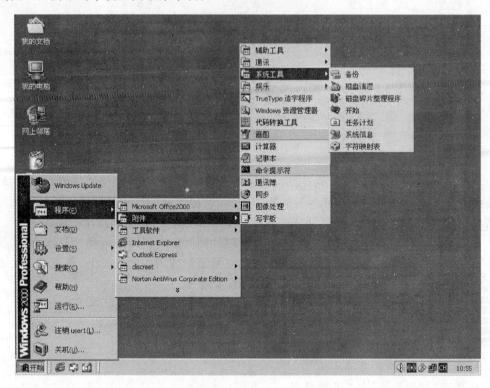

图 6.1　执行"系统工具"子菜单项

在系统工具子菜单中,包括"系统信息"、"磁盘清理"、"磁盘碎片整理程序"、"开始"、"任务计划"、"字符映射表"和"备份"等项目。用鼠标指向其中任一项,然后单击,即可执行相应的任务。例如,要查看系统的所有资源信息,可在菜单选项中单击"系统信息"项,则出现图 6.2 所示的操作窗口。

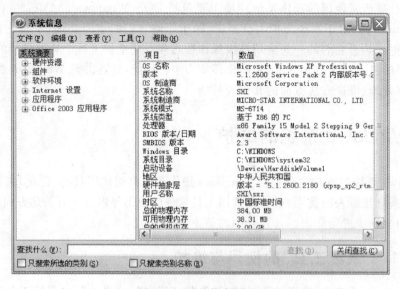

图 6.2　"系统信息"窗口

### 6.1.2 "控制面板"的设置与维护

"控制面板"是 Windows 操作系统自带的一个系统资源管理工具箱,可以使用户按照自己的需要和任务特性来修改和配置环境资源,如更改 Windows 的外观和功能。用户可以用三种方法进入"控制面板"来使用其提供的各种工具:

(1) 通过双击 Windows 桌面上"我的电脑"中的"控制面板"图标进入。

(2) 通过任务栏中的"开始"→"设置"命令进入。

(3) 通过任务栏中的"开始"→"程序"→"资源管理器"命令进入。

当进入"控制面板"后,可以看到如图 6.3 所示的窗口。

图 6.3　Windows 的"控制面板"窗口

从图 6.3 中可以看到,Windows 自带有近 30 个工具,它们几乎涵盖了所有的软、硬件资源管理,分别用于配置计算机的不同选项。作为计算机系统的维护人员来讲,掌握上述工具的使用与维护方法非常必要。下面简要介绍"控制面板"中常用维护工具的主要用途,以加强读者对"控制面板"重要性的认识。

(1) 管理工具:用于配置计算机的高级设置。

(2) 打印机和传真:添加、删除及配置本地或网络打印机。

(3) 系统:提供系统信息并修改系统设置。

(4) 键盘:自定义用户的键盘设置。

(5) 声音和音频设备:指设置声音事件并配置声音设备。

（6）电源选项：配置电源的节能、自定义方案项目。

（7）添加或删除程序：安装和删除程序及 Windows 组件。

（8）添加硬件：用于安装、删除和诊断硬件驱动程序。

（9）扫描仪和照相机：用于配置已安装的扫描仪和照相机。

（10）日期和时间：用于为计算机设置日期、时间和时区信息。

（11）电话和调制解调器选项：用于配置电话拨号规则和调制解调器属性。

（12）网络连接：用于实现与其他计算机、网络和 Internet 的连接。

（13）显示：用于自定义桌面属性和屏幕保护程序。

（14）用户账户：用于管理使用本机器的用户和密码。

（15）字体：用于显示、管理计算机上的字体。

（16）任务计划：为用户自行安排自动运行的任务。

（17）辅助功能选项：用于自定义计算机的辅助功能特性。

### 6.1.3　Windows 系统性能管理

在 Windows 系统的"控制面板"窗口中双击"系统"图标，可打开"系统属性"对话框，如图 6.4 所示，它在保留了 Windows 98 所有的选项卡的基础上，还增加了"硬件"、"高级"选项卡等。

（1）"高级"选项卡。该选项卡中包含了系统的"性能"、"用户配置文件"与"启动和故障恢复"三个选项区域，通过执行这三个选项区域中的子选项，可以进行设置、查询和修改处理等，如图 6.4 所示。

（2）"硬件"选项卡。该选项卡包含了"设备管理器"、"驱动程序签名"和"硬件配置文件"三个选项区域，如图 6.5 所示。

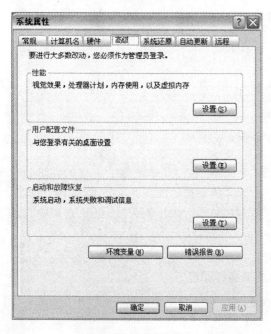

图 6.4　"高级"选项卡

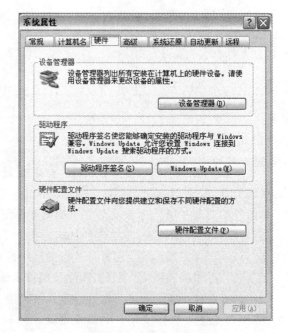

图 6.5　"硬件"选项卡

"设备管理器"子选项不但能提供计算机中所安装硬件的图形显示,还允许用户更改硬件的配置方式以及硬件与计算机微处理器之间的交互方式。在"硬件"选项卡中单击"设备管理器"按钮,会出现图6.6所示的窗口。要提醒用户的是,使用"设备管理器"只能管理本地计算机上的设备,设备管理器在远程计算机上只能以只读方式工作。

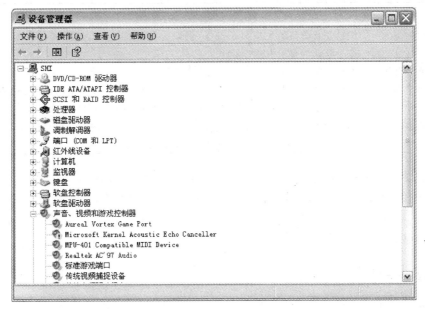

图6.6 "设备管理器"窗口

具体地讲,使用设备管理器可以:

① 诊断计算机中的硬件是否工作正常。

② 识别为已经安装的每台设备加载的设备驱动程序,并获得每个设备驱动程序的相关信息。

③ 安装更新的设备驱动程序。

④ 更改有关硬件配置信息(指已经分配给特定设备的资源设置)。因为计算机中的所有设备都有其相应的硬件配置信息,它可以由 IRQ 线路、DMA、I/O 端口或内存地址设置等组成。一般情况下,因为资源在硬件安装期间由 Windows 系统自动分配(除非硬件出现问题),所以建议平时最好不要使用"设备管理器"更改资源设置。

⑤ 更改设备的高级设置和属性。

⑥ 禁用、启用和卸载设备。

⑦ 利用其诊断功能来识别设备冲突,并手工配置资源设置。

通过前面对"设备管理器"的简单介绍,大家一定已经充分认识到它在系统设备管理与维护中的重要意义。下面详细介绍"设备管理器"是如何管理和维护系统设备的。

**1. 查看系统设备和资源配置情况**

具体方法如下:

(1)选择任务栏中的"开始"→"设置"→"控制面板"命令,在"控制面板"窗口中双击"系统"图标,在打开的"系统属性"对话框中选择"硬件"选项卡,然后单击"设备管理器"按钮来启动它。

(2) 在"查看"菜单项上单击下列选项,如表 6.1 所示。

表 6.1　查看"设备管理器"

| 选　项 | 说　明 |
| --- | --- |
| 依类型排序设备 | 按已安装设备的类型显示设备,例如监视器或鼠标。连接名在类型下方列出。这是默认的显示方式 |
| 依连接排序设备 | 按连接类型显示设备,例如 COM1 或系统板 |
| 依类型排序资源 | 按使用这些资源的设备类型显示所有分配资源的状态,包括直接内存访问(DMA)通道、输入输出端口(I/O 端口)、中断请求(IRQ)和内存地址 |
| 依连接排序资源 | 按连接类型显示所有已分配资源的状态,包括直接内存访问(DMA)通道、输入输出端口(I/O 端口)、中断请求(IRQ)和内存地址 |

若要包含隐藏设备,则选择"查看"→"显示隐藏的设备"命令。"显示隐藏的设备"旁边的复选标记表示显示隐藏设备,再次单击可清除复选标记。隐藏设备包括非即插即用设备(使用较早的 Windows 设备驱动程序的设备)和物理上已经从计算机中删除但尚未卸载驱动程序的设备。

### 2. 查看设备状态信息

具体方法如下:

(1) 启动"设备管理器"窗口。

(2) 双击要查看的设备类型。

(3) 右击该设备,从弹出的快捷菜单中选择"属性"命令,在"常规"选项卡上的"设备状态"内容是设备状态的描述。

(4) 还可以通过选择"资源"选项卡查看"冲突设备列表"来检查任何设备冲突。

### 3. 更改设备的资源设置

具体方法如下:

(1) 启动"设备管理器"窗口。

(2) 双击要更改的设备类型,右击该设备,从弹出的快捷菜单中选择"属性"命令。

(3) 在"资源"选项卡中取消对"使用自动设置"复选框的勾选。在"设置基于"中单击要更改的硬件配置。

(4) 在"资源设置"中的"资源类型"下单击要更改的资源类型:直接内存访问(DMA)、中断请求(IRQ)、输入输出(I/O)端口或内存地址。

(5) 单击"更改设置"按钮,然后为资源类型输入一个新值。

(6) 根据需要重复上述操作。

注意:

(1) 不正确地更改资源设置可能会出现硬件工作不正常,并使计算机出现故障或无法运行。资源设置只能由掌握计算机硬件和硬件配置设置专业知识的用户更改。

(2) 必须确保应用的新值不与任何其他设备冲突。如果存在设备冲突,将在"冲突设备列表"中列出。

（3）在没有其他设置需要配置，或者由即插即用资源控制并且不应被用户更改的设备上，无法使用"使用自动设置"。

### 4．配置设备

具体方法如下：

在安装即插即用设备时，Windows 自动配置该设备，这样该设备就能和计算机上安装的其他设备一起正常工作。作为配置过程的一部分，Windows 将唯一的一组系统资源分配给安装的设备。这些资源可以是下面的一个或多个资源：

（1）中断请求编号。

（2）直接内存访问通道。

（3）输入输出端口地址。

（4）内存地址范围。

分配给该设备的每个资源都必须是唯一的，否则设备将无法正常工作。对于即插即用设备，Windows 自动保证该设备的正确配置。

有时候，两个设备需要相同的资源，从而导致设备冲突。如果发生这种情况，可以手工更改资源设置，以保证每个设置都是唯一的。

在安装非即插即用设备时，该设备的资源设置不是自动配置的。根据所安装设备的类型，可能需要手工配置这些设置，应该能在设备所带的说明书中找到这些设置。

可以通过"控制面板"中的"添加或删除硬件"向导或设备管理器来配置设备。但需要注意的是，如果不正确地更改资源设置的话，可能会禁用硬件并使计算机出现故障或无法运行。只有在绝对肯定新的设置不会和其他硬件冲突或者硬件厂商提供了该硬件的特定资源设置时，才应该更改资源设置。

### 5．更改网卡设置

具体方法如下：

（1）启动"设备管理器"窗口。

（2）双击"网卡"选项。

（3）用鼠标右击要更改设置的网卡，从弹出的快捷菜单中选择"属性"命令。

（4）在"高级"选项卡中进行所需的更改。

**注意**：在更改前要先阅读设备制造商的说明手册来决定需要更改的设置，因为网络适配卡的设备属性与设备有关。

### 6．更改端口设置

具体方法如下：

（1）启动"设备管理器"窗口。

（2）双击"端口（COM 和 LPT）"选项。

（3）用鼠标右击要更改设置的端口，从弹出的快捷菜单中选择"属性"命令。

（4）在"端口设置"选项卡中进行所需的更改。

**注意**：大多数使用端口的 Windows 设备都自行设置端口速度,而调制解调器的默认端口速度在"控制面板"中的"电话和调制解调器选项"中已指定。

### 7. 更改 IDE 控制器设置

具体方法如下：

(1) 启动"设备管理器"窗口。

(2) 双击"IDE ATA/ATAPI 控制器"选项,用鼠标右击要更改高级设置的 IDE 设备,从弹出的快捷菜单中选择"属性"命令。

(3) 在"高级设置"选项卡中进行所需的更改。但如果 Windows 已经在 IDE 通道上检测到 IDE 设备,将无法更改"设备类型"中的设置,因为这样可以防止选择"无"来禁用 IDE 设备。

**注意**：

(1) 不是所有 IDE 控制器设备都会出现"高级设置"选项卡。

(2) 在更改前要先阅读设备制造商的说明手册来确定可以更改的设置,因为 IDE 控制器的某些高级设置与设备有关。

### 8. 更改 DVD 驱动器的高级设置

具体方法如下：

(1) 启动"设备管理器"窗口。

(2) 双击"DVD/CD-ROM 驱动器"选项,用鼠标右击要更改高级设置的 DVD 驱动器,从弹出的快捷菜单中选择"属性"命令。

(3) 在"高级设置"选项卡中进行所需的更改。不是所有的 DVD 驱动器都能使用"高级设置"选项卡。

**注意**：DVD 驱动器可能需要国家或地区设置。如果需要更改国家或地区设置,Windows 会自动通知用户。国家或地区设置只能更改 5 次。

### 9. 更改 ISDN 适配器设置

应当首先从电信公司获得配置 ISDN 适配器设置所需的信息。具体方法如下：

(1) 启动"设备管理器"窗口。

(2) 双击"网卡"选项,用鼠标右击要更改设置的综合服务数字网络(ISDN)适配器卡,从弹出的快捷菜单中选择"属性"命令。

(3) 在 ISDN 选项卡的"选择交换类型或 D 通道协议"列表中单击交换类型或 D 通道协议,然后单击"配置"按钮。

(4) 根据要求进行所需的更改。

### 10. 更改设备的电源管理设置

具体方法如下：

(1) 启动"设备管理器"窗口。

(2) 双击要更改电源管理设置的设备。

（3）用鼠标右击该设备，从弹出的快捷菜单中选择"属性"命令。

（4）在"电源管理"选项卡中进行所需的更改。

**注意**：只有支持电源管理标准的设备和驱动程序才出现"电源管理"选项卡。

### 11．配置多媒体设备

具体方法如下：

（1）启动"设备管理器"窗口。

（2）双击"声音、视频和游戏控制器"选项。

（3）用鼠标右击要配置的多媒体设备，从弹出的快捷菜单中选择"属性"命令。

（4）在"属性"选项卡中找到相应的设备类型，然后双击该按钮。

（5）选择该设备，单击"属性"按钮，然后进行所需的更改。

**注意**：只有用户的机器上有以前版本的驱动程序时，才可以使用"属性"按钮。如果该按钮为灰色，则只能使用"资源"选项卡来配置设备。

### 12．卸载非即插即用设备

具体方法是：

（1）启动"设备管理器"窗口。

（2）双击将要卸载的设备类型。

（3）用鼠标右击该设备，从弹出的快捷菜单中选择"卸载"命令。

（4）在"确认设备删除"对话框中单击"确定"按钮。

（5）从机器中移除设备，然后重新启动计算机。但是卸载设备不会从计算机的硬盘驱动器中删除设备驱动程序。例如，当便携机再次插入时，插接站需要驱动程序。

**注意**：

（1）要完成上述操作过程，必须以管理员或管理员组成员登录。如果计算机连接在网络上，则网络规则设置也可能会禁止完成该过程。如果不是管理员或管理员组的成员，可以使用"运行方式"执行某些管理员功能。

（2）要重新安装非即插即用设备，则选择"开始"→"设置"→"控制面板"命令，然后单击"添加硬件"图标启动"添加或删除硬件向导"。

### 13．卸载设备

具体方法如下：

通常可以通过断开或删除设备来卸载即插即用设备。某些设备的安装可能需要先关闭计算机。为确保操作正确，应当参考设备制造商的安装/拆卸说明。

卸载非即插即用设备通常包括两个步骤：

（1）使用"控制面板"卸载设备。

（2）从计算机中拆卸设备。

可以使用"添加或删除硬件向导"或"设备管理器"通知 Windows 要卸载非即插即用设备。通知 Windows 要卸载设备后，必须在物理上断开该设备或从计算机中卸载该设备。例如，如果设备连接到计算机外部的端口上，则应当关闭计算机，将设备与该端口断开，然后拔下设备的电源线。如果不想卸载有可能以后使用的设备(例如调制解调器),可以选择禁用即插即用设备。禁用设备时,物理设备保持与计算机的连接,但是 Windows 将更新系统注册表,以便启动计算机时不再加载该设备驱动程序。启用设备后,驱动程序又可以使用了。如果希望计算机拥有多种硬件配置或者有便携机并在插接站中使用,则禁用设备非常有用。另外,"添加或删除硬件向导"或"设备管理器"不会从硬盘中删除设备驱动程序。如果要这样做,应当参考设备制造商的文档,确定要从硬盘中删除哪个驱动程序。

### 14. 重新安装即插即用设备

具体方法如下:

(1) 启动"设备管理器"窗口。

(2) 双击要重新安装的驱动器类型。

(3) 用鼠标右击该设备,从弹出的快捷菜单中选择"卸载"命令。

(4) 在"确认设备删除"对话框中单击"确定"按钮。

(5) 在"操作"菜单上选择"扫描硬件变化"命令。

(6) 按照"发现新硬件"对话框中所显示的内容指示操作。

如果系统提示重新启动计算机,则按照要求执行。计算机重新启动时会自动扫描硬件变化,也许不必进行第(5)步和第(6)步,将自动出现"发现新硬件"对话框。如果重新启动该计算机后没有显示"发现新硬件"对话框,则该设备可能不是即插即用设备。在这种情况下,可以选择"开始"→"设置"→"控制面板"命令,在打开的"控制面板"窗口中"添加硬件"图标,重新安装非即插即用设备。

注意:

(1) 要完成该过程,用户必须登录为管理员或管理员组成员。如果计算机连接在网络上,则网络规则设置也可能会禁止用户完成该过程。

(2) 如果即插即用设备工作不正常或停止工作,则只能重新安装该设备。重新安装设备之前,应当试着重新启动计算机查看该设备是否正常工作。如果不能正常工作的话,则重新安装该设备。

(3) 通常不需要重新安装或卸载即插即用设备。对于即插即用设备,只需从计算机中删除该设备。要正确删除设备,应当按照设备制造商的安装/拆除说明操作。

(4) 如果"扫描硬件变化"检测到即插即用设备及其驱动程序,则不会重新安装该设备。这就是在扫描硬件变化之前必须卸载即插即用设备的原因。

(5) 卸载设备不会从计算机硬盘驱动器中删除设备驱动程序。例如,当便携机再次插入时,插接站需要驱动程序。

### 15. 更新或更改设备驱动程序

必须拥有下列权限和特权才能安装驱动程序。以管理员身份登录后,通常被授予下列权限:

(1) 加载/卸载驱动程序特权。

(2) 将文件复制到 System32\drivers 目录所需的权限。

(3) 将设置写入注册表所需的权限。

具体方法如下：

（1）启动"设备管理器"窗口。

（2）双击要更新或更改的设备类型，用鼠标右击该设备，从弹出的快捷菜单中选择"属性"命令。

（3）在"驱动程序"选项卡中单击"更新驱动程序"按钮，以打开"升级设备驱动程序向导"对话框，然后按照向导的提示进行操作。

### 16. 查看有关设备驱动程序的信息

具体方法如下：

（1）启动"设备管理器"窗口。

（2）双击要查看的设备类型。

（3）用鼠标右击该设备，从弹出的快捷菜单中选择"属性"命令。

（4）在"驱动程序"选项卡中单击"驱动程序详细信息"按钮（必须是管理员或拥有管理员权限才能显示隐藏设备）。

**注意**：要查看隐藏设备驱动程序的信息，则单击"查看"按钮，然后单击"显示隐藏设备"按钮。双击"非即插即用驱动程序"按钮，然后按照上面的第（3）、（4）步进行操作即可。

### 17. 查看 USB 集线器的电源分配

具体方法如下：

（1）启动"设备管理器"窗口。

（2）双击"通用串行总线控制器"选项。

（3）用鼠标右击 USB Root Hub 选项，从弹出的快捷菜单中选择"属性"命令。

（4）在"电源"选项卡中查看"该集线器上的设备"列表中每台设备消耗的电能。

**注意：**

（1）只有计算机上有 USB 端口才出现"通用串行总线控制器"。

（2）只有 USB 集线器才出现"电源"选项卡。

（3）通用串行总线（USB）设备的集线器自供电或由总线供电。自供电（将集线器插入电源插座）能为设备提供最大的电能，而总线供电（将设备插入另一 USB 端口）则提供最小的电能。需要大量电能的设备（例如摄像机）应当插入自供电插孔。

### 18. 查看 USB 主机控制器的带宽分配

具体方法如下：

（1）启动"设备管理器"窗口。

（2）双击"通用串行总线控制器"选项（只有计算机上有 USB 端口才出现"通用串行总线控制器"）。

（3）用鼠标右击 Intel PCI to USB Universal Host Controller 选项，从弹出的快捷菜单中选择"属性"命令。

（4）在"高级"选项卡中查看"带宽消耗设备"列表中每台设备消耗的带宽（只能查看通用串行总线控制器的带宽）。

### 6.1.4 "管理工具"的使用

"管理工具"是由 Windows NT 4.0 服务器版发展而来的一组系统管理程序,用于配置计算机的高级设置。在"控制面板"中双击"管理工具"图标,出现如图 6.7 所示的窗口。

图 6.7 "管理工具"窗口

管理工具包括计算机管理、性能、组件服务、事件查看器、数据源(ODBC)、本地安全策略和服务等。下面简单介绍它们的主要功能及用法。

(1) 计算机管理:用于管理本地或远程的计算机。它包含存储管理、服务和应用程序管理及其他系统工具。在"管理工具"窗口中双击"计算机管理"图标,会出现图 6.8 所示的窗口。

图 6.8 "计算机管理"窗口

（2）性能：用于显示计算机、网络和文件系统的性能图表以及配置数据日志和警报。在"管理工具"窗口中双击"性能"图标，出现图 6.9 所示的窗口。

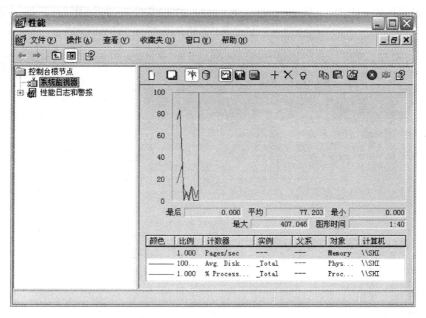

图 6.9 "性能"窗口

（3）组件服务：用于对图形用户界面的 COM＋程序进行配置和管理，并可通过脚本及程序设计语言来实现管理过程的自动化。在"管理工具"窗口中双击"组件服务"图标，出现图 6.10 所示的窗口。

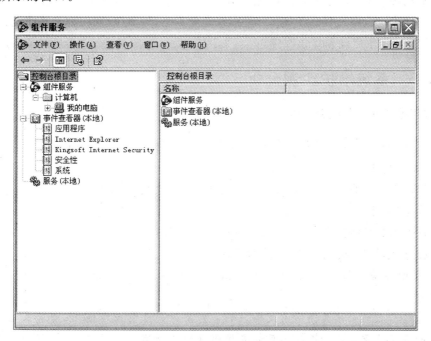

图 6.10 "组件服务"窗口

（4）事件查看器：显示来自 Windows 和其他程序的监视和排错消息。通过它可以将事件列表日志导出到一个文本文件中,从而供维护人员查看系统程序运行的结果,并根据这些结果分析出现错误的原因。双击"管理工具"窗口中的"事件查看器"图标,出现图 6.11 所示的窗口。

图 6.11　"事件查看器"窗口

（5）数据源（ODBC）：可以添加、删除以及配置 ODBC 数据源和驱动程序。

（6）本地安全策略：用于查看和修改本地安全策略,如审核、用户权利和安全策略等。

（7）服务：用于启动和停止服务。

### 6.1.5　系统维护实例分析

#### 1. 如何检查并修复磁盘错误

作为系统维护人员,应该不定期地使用系统工具来检查文件系统错误和硬盘上的坏扇区,防止系统文件丢失。具体方法如下：

（1）双击桌面上的"我的电脑"图标,然后选择要检查的本地硬盘。

（2）选择"文件"→"属性"命令。

（3）在弹出的对话框中选择"工具"选项卡,如图 6.12 所示。

（4）在"查错"选项区域中单击"开始检查"按钮。

（5）在"磁盘检查选项"下选中"扫描并试图恢复坏扇区"复选框。

**注意：**

执行该过程之前必须关闭所有文件。如果当前磁盘目前正在使用,则屏幕上会出现一条询问是否在下次重新启动系统时重新安排磁盘检查的消息。若单击"是"按钮,在下次重新启动系统时,磁盘检查程序将运行。此过程进行时,该磁盘不能执行其他任务。

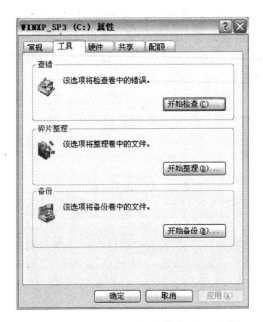

图 6.12　文件属性对话框中的"工具"选项卡

若该磁盘被格式化为 NTFS,Windows 系统将自动记录所有的文件转换、自动代替坏簇并备份 NTFS 磁盘上所有文件的关键信息。

**2. 诊断系统硬件设备故障**

如果用户在使用过程中发现有的硬件设备出现故障,或怀疑设备性能下降,可用如下方法进行故障诊断:

(1) 在"控制面板"窗口中双击"添加硬件"图标,出现图 6.13 所示对话框。

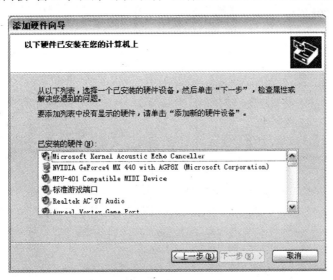

图 6.13　"添加硬件向导"对话框

（2）单击"下一步"按钮，单击"添加设备/排除设备故障"按钮，然后再单击"下一步"按钮，接着 Windows 系统开始检测新的即插即用设备。

（3）选择要诊断和修复的设备，再单击"下一步"按钮。如果在列表中找不到该设备，则单击"添加新设备"按钮，然后按照屏幕上的指令操作。

（4）当然也可以使用设备管理器执行一些诊断性的任务，包括修复不能正常工作的设备（这种方法只推荐给深刻理解设备和设备配置的读者使用）。

### 3．磁盘清理

Windows 系统自带的磁盘清理程序可帮助搜索驱动器，然后列出临时文件、Internet 缓存文件和可以安全删除的不需要的垃圾文件，并删除部分或全部这些文件，从而释放硬盘空间。具体方法是：

（1）选择任务栏中的"开始"→"程序"→"附件"→"系统工具"→"磁盘清理"命令。

（2）弹出"选择驱动器"对话框，选择要扫描的驱动器后，出现图 6.14 所示对话框，在"要删除的文件"列表框中选择要删除的文件，然后单击"确定"按钮。

（3）另外，还可以通过"其他选项"选项卡进行"Windows 组件"以及"安装的程序"的清理，如图 6.15 所示。实际上该项操作也可以通过"控制面板"窗口中的"添加或删除程序"来进行操作。

（4）要启动"磁盘清理"工具，除以上介绍的方法外，还可以选择"开始"→"运行"命令，在打开的对话框中输入命令 cleanmgr。

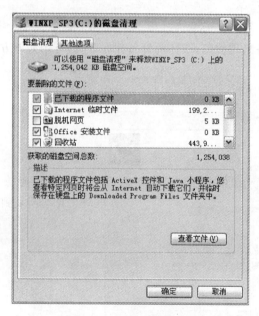

图 6.14　"磁盘清理"选项卡

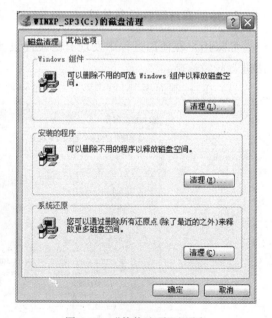

图 6.15　"其他选项"选项卡

### 4．整理磁盘碎片

如果用户频繁地安装、删除文件，很容易在硬盘上产生不连续的小碎片。这样，不但读/写磁盘时的速度下降，还会浪费一部分存储空间。系统自带的磁盘碎片整理程序可以重新安排计算机硬盘上的文件、程序以及未使用的空间，以便使程序运行得更快、文件打开得更快，并节约磁盘空间。磁盘碎片整理程序不影响任何屏幕上所看到的东西，如"我的文档"中的文件，或"程序"菜单上的快捷方式。

下面介绍两种具体方法：

（1）选择"开始"→"程序"→"附件"→"系统工具"→"磁盘碎片整理程序"命令。

（2）在"控制面板"窗口中双击"管理工具"图标，然后在打开的窗口中双击"计算机管理"图标，在"存储"节点下选中"磁盘碎片整理程序"选项。

按上述步骤完成后，屏幕上出现图 6.16 所示的窗口。通过窗口中的菜单可执行相应的操作。

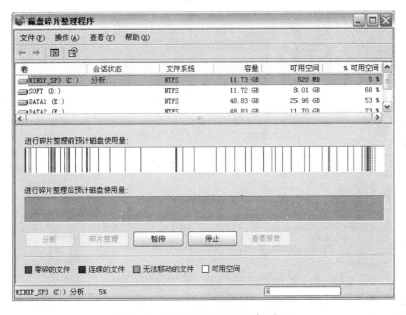

图 6.16　"磁盘碎片整理程序"窗口

### 5．电源管理

Windows 系统对系统的电源管理功能比较强，例如，它提供的"休眠"功能，可以在机器的电池不足时强制将内存中的数据全部写到硬盘上，然后关机，在下次开机时又自动恢复到上次关机前的运行状态而不影响工作。再如，可设置当按下机箱上的电源按钮时，系统执行挂起、快速关机等操作。可以通过电源选项减少计算机设备或者整个系统的电源消耗。具体方法为：打开"控制面板"窗口，双击"电源选项"图标，如图 6.17 所示。

**注意**：计算机进入待机状态之前，应该保存自己的文件。在待机期间，计算机内存中的信息不会保存在硬盘上。如果电源中断，内存中的信息将会丢失。

### 6．备份程序

系统提供的"备份"实用程序会帮助用户创建硬盘数据的副本，如果硬盘上的原始数据被删除、覆盖或由于硬盘故障无法访问，可以用曾经备份过的副本来恢复丢失或损坏的数据。要启动备份程序，方法如下：

图 6.17　"电源管理"设置

（1）选择任务栏中的"开始"→"程序"→"附件"→"系统工具"→"备份"命令，打开"备份或还原向导"对话框，如图 6.18 所示。

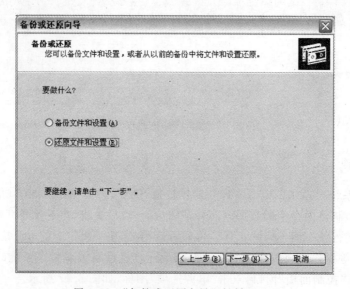

图 6.18　"备份或还原向导"对话框（一）

（2）在"备份或还原向导"对话框中选择"还原文件和设置"单选按钮，可还原被破坏的原始数据，如图 6.19 所示。

### 7. 使用高级启动选项启动计算机

如果计算机没有正确启动，可以使用高级启动选项运行 Windows 系统，从而解决问题。具体方法是：

图 6.19 "备份或还原向导"对话框(二)

(1) 选择任务栏中的"开始"→"关机"命令。

(2) 在"关闭 Windows"对话框中单击"重新启动"按钮,然后单击"确定"按钮。

(3) 使用操作系统列表时,按 F8 键。

(4) 在 Windows 系统高级选项菜单选择想要的高级启动选项,然后按 Enter 键。

两个常用的高级启动选项分别是"安全模式"和"最后一次正确的配置"。

(1) 用 Windows 系统安全模式启动系统。

即使计算机无法正常启动,也可以用诊断模式启动计算机,这种模式也称为安全模式。它可以帮助用户诊断问题。如果以安全模式启动时没有再出现故障现象,可以将默认设置和最小设备驱动程序排除在可能的原因之外。如果新添加的设备或已更改的驱动程序产生了问题,可以使用安全模式删除该设备或还原更改。当以任何一种安全模式启动计算机时,只加载最少的服务并创建一个引导日志。此日志列出了加载和没有加载的服务和设备。在以安全模式启动计算机之后,可以更改计算机设置。例如,使用安全模式,可以删除或重新配置新近安装的可能会发生问题的软件。有三种安全模式选项:

① 安全模式仅使用基本文件和驱动程序(鼠标、监视器、键盘、海量存储设备、基本视频和默认系统服务)启动 Windows 系统,不带网络支持。

② 带网络连接的安全模式仅使用基本文件和驱动程序(参见上面的安全模式)启动 Windows 系统,支持网络。但是,不提供 PCMCIA 设备的网络支持。

③ 带有命令行提示的安全模式仅使用基本文件和驱动程序启动 Windows 系统。在登录后,出现命令提示符而不是 Windows 系统视窗。

在某些情况下安全模式不能解决问题,例如当启动系统所必需的 Windows 系统文件已经毁坏或损坏时。在此情况下,要使用紧急修复磁盘(ERD)来恢复系统。

(2) 用"最后一次正确的配置"启动系统。

"最后一次正确的配置"选项仅用在没有正确配置设备的时候启动计算机。当选择此选项时,Windows 系统 会还原上次关机时保存的注册表设置。例如,如果在安装了新驱动程序或更改了驱动程序配置后无法启动 Windows 系统,则可以使用最后一次正确的配置。使用此选项时,会丢失上次成功关机以来所做的任何系统更改。

### 8. 使用故障恢复控制台启动和恢复系统

1) 故障恢复控制台介绍

Windows 系统故障恢复控制台是命令行控制台,可以从 Windows 系统安装程序启动。使用故障恢复控制台,无需启动 Windows 系统就可以执行许多任务,包括:可以启动和停止服务,格式化驱动器,在本地驱动器上读/写数据(包括被格式化为 NTFS 的驱动器),执行许多其他管理任务。如果需要通过从软盘或 CD-ROM 复制一个文件到硬盘来修复系统,或者需要对一个阻止计算机正常启动的服务进行重新配置,故障恢复控制台将特别有用。由于故障恢复控制台非常强大,只有精通 Windows 系统的高级用户才能使用。除此之外,必须是管理员才能使用故障恢复控制台。在"组策略管理单元"中启用"当使用故障恢复控制台时自动管理登录"属性,可以允许没有登录的用户运行故障恢复控制台。该属性位于控制台树中的"本地计算机策略"→"计算机配置"→"Windows 设置"→"安全设置"→"本地策略"→"安全选项"下。

有两种方法可以启动故障恢复控制台:

(1) 如果不能启动计算机,可以从 Windows 系统安装磁盘或者 Windows 系统光盘启动故障恢复控制台(如果可以从 CD-ROM 驱动器启动计算机)。

(2) 作为备用选择,可以在计算机上安装故障恢复控制台,以便在不能重新启动 Windows 系统时解决该问题。这时只需从引导菜单上的可用操作系统列表中选中"Windows 系统故障恢复控制台"选项即可。

在启动故障恢复控制台后,必须选择要登录的驱动器(如果有双重引导或者多重引导系统)且必须用管理员密码登录。

在此推荐在使用故障恢复控制台之前,将信息备份到其他磁盘上。本地硬盘可能会被格式化为恢复的一部分。

故障恢复控制台在启动过程中提供了一个命令行,这样在 Windows 系统不启动时就可以更改系统。

如果没有列出故障恢复控制台,则需要安装。应将故障恢复控制台安装为一个启动选项,以便在计算机无法重新启动时可以运行。

2) 将故障恢复控制台安装为启动选项

(1) 以管理员或具有管理员权限的身份登录 Windows 系统。如果计算机与网络相连,网络策略设置可能会阻止用户完成这一步骤。

(2) 将 Windows 系统的光盘插入 CD-ROM 驱动器。如果提示升级到 Windows 系统,单击"否"按钮。

(3) 从命令提示符下(或从 Windows 系统的"运行"命令框内)输入指向相应 Winnt32. exe 文件(在 Windows 系统光盘内)的路径,后跟一个空格和/cmdcons 开关选项。例如 e:\i386\winnt32. exe /cmdcons。

按照屏幕上出现的提示进行操作。

3) 在没有启动的系统上运行故障恢复控制台

(1) 将 Windows 系统的安装盘插入 CD-ROM 驱动器,重新启动计算机,然后从操作系统列表上单击"Windows 系统故障恢复控制台"按钮。

（2）按照屏幕上显示的提示进行操作，故障恢复控制台会显示命令提示符。

（3）在命令提示符下，对系统执行所需的更改。

（4）修改完成后要重新启动计算机，则输入 exit 关闭命令提示符窗口。

4）故障恢复控制台命令

以下命令同 Windows 系统故障恢复控制台一起使用：

（1）help：显示和查看在故障恢复控制台上可用的命令列表。

（2）Attrib：更改文件或目录的属性。

（3）Batch：执行文本文件中的指定命令。

（4）Cd：显示当前目录名称，或者更改当前的文件夹。

（5）Chkdsk：磁盘检查并显示状态报告。

（6）Cls：清除屏幕。

（7）Copy：将单个文件复制到另一位置。

（8）Delete(Del)：删除一个或多个文件。

（9）Dir：显示目录中的文件和子目录列表。

（10）Disable：禁用系统服务或者设备驱动程序。

（11）Diskpart：管理硬盘分区。

（12）Enable：开始或者启用系统服务或设备驱动程序。

（13）Exit：退出故障恢复控制台并重新启动计算机。

（14）Expand：解压缩一个压缩文件。

（15）Fixboot：将新的引导扇区分区写到系统分区。

（16）Fixmbr：修复引导扇区分区的主引导记录。

（17）Format：格式化磁盘。

（18）Listsvc：列出计算机上可用的服务和驱动程序。

（19）Logon：登录到 Windows 系统安装。

（20）Map：显示驱动器映射。

（21）Mkdir(Md)：创建目录。

（22）More：显示文本文件。

（23）Rename(Ren)：重新命名单个文件。

（24）Rmdir(Rd)：删除目录。

（25）Set：显示和设置环境变量。

（26）Systemroot：将当前目录设置为当前登录系统的系统根目录。

（27）Type：显示文本文件。

5）删除故障恢复控制台

如果用户要删除故障恢复控制台，可按如下步骤进行操作。

（1）重新启动计算机。

（2）双击"我的电脑"图标，然后双击安装有故障恢复控制台的硬盘驱动器。

（3）选择"工具"→"文件夹选项"命令。

（4）单击"查看"按钮。

(5) 单击"显示所有文件和文件夹"按钮,取消对"隐藏受保护的操作系统文件"复选框的勾选,然后单击"确定"按钮。

(6) 在根目录中删除\Cmdcons 文件夹。

(7) 在根目录中删除 Cmldr 文件。

(8) 在根目录下用鼠标右击 boot.ini 文件,从弹出的快捷菜单中选择"属性"命令。

(9) 取消对"只读"复选框的勾选,然后单击"确定"按钮。

(10) 在"记事本"中打开 boot.ini 文件,删除故障恢复控制台的条目。该项类似以下形式:

C:\cmdcons\bootsect.dat="Microsoft Windows 系统 Recovery Console"/cmdcons

(11) 保存文件后关闭。

**注意**:错误地修改 boot.ini 文件可能会使计算机无法重新启动,请确定仅删除故障恢复控制台项。建议完成该过程后将 boot.ini 文件的属性再改回只读,也可以再隐藏系统文件。

### 9. 使用 Windows Update 更新系统文件

Windows Update 是一个项目的目录,如驱动程序、修补程序等,读者可以使用 Windows Update 的 Product Updates 部分来自动扫描计算机中过时的系统文件并将其自动替换成最新版本。具体方法如下:

单击任务栏中的"开始"按钮,再单击 Windows Update 选项来访问 Microsoft Web 站点(http://www.microsoft.com)上的 Windows Update。

在 Windows Update 主页中单击 Product Updates 链接点。如果是第一次打开 Product Updates 页面,系统会提示是否要安装所需的软件等信息,这时单击 Yes 按钮即可。

### 10. 解决 Windows 系统安装过程中的故障

(1) "安装程序不能找到 CD-ROM 驱动器"的处理办法。

① 检查该 CD-ROM 驱动器的厂商和型号是否列在硬件兼容性列表中。

② 试着用其他的方法安装,如网络安装。

③ 使用包含适当 CD-ROM 驱动程序的启动磁盘。CD-ROM 通常自带驱动程序和指导,也可以从制造商处获得。

④ 如果使用过 Windows 95/98/NT,并且执行的是一次新安装,可单击"高级选项"按钮,然后将文件复制到硬盘上。

(2) "安装程序无法读取光盘"的处理办法。

① 首先检查 CD-ROM 或 DVD 驱动器是否工作正常。

② 清洗光盘。

③ 更换光驱。若要更换光驱,请与 Microsoft 或计算机制造商联系。

(3) "安装程序无法读取安装软盘"的处理办法。

使用位于 Windows 系统光盘上 Bootdisk 文件夹内的 Makeboot.exe 实用程序创建新的安装盘。

(4) "Windows 系统不安装或不启动"的处理办法。

① 验证硬件是否列在硬件兼容性列表(HCL)中。

② 通过删除安装过程中不需要的硬件,如调制解调器、声卡、网络适配器和扫描卡等设备,尽可能简化硬件配置。

③ 安装过程占用的时间很长,如果计算机只有所需的最少内存时,要检查可用内存的容量大小,必要时进行内存扩充。

（5）提示"磁盘空间不足"的处理办法。

① 删除不再需要的文件,清空回收站,或者有多个驱动器或分区的话,将这些文件移动到其他分区内,从而释放现有分区的空间。

② 删除现有分区并创建一个对安装来说足够大的新分区。此操作会删除所有现有的数据。

③ 格式化现有分区,以便删除其上所有的文件并创建更大的空间。

（6）提示"无法加入域"的处理办法。

① 验证计算机是否与网络相连。

② 验证域名是否正确。

③ 向网络管理员验证计算机账户是否存在。

④ 向网络管理员验证 DNS 服务器和域控制器是否正在运行并且处于联机。

（7）在安装过程中,看到信息"无法加载设备驱动程序"时,说明在安装软盘或硬盘上有某个设备驱动程序文件损坏可能会导致此问题。要解决此问题,首先要创建一套新的 Windows 系统安装盘,然后再重新启动安装。

如果在创建了新的 Windows 系统安装盘之后还有此问题,则损坏文件可能出现在硬盘上。在安全模式下启动计算机,然后删除或替换损坏的文件。

（8）在安装过程中,计算机被锁定,出现显示蓝屏或其他故障,是什么原因导致这些情况发生呢?

当计算机在安装过程中停止响应,通常是由于 BIOS(基本输入输出系统)中的硬件设置与 Windows 系统不兼容造成的。

要查看 HCL,则打开 Windows 系统光盘上的 Support 文件夹的 Hcl. txt 文件或访问 Microsoft Web 站点。

### 11. 解决系统发生"停止错误"的问题

停止错误,也称"蓝屏"或"重大系统错误"。当系统检测到无法修复的错误时,常发生在蓝色或黑色背景下,是一种导致 Windows 系统停止响应的严重错误。

（1）重新启动计算机后,如果停止错误继续出现,就执行下面的操作步骤。

① 检查是否正确安装了所有的新硬件或软件,必要时可卸载掉新装的硬件或替换它,查看是否能够解决问题。同时,运行由系统制造商提供的硬件诊断工具。如果这是一次全新安装,请与硬件或软件制造商联系,获得可能需要的任何 Windows 系统更新或驱动程序。

② 访问 Microsoft Web 站点,核对硬件兼容性列表(HCL),以确认所有的硬件和驱动程序都与 Windows 系统兼容。

③ 禁用或卸载掉新安装的硬件(包括内存条、适配卡、硬盘和调制解调器等)、驱动程序或应用程序软件。

（2）如果可以运行 Windows 系统,则检查"事件查看器"以获得额外错误信息,可能帮助识别出导致问题的设备或驱动程序。要查看系统日志,则选择"开始"→"设置"→"控制面板"命令,双击"管理工具"图标,然后双击"事件查看器"图标。

(3) 如果无法启动 Windows 系统,试着用安全模式启动计算机,然后删除或禁用任何新近添加的程序或驱动程序。若要用安全模式启动计算机,则重新启动计算机。当看到可用的操作系统列表时,按 F8 键。在 Windows 系统高级选项菜单屏幕上选择"安全模式",然后按 Enter 键。

(4) 用杀毒软件查杀掉所有病毒。

(5) 设置 BIOS 内存选项为禁用,如 Cache 或 Shadow。

(6) 运行由机器制造商提供的所有系统诊断软件,尤其是内存检查。

(7) 检查计算机是否安装了最新版本的 Service Pack。

(8) 如果无法登录,重新启动计算机。当出现可用的操作系统列表时,按 F8 键。在 Windows 系统高级选项菜单屏幕上选择"最后一次正确的配置",然后按 Enter 键。

## 6.2 实训一:Windows 系统维护工具的使用

### 6.2.1 实训目的

(1) 进一步了解和认识 Windows 操作系统自带的有关系统维护工具的主要功能。

(2) 熟练掌握各种维护工具的使用方法。

(3) 通过对个别故障现象的分析,进一步提高对常见计算机故障的诊断、分析与处理能力。

### 6.2.2 实训前的准备

已组装好的多媒体计算机一台,建议安装 Windows XP 操作系统。

### 6.2.3 实训内容及步骤

#### 1. Windows XP 操作系统中"系统维护"工具箱的使用

选择任务栏中的"开始"→"程序"→"附件"→"系统工具"命令后,可以了解当前计算机的系统信息,对磁盘进行全面清理、备份;通过磁盘碎片整理程序来整理磁盘,设置开始与计划任务等项目。

#### 2. Windows XP 操作系统资源管理工具箱"控制面板"的使用

首先,认识"控制面板"工具箱中共包括多少种不同的工具,并了解它们的主要用途是什么。其次,要熟练掌握一些重要工具的使用方法。比如,通过双击"打印机"图标来添加、删除及配置本地或网络打印机;双击"添加或删除程序"图标来安装和删除程序及 Windows 组件;双击"添加硬件"图标,可以进行安装、删除和诊断硬件故障;双击"扫描仪和照相机"图标,可以对已安装的扫描仪和照相机进行参数设置等。除上述介绍的几种功能外,"控制面板"中的其他十多种功能请读者自行练习,如图 6.20 所示。

图 6.20　Windows XP 操作系统的"控制面板"窗口

(1) 通过双击"控制面板"中的"系统"图标,重点熟练掌握"设备管理器"的有关功能和操作,以便快速获取有关系统信息和工作状态,并通过它来修改系统参数设置和排除系统软故障。

(2) 在"控制面板"中双击"管理工具"图标,查看它的主要功能,并能结合本书 6.1.2 节内容进行操作,如计算机管理、服务、性能、事件查看器、组件服务、Server Extensions 管理器、Telnet 服务器、本地安全策略、数据源(ODBC)管理等项目。

### 3. 系统维护实例

(1) 创建紧急修复磁盘(ERD)。选择任务栏中的"开始"→"程序"→"附件"→"系统工具"→"备份"命令,在"工具"菜单中,按本书 6.1.5 节相关内容进行操作即可。

(2) 练习使用高级启动选项来启动计算机。

(3) 练习使用 Windows Update 更新系统文件。

(4) 在"控制面板"窗口中双击"添加硬件"图标,根据对话框提示练习如何诊断系统硬件设备故障。

(5) 关于系统维护的其他工具和有关其他故障现象,请读者自行安排时间进行练习,这里不再一一讲述。

## 6.2.4　实训注意事项

(1) 实训课内容较多,在课前一定要认真复习 6.1.3 节中相关内容介绍。

(2) 实训操作前,可以在指导老师的指导下自行设置一些故障来练习,但注意不要造成致命错误,以防损坏计算机。

### 6.2.5　实训报告

(1) 结合所使用计算机的配置情况,写出它的详细系统信息。

(2) 结合一些故障现象,说明如何诊断和处理计算机故障? 写出详细操作过程报告。

### 6.2.6　思考题

(1) 如何进行磁盘碎片整理?

(2) 在进行磁盘维护时,应该维护哪些内容? 使用哪些工具? 如何维护?

## 6.3　注册表及注册表编辑器的使用和维护

### 6.3.1　注册表的定义

注册表是计算机配置信息的储备库,它存储了操作系统、应用程序以及计算机上所安装硬件的配置信息。Windows在操作过程中要不断引用这些信息,如果没有这些信息或注册文件遭破坏的话,计算机系统将无法引导。注册表中的信息有:

(1) 系统中的硬件信息。

(2) 每个用户的注册信息。

(3) 文件夹和程序图标的属性设置。

(4) 计算机中安装的程序和每个程序可以创建的文档类型。

(5) 正在使用的端口。

通过注册表可对操作系统的各个方面进行控制,并且控制如何与外部事件联合使用。这些设置控制的范围涉及直接访问一种硬件设备、如何对一名特定的用户需求做出反应、一个程序以何种方式运行以及其他更多的内容。例如,注册表保存了用户用做Windows桌面上墙纸的位图名称、桌面配置情况;系统有哪些字体;计算机上已安装硬件的数据和每个组件所使用的中断号等。系统中有哪些设备、它们是什么类型的、相应的参数是什么。所有这些信息都是在Windows操作系统、应用软件、硬件驱动程序安装时建立的。

### 6.3.2　注册表的作用

注册表是在系统和应用程序安装过程中自动生成的,当系统正确安装后,每次重新启动时,首先自动进行"即插即用"的检测,检测计算机的所有外部设备,并与注册表中的相关数据对照,看是否有已安装的硬件设备被修改过或是否又安装了新的硬件设备的情况。若有的话,则系统会自动更新注册表中有关项目或提示用户以手工的方式安装相应的驱动程序。当安装新的应用程序软件时,有的应用程序也会在注册表中设置相应的项目,如用户的注册信息、有关系统的配置信息以及该软件的一些常用信息等。

如果大家留意的话,肯定可以回忆起这样的情况:在使用计算机的过程中,系统经常会提示用户"必须重新启动计算机才能使新的设备生效,想现在就重新启动计算机吗?"当单击Yes按钮时,系统则重新启动,注册表中新的信息开始生效;否则,注册表中的信息没有发生任何变化,说明新的设备也没有起作用。

有人曾这样讲过,作为一个注册表用户,大概包括三种级别:初级用户、中级用户、高级用户。如果是初级用户,则可能连什么是注册表都搞不清楚,甚至从来没有听说过这个东西;如果是中级用户,则可能已经使用过注册表,并根据其相关指令修改过某些 Windows 设置,例如桌面背景、关机选项等;如果是高级用户,那么用户一定经常使用注册表,并调整注册表项及其值。可以肯定地说,用户对于 Windows 系统故障的分析、诊断、故障排除是非常熟悉的,自然用户也是一位计算机系统维护的高手了。所以了解和熟练掌握注册表的使用和维护方法是很有必要的。

Windows 系统注册表具有两个重要的优点:

(1) 它作为系统所有配置的一个集中库。在 Windows 早期版本中,配置数据可能位于硬盘上的数百个较小的初始化文件中,如 *.ini。而新的 Windows 版本则采用这种集中库的形式,可以很容易地访问和备份操作系统、应用程序软件和硬件组件的所有配置信息。

(2) 具有较强的共享配置信息的能力。注册表把所有配置信息存储在一个公共的位置,这样硬件组件、应用程序以及操作系统等可以很容易地找到它们可能需要的信息。

### 6.3.3　用注册表编辑器查看注册表

注册表编辑器是 Windows 系统中自带的实用程序——Regedit.exe,启动注册表编辑器可以查看和修改注册表中的信息。

具体方法为:执行任务栏中的"开始"→"运行"命令,在弹出对话框中输入"Regedit",然后单击"确定"按钮,此时出现图 6.21 所示窗口。

从图 6.21 中可以看出,注册表中数据的显示方式与 Windows 资源管理器表示硬盘、文件夹和网络资源的结构非常类似。通过注册表编辑器可以方便地检查系统的配置数据,改变用户参数的设置。

图 6.21　Windows 注册表编辑器

**注意**:如果错误地改变了注册表中某些关键性选项,可能会严重损坏计算机的系统,将使得系统不稳定或无法正常引导,甚至是致命的。所以在更改注册表之前,至少应该备份注册表,这样如果系统被破坏,可以修复注册表或将其还原为上次成功启动计算机时所使用的相同版本。否则,必须重新安装 Windows 系统。在重新安装系统时,所做的全部更改都可能丢失,例如 Service Pack 的升级,这些都要单独重新安装。

### 6.3.4　注册表的结构

不管用户的机器安装的是 Windows 98,还是 Windows(Professional,Server,Advanced Server,Data Center Server 等版本)、Windows Server 2003,它们的注册表结构基本都是相同的。注册表是以树状结构来组织数据的,有点儿像 Windows 资源管理器对文件的目录管理。其组织结构就像一棵大树,既具有根、杆、枝、叶之分,又具有明显的层次性。在整个组织结构中,"项"(KEY)是注册表的组织单元,包括根项、子项和项值等。

在"注册表编辑器"中,项出现在"注册表编辑器"窗口左窗格中的文件夹中。项可以包含子项和项值。例如,Environment 是 HKEY_CURRENT_USER 的一个表项。在 IP 安全(IPSec)中,和算法组合使用以加密或解密数据的值。可以配置 IPSec 的密钥设置,以提供更高的安全性。

(1) 根项:如果把注册表看做是一个物理"硬盘"的话,那么一个根项就相当于是它的一个逻辑"分区",也可以把它称为顶级项。通过注册表工具可以看到,Windows 共有 5 个根项 HKEY-CLASSES-ROOT、HKEY-CURRENT-USER、HKEY-LOCAL-MACHINE、HKEY-USERS、HKEY-CURRENT-CONFIG。

(2) 子项:注册表中包含项或其他子项的元素。紧邻项或子树(如果子树没有项)下方的注册表层。它是注册表中实际存储数据的组织单元,位于根项之下。每个根项或子项下面又可以有一个或多个子项,具体的结构项目是由它所配置的硬件设备、所安装的应用程序以及在 Windows 中所选择的选项决定的。

(3) 项值:注册表中最低级别的元素。项值出现在"注册表编辑器"窗口的详细信息窗格中。每个项值均由项值名称、数据类型和值组成。项值存储了影响操作系统和在该系统上运行的程序的配置数据。同样地,它们不同于注册表子树、项和子项,后者是容器。

例如,RefCount:REG-DWORD:0x01,即:

① 项值名称:RefCount。

② 数据类型:REG-DWORD。

③ 值:0x01。

在浏览注册表时,通过查看注册表编辑器右边窗口,可以判断某项是不是项值,并且显示其名称、数据类型和值。图 6.22 右边窗口就显示了多个项值。

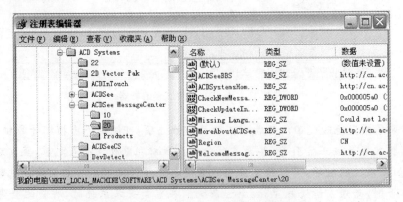

图 6.22　判断当前项是否为项值

从图 6.22 可以看出,注册表中的每个值都属于一种特定的数据类型,同时在其名称前用不同的图示标明。数据类型主要有:

(1) REG-BINARY。用于存储二进制数据,以十六进制来表示。例如 01000000。

(2) REG-DWORD。表示双字节数据,用十六进制或十进制数显示,共 32 位值。例如 0x000000c28(200)。

(3) REG-DWORD-LITTLE/BIG-ENDLAN:与 REG-DWORD 存储相同类型的值,但值的最高位字节最先存储。

(4) REG-MULTI-SZ:用于在单个项值中存储多个字符串值,每个字符串值都用 Null 字符分隔。

(5) REG-SZ:用于存储字符串信息,它最为常见。例如,用户默认登录名称、路径名等。

(6) REG-RESOURCE-LIST:保留给设备驱动程序使用。

(7) REG-QWORD:用于存储 64 位数据。

## 6.3.5　注册表主要部分的说明

### 1. HKEY-CLASSES-ROOT

该根项是 HKEY_LOCAL_MACHINE\software 的镜像,使用该根项是为了给那些与 Windows 3.x 注册表数据库相兼容的应用程序和服务提供支持,此处存储的信息可以确保当使用 Windows 资源管理器打开文件时将打开正确的程序。在这个根项中可看到两种类型数据。

(1) 文件扩展名关联。它将 Windows 中所安装的某个应用程序与该文件扩展名相关联,当用户双击特定类型的文件时,特定应用程序将启动并加载该文件。例如,双击一个扩展名为 .DOS 的文件时,Microsoft Word 将会被启动。

(2) OLE 配置。在该根项中文件扩展名列表之后是一些应用程序组件的项值,这些项值代表 Windows 中安装的应用程序所管理的特定数据类型。在这里列出这些数据类型是为了让所有应用程序都了解如何将特定数据与管理该种数据的应用程序相关联。当用户在一个应用程序的文档中嵌入其他应用程序所代表的对象时,可以很显然地看到这一点。例如,在一个字处理文件中插入一个电子表格。

### 2. HKEY-CURRENT-USER

该根项用于存储当前登录到系统上的用户配置信息和桌面配置内容。它包含用户文件夹、屏幕颜色和"控制面板"的相关设置内容。例如,用户桌面上的快捷方式、收藏夹、"开始"菜单内容等。

### 3. HKEY-LOCAL-MACHINE

该根项包含针对当前计算机上的所有硬件配置信息、当前计算机中已安装的软件信息以及安全和网络连接配置数据等。它们与用户的登录或注销无关,适用于所有用户。例如,CPU、端口、总线数据以及即插即用设置等。

### 4. HKEY-USERS

该根项存储了计算机上所有用户的配置文件,其中包含了一个与默认配置文件完全相同的配置文件信息。当用户不使用配置文件登录时,将会使用这个默认配置文件。也可以说 HKEY-CURRENT-USER 是它的一个子项。

### 5. HKEY-CURRENT-CONFIG

该根项包含了本地计算机在系统启动时所用的硬件配置文件信息。其实它是 HKEY-LOCAL-MACHINE\System\Current Control Set\Hard-ware Profiles\Current 的一个镜像。

## 6.4　实训二：注册表的常用操作和维护

### 6.4.1　实训目的

(1) 了解和掌握注册表的结构和其在系统中的作用。
(2) 掌握常见注册表编辑器的操作,了解一些注册表键值所代表的含义。
(3) 掌握对 Windows 操作系统开机启动项目的配置和管理。

### 6.4.2　实训前的准备

(1) 已安装好 Windows 操作系统的计算机数台。
(2) 复习本章前几节内容,重点掌握注册表的结构。

### 6.4.3　实训内容及步骤

本次实训部分重点练习注册表编辑器的备份、恢复、还原和修改的方法。为防止误操作,设定实训中练习操作的对象为 Windows 开机启动项。首先将操作系统的开机启动程序所在表键列举如下:

```
HKEY_CURRENT_USER\Software\Microsoft\Windows\CurrentVersion\Run
HKEY_CURRENT_USER\Software\Microsoft\Windows\CurrentVersion\Run\RunOnce
HKEY_LOCAL_MACHINE\SOFTWARE\Microsoft\Windows\CurrentVersion\Run
HKEY_LOCAL_MACHINE\SOFTWARE\Microsoft\Windows\CurrentVersion\Run\RunOnce
```

在上述表键中,能看到启动计算机操作系统后,操作系统随机立即启动的项目。删除一些键值,可以让计算机启动速度得到提高,并能去除一些木马病毒;增加一些项目,可以在启动时快速打开所需要的软件。

#### 1. 注册表的备份方法

为了保证系统的安全和稳定,防止注册表被破坏后能及时修复注册表,在进行实训前,先将全部或部分注册表内容导出到文本文件中。

操作步骤如下：

（1）在"注册表"菜单上单击"导出注册表文件"按钮。

（2）在"文件名"中输入注册表文件的文件名。

（3）在"导出范围"下执行以下任一操作：

① 要备份整个注册表，则单击"全部"按钮。

② 如果只备份注册表树的某一分支，则单击"选定的分支"按钮，然后输入要导出的分支名称。

（4）"保存"。一般可以用任何文本编辑器来处理新导出的注册表文件，注册表文件以 .reg 扩展名保存。

### 2．注册表的恢复方法

如果注册表被破坏，则需要执行"导入注册表文件"选项来恢复它，但必须要有备份过的注册表文件。

操作步骤如下：

（1）单击"注册表"按钮。

（2）单击"引入注册表文件"按钮。

（3）在"搜寻"项中选择原来导出的路径，找到原来导出的文件并选中，再单击"打开"按钮。

另外，如果 Windows 不能启动，可利用 Windows 启动盘来启动机器，再在 DOS 提示符下输入 Regedit 导出的文件名，然后按 Enter 键执行新命令。

### 3．还原注册表的方法

如果用户犯了一个错误，导致计算机无法正确启动，可以使用还原注册表的方法。

步骤如下：

（1）重新启动计算机。

（2）在看到消息"选择启动操作系统"后，按 F8 键。

（3）使用箭头键选择"最后一次正确的配置"项，然后按 Enter 键。

（4）使用箭头键选择要启动的操作系统，然后按 Enter 键。

执行以上操作可将注册表还原为上次成功启动计算机的状态。

**注意：**

（1）选择"最后一次正确的配置"是从故障（如新添加的驱动程序与硬件不相符）中恢复的一种方法，但是它不能解决由于驱动程序或文件被损坏或丢失所导致的问题。

（2）选择"最后一次正确的配置"时，Windows 只还原注册表项 HKLM\System\Current Control Set 中的信息。任何在其他注册表项中所做的更改均保持不变。

### 4．取消 Windows 默认共享

在 Windows XP 和 Windows Server 2003 等操作系统中，系统会根据计算机的配置自动创建部分特殊共享资源。尽管在"我的电脑"里这些共享资源是不可见的，在"Windows 资源管理器"中也是不可见的，但通过使用在共享资源名称的最后一位字符后输入"＄"的方

法,别人就能轻易找到这些特殊的共享资源。这些特殊的共享资源就相当于在用户的系统中开了一扇后门,如果不注意防范,危害是很大的。这些默认的共享在"计算机管理"控制台中,可以通过快捷菜单的"共享"命令来停止,但系统重新启动后,会自动恢复这些共享。彻底解决隐患的方法就是修改注册表中的项值。

(1) 禁止 C$、D$、E$ 一类的共享:

根项:HKEY-LOCAL-MACHINE。

子项:SYSTEM\CurrentControlSet\Services\lanmanserver\parameters。

名称:AutoShareServer。

数据类型:REG-DWORD。

数据:设置为"0"。

(2) 禁止 ADMIN$ 共享:

根项:HKEY-LOCAL-MACHINE。

子项:SYSTEM\CurrentControlSet\Services\lanmanscrver\parameters。

名称:AutoShareWKs。

数据类型:REG-DWORD。

数据:设置为"0"。

(3) 禁止 IPC$ 共享:

根项:HKEY-LOCAL-MACHINE。

子项:SYSTEM\CurrentControlSet\Control\Lsa。

名称:restrictanonymous。

数据类型:REG-DWORD。

数据:设置为"1"。

### 5. Windows 启动速度慢的问题

造成系统启动慢的问题很多,比如由于系统感染了病毒。这里重点列举两个与注册表有关的实例来说明。

(1) 在 Windows 系统中删除某些应用程序和硬件设备驱动程序后,大量的无用数据有时仍然被保留在注册表中,长时间后会导致 Windows 的启动和运行速度大大降低。要提高系统的启动和运行速度,必须删除这些"垃圾"数据。具体方法是:

首先导出整个注册表文件,并命名为 Whole.reg;然后重新启动系统到 MS-DOS 模式下,并输入命令:

C:\Windows>regedit/c whole.reg <Enter>

其中参数/c 表示从后面指定的文件中重新生成整个注册表。

(2) 在 Windows 启动时,许多程序可能将在保护系统环境中被加载,从而造成有时启动很慢,若要查看这些被 Windows 所加载的应用程序,可以打开注册表,并检查这个项值,并做必要的删改。

根项:HKEY-LOCAL-MACHINE。

子项:Software\Micorsoft\WindowsNT\CurrentVersion\Winlogon。

名称:PowerdownAfterShutdown。

数据类型：REG-SZ。

### 6. Windows 启动时的驱动器共享问题

通过注册表可以配置工作站上的软盘和光盘驱动器是否可以在网络上共享。因为在注册表中分别为这两种驱动器类型保留了一个单独的项值。对于每个项值，有两个选项可用：值为 0 表示只有在该域上具有管理员权限的用户可以远程地访问该驱动器，值为 1 表示只有在工作站上本地登录的用户才能访问该驱动器。

根项：HKEY-LOCAL-MACHINE。

子项：SOFTWARE\Microsoft\WindowsNT\CurrentVersion\Winlogon。

名称1：AllocateCD-ROM。

名称2：allocatefloppydrives。

数据类型：REG-DWORD。

### 7. 如何配置关机选项问题

**问题1**：最近有一个用户在使用机器时发现：以前在关机时，Windows 操作系统会自动切断电源，而现在却要手工来关掉电源，不知这是怎么回事儿？ 其实在注册表中有一个项值可以用于改变关机选项，在 PowerdownAfterShutdown 项值中使用 1，将可以在从"登录"对话框中选择"关机"命令之后自动地切断电源。

根项：HKEY-LOCAL-MACHINE。

子项：Software\Micorsoft\WindowsNT\CurrentVersion\Winlogon。

名称：PowerdownAfterShutdown。

数据类型：REG-SZ。

**问题2**：如何改变机器的默认注销和关机选项。

以下列出了用户可用的选项以及在注册表中想要使用的值。对于注销和关机，这个列表和值都是相同的。

0：注销。1：关机。2：重新启动。3：关机并关闭电源。

根项：HKEY-CURRENT-USER。

子项：SOFTWARE\Microsoft\WindowsNT\CurrentVersion\Shutdown。

名称1：LogoffSetting。

名称2：ShutdownSetting。

数据类型：REG-DWORD。

### 8. 更改 Windows 桌面以及图标问题

**问题1**：在启动 Windows 后，发现"我的文档"图标不见了，怎么办？

通过查找资料才知道此问题可能与注册表有关。在仔细查看注册表后发现：原来在注册表中添加了这个项值和支持项，并将其值设置为 1，这样就可以禁止在桌面上显示"我的文档"图标，所以只要把其值改为 0 即可。

根项：HKEY-CURRENT-USER

子项：Software\Windows\CurrentVersion\Policies\Nonenum

名称：{450D8FBA-AD25-11D0-98A8-0800361B1103}

数据类型：REG-DWORD

**问题 2**：如何从桌面上删除"网上邻居"图标？

多数家庭用户桌面上的"网上邻居"图标很少用到,为防止其他用户浏览网页,可以把它从桌面上删除掉。要删除此项内容,只要将该项值设置为 1 即可。

根项：HKEY-CURRENT-USER。

子项：Software\Microsoft\Windows\CurrentVersion\Policies\Nonenum。

名称：NoNetHood。

数据类型：REG-DWORD。

**问题 3**：如何隐藏桌面上的 Internet Explorer 图标？

只要将这个项值设置为 1 即可。

根项：HKEY-CURRENT-USER。

子项：Software\Microsoft\Windows\CurrentVersion\Policies\Explorer。

名称：NoInternetIcon。

数据类型：REG-DWORD。

### 9. 启用或禁止程序的自动运行问题

在使用包含 autorun 软件的磁盘、CD 或 DVD 时,经常会出现一插入盘片便马上自动运行的情况,这样有时给用户带来一定的麻烦。其实通过修改注册表可以禁止或启动其自动运行。其方法是添加如下注册表项,然后添加适当的项值/值。若要禁止所有驱动器的自动运行功能,可以输入值 255；若只想禁止 CD 或 DVD 驱动器的自动运行功能,则可以使用值 181。

根项：HKEY-CURRENT-USER。

子项：Software\Micorsoft\Windows\CurrentVersion\Policies\Explorer。

名称：NoDriveTypeAutoRun。

数据类型：REG-DWORD。

### 10. 安装文件时出现找不到文件的问题

问题：多数用户在安装 Windows 系统时,总是喜欢把安装文件先复制到硬盘上,然后再从硬盘上启动安装程序,但以后需要从安装文件中加载新文件时经常会出现问题,提示找不到文件的情况,怎么办？

其实 Windows 操作系统总是把第一个 CD-ROM 的驱动器字母默认为安装驱动器,而不是用户从中安装操作系统的驱动器,所以会导致这一问题的发生。要解决这一问题,可以更新如下注册表项的值为正确的驱动器字母(要包含冒号)。

根项：HKEY-CURRENT-USER。

子项：Software\Microsoft\Windows\CurrentVersion\Setup。

名称：SourcePath。

数据类型：REG-SZ。

任何一位用户在使用机器中都会碰到这样或那样的问题,只不过是问题的严重性不同罢了。其实,不管是致命的,还是非致命的系统故障,相当一部分都是与系统注册表有关的。由于篇幅所限,这里不可能一一列举出来,仅想通过几个常用故障实例来引导学员对注册表的重要性有一个更进一步的认识,起到举一反三的作用。

### 6.4.4 实训注意事项

(1) 在进行注册表编辑器操作时,注意先备份注册表。

(2) 在注册表的编辑器中,对操作系统的启动项目注意检查,确认无关紧要后可以删除和修改。

### 6.4.5 实训报告

实训结束后,按照上述实训内容和步骤的安排,根据所认识或掌握的相关知识写出实训体会。

### 6.4.6 思考题

(1) 错改 Windows 注册表会造成什么样的问题?应如何防止?

(2) C 盘重新安装 Windows 系统,原有的应用软件还保留在 D 盘(如 Office 2003),将原有的注册表复制到系统,请问 Office 应用软件不再安装,可以使用吗?

## 6.5 实训三:分区大师 PartitionMagic 软件的使用

### 6.5.1 实训目的

(1) 掌握 PartitionMagic 的安装与启动方法。

(2) 熟悉 PartitionMagic 软件的各项功能。

(3) 掌握利用 PartitionMagic 软件对硬盘进行重新分区的方法。

(4) 练习 PartitionMagic 软件的其他操作。

### 6.5.2 实训前的准备

(1) 已组装好的多媒体计算机一台。

(2) 带有 PartitionMagic 软件的光盘一张。

### 6.5.3 实训内容及步骤

经常使用计算机的朋友也许都遇到过这样的问题,在打开多个应用程序或是网页时,Windows XP 操作系统有时会发出虚拟内存不足这样的提示,解决这类问题的方法通常是对操作系统的虚拟内存进行重新设置。

造成这个问题还有一个真正原因是 C 盘的空间小,导致系统盘空间不足。在这种情况下,不得不考虑对硬盘各个分区的空间进行重新调整容量大小。诸如对各磁盘分区空间调整的工具软件目前已是非常之多,Partition Magic 便是非常实用的一款。

(1) 首先安装好 PartitionMagic 软件。

PartitionMagic 软件采用的是标准的 Windows 应用程序安装模式,安装过程中只需根据屏幕提示输入相关信息,计算机会自动安装。

安装完成后,程序会在"开始"菜单中建立程序组,从程序组中直接选择 PartitionMagic,便可启动 PartitionMagic 主程序。

(2) 从"开始"菜单的"程序"项中启动 PartitionMagic,结果如图 6.23 所示。

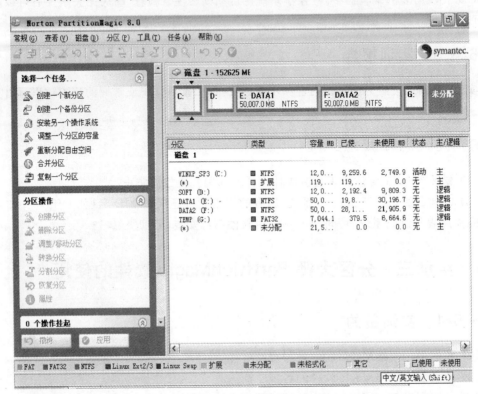

图 6.23　PartitionMagic 的主界面

(3) 创建新的硬盘分区(或拆分分区)。

① 打开 Norton PartitionMagic 8.0,如图 6.23 所示。选择需要调整分区容量的盘符,在操作界面左边窗口中单击"调整一个分区的容量"链接,系统将会弹出一个调整分区容量的对话框(此步骤也可以通过菜单来实现,方法是选择"任务"→"调整分区容量"命令即可),如图 6.24 所示。

② 如图 6.25 所示,提示主要是让用户将转换的分区内数据进行备份,以免操作失误后造成数据丢失。选择需要调整容量的分区,单击"下一步"按钮。

③ 如图 6.26 所示,调整需要调整分区的容量大小。可以通过直接输入数据和用鼠标直接单击容量文本框右边的上下选择键来实现。添加好需要调整的容量后,单击"下一步"按钮进入选择减少分区项。

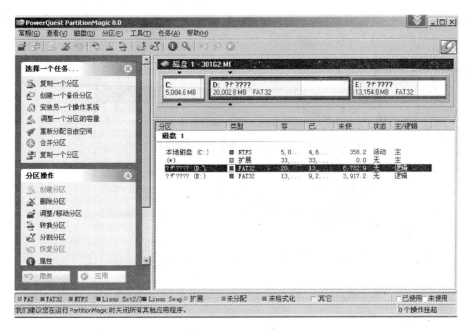

图 6.24　调整分区容量

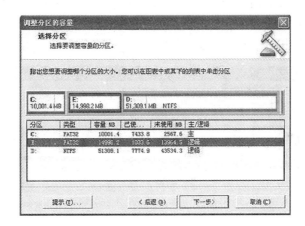

图 6.25　选择需要调整容量的分区

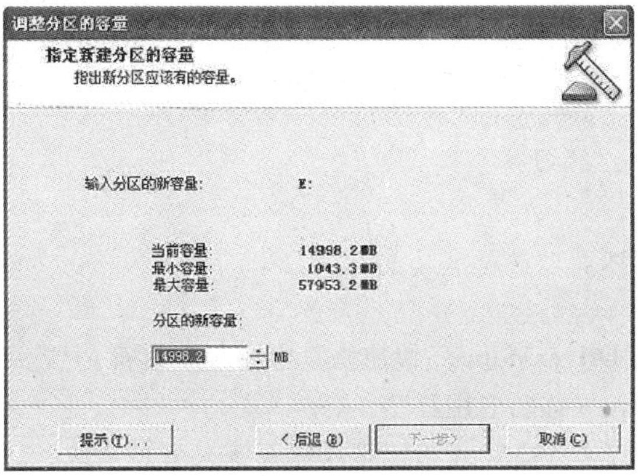

图 6.26　设定新容量

④ 在"减少哪一个分区的空间？"下选择需要减少容量的硬盘分区，这里选择的是"D："盘，如图 6.27 所示，可以很清楚地看到 D 盘前面的勾，表示选定。选好后单击"下一步"按钮进入下一个操作步骤。

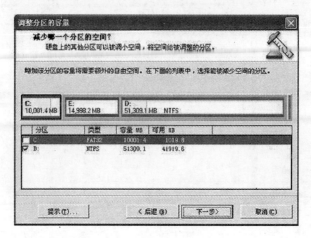

图 6.27　设定减少容量的分区

⑤ 图 6.28 所示是调整之前与调整之后的分区对比，如果觉得调整合适，单击"完成"按钮，即完成本次的操作。如果不满意，则可以单击"后退"按钮回到上一步进行重新设置，直到自己觉得满意后，单击"完成"按钮完成全部操作。

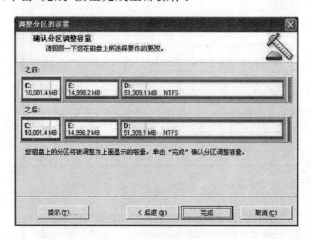

图 6.28　调整前后对比

以下内容请读者自己练习：

(1) 合并硬盘分区。

(2) 格式化硬盘分区。

(3) 复制硬盘分区。

(4) 利用实用工具 DriverMapper 快速修复应用程序盘符。

(5) 利用 MagicMover 移动应用程序。

(6) 利用快速引导工具 PQBoot 指定多操作系统来引导系统。

### 6.5.4　实训注意事项

（1）任何对硬盘操作的过程都会对硬盘内的数据带来不安全的影响，硬盘空间调整当然也不会例外。在进行分区容量大小调整前，最好先对需要调整容量大小的分区做备份，以便在操作失败以后能够顺利地恢复丢失的数据，确保数据的绝对安全。

（2）事先备份重要资料。PartitionMagic 对中文支持不好，事先应把中文目录和文件名改为英文，或者事先用压缩软件打包。

### 6.5.5　实训报告

本软件功能较多，且都很实用，请读者认真操作，熟练掌握它的每一个功能的用法，并结合体会写出详细的实训报告。

### 6.5.6　思考题

总结本实训中的常用工具软件的特点。

## 习题

（1）Windows 包括哪几种版本？

（2）"控制面板"中常用维护工具的主要用途是什么？

（3）如何查看系统设备和资源配置情况？

（4）管理工具共包括几种？各是什么？

（5）如何检查并修复磁盘错误？

（6）如何诊断系统硬件设备故障？

（7）如何整理磁盘碎片？

（8）如何创建紧急修复磁盘？

（9）如何在 Windows 中进行系统性能测试？

（10）什么是注册表？为什么要使用注册表？

（11）如何将注册表备份？如何将注册表恢复？

（12）如何通过注册表修改计算机启动项？

（13）PartitionMagic 软件的功能是什么？

# 第7章

# 计算机病毒的防范

越来越多的事实表明,防病毒不再只是计算机专家的事情,任何与计算机和网络打交道的人都必须具备基本的病毒知识和防病毒技巧,否则将随时面临病毒的威胁而手足无措。计算机病毒的发展促使人们必须加强对新知识的学习与关注,在网络时代,人们必须时刻关注自己是否已经受到了病毒的侵袭与干扰。所以只要想使用计算机和网络,就必须学会认识病毒,安装必要的杀毒软件,并及时升级。对于使用 Windows 系统的用户,还必须要经常留意 Microsoft 公司的安全公告,及时下载升级补丁。本章重点介绍计算机病毒的种类和如何处理计算机病毒的方法。

**本章学习要求:**

- 理论环节:
- 介绍计算机病毒的定义及分类。
- 重点认识计算机病毒的表现特征。
- 掌握计算机病毒的预防及安全管理。
- 重点学习计算机病毒的防范工具。
- 了解系统补丁的功效。

实践环节:

- 重点学习处理各种病毒的方法。
- 学习杀毒软件的使用。
- 学习系统补丁程序的安装。

## 7.1 计算机病毒知识

### 7.1.1 计算机病毒的定义与特点

#### 1. 计算机病毒的定义

在《中华人民共和国计算机信息系统安全保护条例》中,计算机病毒(Computer Virus)被明确定义为"编制或者在计算机程序中插入的破坏计算机功能或者破坏数据,影响计算机使用并且能够自我复制的一组计算机指令或者程序代码"。

### 2. 计算机病毒的特点

计算机病毒除了具有程序的特性外,还具有隐蔽性、潜伏性、可激活性和破坏性等特点。其中传染性(即自我复制能力)是计算机病毒最根本的特点,也是它与正常程序的本质区别。大部分计算机病毒在感染系统之后一般不会马上发作,它可长期隐藏在系统中,达到某种条件时被激活,它用修改其他程序的方法将自己的精确复制体或者可能演化的形式放入其他程序中,从而感染它们。任何计算机病毒只要侵入系统,都会对系统及应用程序产生不同的影响。轻则会降低计算机的工作效率,占用系统资源;重则可导致系统崩溃。

### 3. 计算机病毒的产生

计算机病毒不是来源于突发或偶然的原因。一次突发的停电或偶然的错误会在计算机的磁盘和内存中产生一些乱码和随机指令,但这些代码是无序和混乱的。计算机病毒则是一种比较完美的、精巧严谨的代码,它按照严格的秩序组织起来,可与所在的系统网络环境相适应和相配合。计算机病毒不是偶然形成的,它需要有一定的长度,这个基本的长度从概率上来讲是不可能通过随机代码产生的。

计算机病毒是人为的特制程序。现在流行的计算机病毒是由人故意编写的,大多数计算机病毒可以找到其作者和出处信息。通过大量的资料分析统计来看,计算机病毒作者主要是一些天才的程序员,他们为了表现自己和证明自己的能力,或为了表示对上司的不满,或为了好奇,或为了报复,或为了祝贺和求爱,或为了得到控制口令,或担心编制了软件却拿不到报酬而预留的陷阱等,编制了计算机病毒程序。当然,也有因政治、军事、宗教、民族等因素而编制的计算机病毒程序。此外,还有应专利等方面的需求而专门编写的,其中也包括一些病毒研究机构和黑客的测试病毒。目前,已经发现的计算机病毒已达上万种。由于计算机病毒具有隐蔽性、传染性等特点,因此实施计算机病毒干扰将在未来高科技战争中被广泛采用。一场计算机病毒大战已经拉开序幕,鏖战即将到来。

随着计算机科学的发展和信息技术的普及,病毒的研发群体也呈现出越来越明显的低龄化特征。一些青少年计算机爱好者也加入到病毒编写的行列,希望通过编写一个最有威胁性的病毒而一夜成名,而网络的发展也为这些计算机天才们提供了一个极佳的病毒试验场。

## 7.1.2　计算机病毒的分类

根据多年对计算机病毒的研究,按照科学、系统而严密的分类原则,计算机病毒有如下分类方法。

### 1. 根据病毒的存在媒体

根据病毒的存在媒体,计算机病毒可以划分为网络病毒、文件病毒和引导型病毒。

网络病毒通过计算机网络传播,感染网络中的可执行文件。其中,文件病毒感染计算机中的文件(如.com、.exe 和.doc 文件等),引导型病毒感染启动扇区(Boot)和硬盘的系统引导扇区(MBR)。此外,还有这三种情况的混合型。例如,多型病毒感染文件和引导扇区两种目标,这样的病毒通常都具有复杂的算法,它们使用非常规的办法侵入系统,同时使用了加密和变形算法。

### 2. 根据病毒的传染方法

根据病毒的传染方法,可分为驻留型病毒和非驻留型病毒。驻留型病毒感染计算机后,把自身的内存驻留部分存储在内存(RAM)中,并处于激活状态,一直到关机或重新启动为止。非驻留型病毒在得到机会激活时并不感染计算机内存。

### 3. 根据病毒的破坏能力

根据病毒的破坏能力可划分为以下几种:

(1) 无害型。这类病毒除了传染时减少磁盘的可用空间外,对系统没有其他影响。

(2) 无危险型。这类病毒仅仅是减少内存,显示图像,发出声音。

(3) 危险型。这类病毒在计算机系统操作中会造成严重的错误。

(4) 非常危险型。这类病毒删除程序,破坏数据,清除系统内存区和操作系统中重要的信息。

这些病毒对系统造成的危害并不是其本身的算法中存在危险的调用,而是当它们传染时会引起无法预料的和灾难性的破坏。由病毒引起其他程序产生的错误也会破坏文件和扇区,这些病毒也按照它们所引起的破坏程度来划分。现在的一些无害型病毒也可能会对新版的 DOS、Windows 和其他操作系统造成破坏。例如,在早期的病毒中,有一个 Denzuk 病毒在 360KB 磁盘上不会造成任何破坏,但是在后来的高密度软盘上却能引起大量数据的丢失。

### 4. 根据病毒的特有算法

根据病毒的特有算法,病毒可以划分为如下几类。

(1) 伴随型病毒。这类病毒并不改变文件本身,它们根据算法产生.exe 文件的伴随体,具有同样的名字和不同的扩展名。例如,xcopy.exe 的伴随体是 xcopy.com。病毒把自身写入.com 文件,并不改变.exe 文件,当 DOS 加载文件时,伴随体会优先被执行,再由伴随体加载执行原来的.exe 文件。

(2) "蠕虫"型病毒。这类病毒通过计算机网络传播,不改变文件和资料信息,利用网络从一台计算机的内存传播到其他计算机的内存,计算网络地址,将自身的病毒通过网络发送。它们有时在系统中存在,一般除了占用内存外不占用其他资源。

(3) 寄生型病毒。除了伴随型和"蠕虫"型外,其他病毒均可称为寄生型病毒,它们依附在系统的引导扇区或文件中,通过系统的功能进行传播。按算法可分为如下几类。

① 练习型病毒。这类病毒自身包含错误,不能进行很好的传播。

② 诡秘型病毒。它们一般不直接修改 DOS 中断和扇区数据,而是通过设备技术和文件缓冲区等 DOS 内部修改,不易看到资源,使用比较高级的技术。利用 DOS 空闲的数据区进行工作。

③ 变型病毒(又称幽灵病毒)。这类病毒使用一种复杂的算法,使自己每传播一份都具有不同的内容和长度。它们一般是由一段混有无关指令的解码算法和被变化过的病毒体组成。

### 7.1.3 计算机病毒的发展

在计算机病毒的发展史上,计算机病毒的出现是有规律的。一般地,一种新的病毒技术出现后,病毒迅速发展,接着反病毒技术的发展会抑制其流传。操作系统进行升级时,病毒也会调整为新的方式,产生新的病毒技术。病毒发展史可划分为如下几个阶段。

**1. DOS 引导阶段**

1987 年,计算机病毒主要是引导型病毒,具有代表性的是"小球"和"石头"病毒。当时的计算机硬件较少,功能简单,一般需要通过软盘启动后使用。引导型病毒利用软盘的启动原理工作,它们修改系统启动扇区,在计算机启动时首先取得控制权,减少系统内存,修改磁盘读/写中断,影响系统工作效率,在系统读/写磁盘时进行传播。1989 年,引导型病毒发展为可以感染硬盘,典型的代表有 DIR2。

**2. DOS 可执行阶段**

1989 年,可执行文件型病毒出现,它们利用 DOS 系统加载执行文件的机制工作,代表为"耶路撒冷"、"星期天"病毒。病毒代码在系统执行文件时取得控制权,修改 DOS 中断,在系统调用时进行传染,并将自己附加在可执行文件中,使文件长度增加。1990 年,它又发展成为复合型病毒,可感染 .com 和 .exe 文件。

**3. 伴随批次型阶段**

1992 年,伴随型病毒出现,它们利用 DOS 加载文件的优先顺序进行工作。具有代表性的是"金蝉"病毒。它感染 .exe 文件时,生成一个与 .exe 文件同名的扩展名为 com 的伴随体。它感染 .com 文件时,将原来的 .com 文件改为同名的 .exe 文件,再产生一个原名的伴随体,文件扩展名为 com。这样,在 DOS 加载文件时,病毒就取得控制权。这类病毒的特点是不改变原来的文件内容、日期及属性,解除病毒时只要将其伴随体删除即可。在非 DOS 操作系统中,一些伴随型病毒利用操作系统的描述语言进行工作,具有典型代表的是"海盗旗"病毒,它在得到执行时询问用户名称和口令,然后返回一个出错信息,将自身删除。批次型病毒是工作在 DOS 下的与"海盗旗"病毒类似的一类病毒。

**4. 幽灵多形阶段**

1994 年,随着汇编语言的发展,实现同一功能可以用不同的方式来完成,这些方式的组合使一段看似随机的代码产生相同的运算结果。幽灵病毒就是利用这个特点,每感染一次就产生不同的代码。例如,"一半"病毒就是产生一段有上亿种可能的解码运算程序,病毒体被隐藏在解码前的数据中,查杀这类病毒就必须能对这段数据进行解码,加大了查毒的难度。多形型病毒是一种综合性病毒,它既能感染引导区又能感染程序区,多数具有解码算法,一种病毒往往要两段以上的子程序方能解除。

**5. 生成器、变体机阶段**

1995 年,在汇编语言中,一些数据的运算放在不同的通用寄存器中,可运算出同样的结果,随机地插入一些空操作和无关指令,也不影响运算的结果。这样,一段解码算法就可以由生成器生成。当生成的是病毒时,则称之为"病毒生成器"和"变体机"。具有典型代表的是"病毒制造机(VCL)",它可以在瞬间制造出成千上万种不同的病毒,查解时就不能使用传统的特征识别法,需要在宏观上分析指令,解码后查杀病毒,变体机就是增加解码复杂程度的指令生成机制。

### 6. 视窗阶段

1996 年,随着 Windows 视窗系统的日益普及,利用 Windows 进行工作的病毒开始发展,它们修改 NE/PE 文件,典型的代表是 DS.3873。这类病毒的机制更为复杂,它们利用保护模式和 API 调用接口工作,解除方法也比较复杂。

### 7. 宏病毒阶段

1996 年,随着 Windows Word 功能的增强,使用 Word 宏语言也可以编制病毒,这种病毒使用类 BASIC 语言,编写容易,感染 Word 文档文件。在 Excel 和 AmiPro 出现的相同工作机制的病毒也归为此类。由于 Word 文档格式没有公开,这类病毒查杀比较困难。

### 8. 因特网阶段

1997 年,随着因特网的发展,各种病毒也开始利用因特网进行传播,一些携带病毒的数据包和邮件越来越多,如果不小心打开了这些邮件,机器就有可能中毒。在非 DOS 操作系统中,"蠕虫"是典型的代表,它不占用除内存以外的任何资源,不修改磁盘文件,利用网络功能搜索网络地址,将病毒传播到搜索到的地址,有时也在网络服务器和启动文件中存在。

### 9. 邮件炸弹阶段

2000 年,随着因特网上 Java 的普及,利用 Java 语言进行传播和资料获取的病毒开始出现,典型的代表是 Java Snake 病毒。还有一些利用邮件服务器进行传播和破坏的病毒,如 Mail-Bomb 病毒,它会严重影响因特网的效率。

### 10. 病毒变异阶段

2004 年 5 月 1 日,"震荡波"病毒开始传播,同以往那些通过电子邮件或以邮件附件形式传播的病毒不同,它可以自我复制到任何一台与因特网相连接的计算机上。在不到一周的时间内,震荡波的变种已经进入了第五代 F(Worm.Sasser.f)区域。该病毒已经在全球范围内感染了超过 1800 万台计算机,使得很多公司被迫中断运营来调试系统或者对所使用的防病毒软件进行升级更新。

### 11. 网络病毒发展阶段

2005 年以来,我国计算机病毒主要以木马病毒为主,潜伏性、隐蔽性是木马病毒的特征,因此从表现上已很难再发生类似"冲击波"、"熊猫烧香"这样的重大计算机病毒疫情。2009 年上半年监测发现的网页挂马事件和重大系统及应用软件漏洞,主要通过 Microsoft 公司的软件以及其他应用普遍的软件漏洞为攻击目标。2009 年上半年,Microsoft

Windows 操作系统接连被发现两个"零日"漏洞。同年 5 月 31 日，Microsoft DirectShow 漏洞在播放某些经过特殊构造的 QuickTime 媒体文件时，可能导致远程任意代码执行。

## 7.1.4 计算机病毒的破坏行为

计算机病毒的破坏行为体现了病毒的杀伤能力。病毒破坏行为的激烈程度取决于病毒作者的主观愿望和他所具有的技术能量。数以万计、不断发展扩张的病毒，其破坏行为千奇百怪，不可能穷举。根据现有的病毒资料，可以把病毒的破坏目标和攻击部位做如下归纳。

### 1．攻击系统数据区

攻击部位包括硬盘主引导扇区、Boot 扇区、FAT 表、文件目录。一般来说，攻击系统数据区的病毒是恶性病毒，受损的数据不易恢复。

### 2．攻击文件

病毒对文件的攻击方式很多，可列举如下：删除，改名，替换内容，丢失部分程序代码，颠倒内容，写入时间空白，变碎片，假冒文件，丢失文件簇，丢失数据文件。

### 3．攻击内存

内存是计算机的重要资源，也是病毒的攻击目标。病毒额外地占用和消耗系统的内存资源可以导致一些大程序受阻。

病毒攻击内存的方式有：占用大量内存，改变内存总量，禁止分配内存，蚕食内存。

### 4．干扰系统运行

病毒会干扰系统的正常运行，以此作为自己的破坏行为。此类行为也是花样繁多，可以列举下述诸方式：不执行命令，干扰内部命令的执行，虚假报警，打不开文件，内部栈溢出，占用特殊数据区，换现行盘，时钟倒转，重启动，死机，强制游戏，扰乱串并行口。

### 5．速度下降

病毒激活时，其内部的时间延迟程序启动。在时钟中纳入了时间的循环计数，迫使计算机空转，计算机速度明显下降。

### 6．攻击磁盘

攻击磁盘的现象有：攻击磁盘数据，不写盘，写操作变读操作，写盘时丢字节。

### 7．扰乱屏幕显示

病毒扰乱屏幕显示的方式很多，可列举如下：字符跌落，环绕，倒置，显示前一屏，光标下跌，滚屏，抖动，乱写，吃字符等。

### 8．干扰键盘

病毒干扰键盘操作，已发现有下述方式：响铃，封锁键盘，换字，抹掉缓存区字符，重复，输入紊乱。

### 9. 攻击喇叭

许多病毒运行时,会使计算机的喇叭发出响声。有的病毒作者让病毒演奏旋律优美的世界名曲,在高雅的曲调中去"杀戮"人们的信息财富;有的病毒作者通过喇叭发出种种声音。

### 10. 攻击 CMOS

在计算机的 CMOS 区中保存着系统的重要数据,如系统时钟、磁盘类型、内存容量等,并具有校验和。有的病毒激活时,能够对 CMOS 区进行写入动作,破坏系统 CMOS 中的数据。

### 11. 干扰打印机

干扰打印机的现象有假报警、间断性打印和更换字符。

## 7.2　实训一:常见计算机病毒的处理

### 7.2.1　实训目的

(1) 通过实训,了解计算机病毒的危害、表现形式和性能。
(2) 重点培养学员对计算机病毒的处理方法。
(3) 通过对病毒现象的分析,进一步提高对病毒的认识、分析与处理能力。

### 7.2.2　实训前的准备

(1) 必备正版的杀毒软件。
(2) 计算机能够上网下载各种杀毒软件。

### 7.2.3　实训内容及步骤

#### 1. 欢乐时光(VBS. HappyTime)病毒

1) 病毒介绍

此病毒是 1990 年发现的网络病毒,具体表现为在每个文件夹中驻留两个隐藏文件 desktop. ini 和 folder. htt。此病毒的特点是每次感染后都有变种。VBS. KJ 是一个感染 html、htm、jsp、vbs、php 和 asp 的脚本类病毒。与"欢乐时光"一样,该病毒采用 VBScript 语言编写,在因特网上通过电子邮件进行传播,也可以通过文件感染。利用 Windows 系统的"资源管理器"进行寄生与感染。感染后的机器系统资源被大量消耗,速度变慢。然而,与"欢乐时光"相比,VBS. KJ 病毒显然经过了改进。

2) 感染症状

首先,每次感染都会进行一次变形,可以逃过普通的特征码匹配查找方法。

其次,该病毒不会主动发送电子邮件,而是修改系统中 Microsoft Outlook Express/2000/XP 的设置,采用 html 格式来撰写邮件,病毒感染全部邮件。当发送邮件时,病毒会附在邮件中,隐蔽性更强。

最后,会感染 html、htm、jsp、vbs、php 和 asp 等格式的文件,不会删除系统文件。

危害表现为:导致系统速度减慢,某种变种在月份和日期加起来等于 13 的时候会删除机器内所有的网页文件。

3) 解决方法

使用"欢乐时光"病毒专杀工具,尽量不要使用感染该病毒的软盘。

**2. CIH 病毒**

1) 病毒介绍

CIH 病毒是中国台湾省年仅 24 岁的陈盈豪(Chen Ing-Hao)编制的驻留型计算机病毒,由于其名字第一个字母分别为 C、I、H,因此成为计算机病毒名称的由来。1998 年 4 月 26 日是世界发作率最高的日期,该病毒属于 Win32 家族,会感染 Windows 95/98 系统中以 exe 为后缀的可执行文件。它具有极大的破坏性,可以重写 BIOS 使之无用(只要计算机的微处理器是 Pentium Intel 430TX),其后果是使用户的计算机无法启动。该计算机病毒不会影响 MS-DOS、Windows 3.x 和 Windows NT 操作系统。

该计算机病毒的第一个变种称为 CIH v1.3 或 CIH.1010,这个变种会在每年的 6 月 26 日发作,它在其代码中包含字符串"CIH v1.3 TT IT"。第二个变种称为 CIH v1.4 或 CIH.1019,它会在每个月的 26 日发作,具有极大的破坏性。它将删除 Flash BIOS 中的所有信息,因此会使计算机连系统盘都找不到,因为 BIOS 中已经没有执行该功能的程序。

2) 感染症状

CIH 将自己的代码存储在硬盘受感染文件的可用扇区内,因此这些文件的长度不会增加,达到了隐藏的目的。事实上,计算机病毒感染以 exe 为扩展名的 Windows 可执行文件,其原因是这些文件内有大量的可用扇区,以便于隐藏计算机病毒代码。CIH 只影响 32 位文件,因此只限于 Windows 95/98 系统。当 CIH 病毒进入内存后,它会截取 Installable File System (IFS)以便感染所有扩展名为 exe 的可执行文件。

(1) 会驻留内存。这意味着 Windows95/98 系统调用(打开、关闭、重命名、复制或运行)任何以 exe 为扩展名的文件时都会感染 CIH 病毒。

(2) 覆盖和重写 BIOS 信息使之无法工作。

(3) 破坏硬盘中的所有信息(格式化硬盘)。遭到计算机病毒破坏的计算机启动时有如下提示:DISK BOOT FAILURE,INSERT SYSTEM DISK AND PRESS ENTER。而且,如果用户从软盘引导并试图访问硬盘,就会出现信息 INVALID DRIVE SPECIFICATION。

3) 传播途径

CIH 可利用所有可能的途径进行传播,如软盘、CD-ROM、Internet、FTP 下载和电子邮件等。只有在执行受感染的文件时,该病毒才会发作,否则该病毒将永远处于潜伏状态。

4) 解决方法

唯一的解决方法是替换系统原有的芯片(Chip)。该病毒于每年的 6 月 26 日发作,它还会破坏计算机硬盘中的所有信息。

### 3. 蠕虫代码病毒

1) 病毒介绍

(1) "CodeRed Ⅱ"(红色代码Ⅱ)病毒。"红色代码Ⅱ"是病毒发展史上继 1988 年"莫里斯"蠕虫之后又一里程碑式的突破。它利用 Windows 2000/NT 中 IIS 服务的一种缓冲区溢出漏洞,通过大规模的 80 号端口扫描,搜寻具有这种漏洞的主机系统,病毒在含有该漏洞的主机系统中注入一段用汇编语言编写的木马程序,它不仅具有完全控制被感染系统的最高权限,可以任意破坏或泄露系统上的文件,而且它的大规模自动扫描行为还可以导致网络通信和服务的拥塞乃至瘫痪,是一种借助病毒实施的拒绝服务攻击。每一台被感染的计算机同时就会成为一个新的攻击源和感染源,具有极强的破坏力和极广的传播面。

(2) "CodeBlue"(蓝色代码)病毒。"蓝色代码"是一种专门攻击 Windows 2000 系统的恶性网络蠕虫病毒,曾经在我国部分用户中流行。一旦该病毒感染计算机,将大量占用系统内存,导致系统运行速度下降直至系统瘫痪。

"蓝色代码"利用了 Windows 2000 IIS 更深的漏洞来传播,比"红色代码Ⅱ"具有更强大的攻击性,病毒能轻易绕过 IIS 的审查对服务器进行传染,即使没有安装 IIS 的服务器也同样会被感染,植入并运行名为 SVCHost 的黑客程序,该病毒使得服务器被重复感染,最终导致系统运行缓慢,甚至瘫痪。

2) 病毒危害

"红色代码Ⅱ"不再是一个简单的病毒,它集病毒、蠕虫、特洛伊木马和黑客工具等特点于一身,是一个划时代的新形式的恶意程序。它利用系统的堆栈溢出攻击方式作为传播方式,以网络的各种服务器系统作为攻击目标和传播载体(如 Windows NT/2000 等,UNIX 系统也难逃此劫),一旦攻击成功,便会在系统内植入危害极大的后门程序,攻击者将可以改写 Web 页面,用垃圾数据重写硬盘,删除文件,窃取服务器机密数据,等等。总之,只要黑客愿意,便可以随心所欲,无所不能。

3) 传染途径

与"红色代码Ⅱ"相比,"蓝色代码"的攻击范围更广,传染性更强,黑客程序运行后全面掌握被感染系统的控制权,同时修改注册表中有关 ISS 的设置,并在开机时开启程序的注册表项,添加自动运行黑客程序的功能,重新启动时黑客程序将自动运行,这比"红色代码Ⅱ"病毒更为狡猾。

"蓝色代码"病毒制作显然是受到了"红色代码Ⅱ"病毒的启发,采用类似的传播机理:"红色代码Ⅱ"利用的是 IIS 服务的漏洞,而"蓝色代码"利用的是 inetinfo.exe 文件的漏洞,由于 inetinfo.exe 文件在 Windows NT/2000 操作系统中无处不在,故其传染能力和破坏能力比"红色代码Ⅱ"要大得多。驻留的黑客程序严重威胁信息安全,如果不严加防范,很可能导致更大的危机。

4) 解决方法

如果感染了 CodeBlue 网络蠕虫病毒的话,在 Windows 2000"系统信息"的"软件环境"下的"启动程序"中,可以看到名为 Domain Manager(域名管理器)的程序。该程序的具体指向是 c:\svchost.exe,该文件可以被所有的用户使用。

该病毒在系统的注册表中增加了键值 HKEY_LOCAL_MACHINE\SOFTWARE\

MICROSOFT\WINDOWS\CURRENTVERSION\RUN，其中有字符串键值 Domain Manager，该文件引用的是 c:\svchost.exe。而 svchost.exe 文件还会创建一个脚本文件 D.VBS，被修改的系统会运行 D.VBS。

该进程会启动很多次，大量占用系统内存，导致系统运行速度下降并引发系统瘫痪。系统的 CPU 占用率有时会达到 100%，而运行的 svchost.exe 程序占用最多。

### 4. 特洛伊木马病毒

1）病毒介绍

2001 年 9 月 5 日，Qualys 发布了一个基于 Linux 病毒的安全警报。这个病毒叫做"远程 shell 特洛伊木马"（Remote Shell Trojan），专门攻击 Linux ELF 格式的二进制可执行文件。

2）感染症状

该病毒具有复制自己的能力。当它被运行时，它就会感染所有 bin 目录和当前目录下的所有二进制文件。除此之外，该病毒还产生一个进程，在 5503 UDP 端口上监听。当这个进程收到一个特制的报文之后，就通过一个系统调用连接到源地址。

3）传染途径

通常，在 UNIX 系统中病毒不算是一种真正的威胁。一个工作在普通用户权限下的病毒是不能感染没有写权限的二进制文件的。不过每次执行被感染的可执行文件，它就会感染当前目录下的二进制可执行文件，因此还是有一定威胁的。一旦在 root 权限下不小心执行了被病毒感染的文件，它就会感染这个 bin 目录下的文件。一旦执行了像 ls 之类常用的系统命令，当前目录下的所有目录中的二进制可执行文件都会被感染。攻击者还可以通过 RST 的后门进程获得更高的权限。

4）解决方案

最好能够使二进制可执行文件将来能够具有对 RST 的免疫力。把 ELF 文件正文段增加 4096B，使正文段和数据段之间的空洞（Hole）消失，以提高系统对 RST 病毒的免疫力。采取了这种措施以后，RST 病毒就没有空间在二进制可执行文件中写入自身的代码了。

这段清除病毒的代码非常简单易用。用户能够决定是否递归地自动检测清除 RST 病毒，或者对二进制可执行文件一个一个地使用这个清除程序。在这种模式下，系统管理者可以知道二进制可执行文件是否受到感染，是否具有免疫能力。

### 5. 冲击波（Blaster）病毒

1）病毒介绍

2003 年 8 月 11 日，在美国暴发的"冲击波"蠕虫病毒开始肆虐全球，阴影迅速笼罩欧洲、南美、澳洲、东南亚等地区。据报道，截至 2003 年 8 月 14 日，全球已有 25 万台计算机受到攻击。我国的北京、上海、广州、武汉、杭州等城市也遭到强烈攻击，从 2003 年 8 月 11 日到 13 日，短短 3 天时间内就有数万台计算机被感染，4100 多个企事业单位的局域网遭受重创，其中 2000 多个局域网陷入瘫痪，严重阻碍了电子政务、电子商务等工作的开展，给企业造成了巨大的经济损失。

2）感染症状

该病毒主要影响包括 Windows NT/2000/XP 及 Server 2003 在内的操作系统。

（1）病毒运行时会将自身复制到 Windows 目录下，并命名为 msblast.exe。

（2）病毒运行时会在系统中建立一个名为 billy 的互斥量，目的是只保证在内存中有一份病毒体，以避免被用户发现。

（3）病毒运行时会在内存中建立一个名为 msblast.exe 的进程，该进程就是活的病毒体。

（4）病毒会修改注册表，在 KEY_LOCAL_MACHINE\SOFTWARE\Microsoft\Windows\Currentversion\Run 中添加键值"windows auto update" = "msblast.exe"，以便每次启动系统时，病毒都会运行。

（5）病毒体内隐藏有一段文本信息：

i just want to say love you san!!
billy gates why do you make this possible？stop making money and fix your software!!

（6）病毒会每隔 20s 检测一次网络状态，当网络可用时，病毒会在本地的 udp/69 端口上建立一个 TFTP 服务器，并启动一个攻击传播线程，不断地随机生成攻击地址进行攻击。另外，该病毒攻击时会首先搜索子网的 IP 地址，以便就近攻击。

（7）当病毒扫描到计算机后，就会向目标计算机的 TCP/135 端口发送攻击数据。

（8）当病毒攻击成功后，便会监听目标计算机的 TCP/4444 端口并作为后门，并绑定 cmd.exe 文件。然后蠕虫会连接到这个端口，发送 tftp 命令，回连到发起进攻的主机，将 msblast.exe 传到目标计算机上并运行。

（9）当病毒攻击失败时，可能会造成没有打补丁的 Windows 系统 rpc 服务崩溃。若是 Windows XP 系统，可能会自动重启计算机。该蠕虫不能成功攻击 Windows Server 2003，但是可以造成 Windows Server 2003 系统的 rpc 服务崩溃，默认情况下是系统反复重启。

（10）病毒检测到当前系统月份是 8 月之后或者日期是 15 日之后，就会向 Microsoft 的更新站点 WindowsUpdate.com 发动拒绝服务攻击，使 Microsoft 网站的更新站点无法为用户提供服务。

3）传播途径

"冲击波"病毒可利用最近在部分 Windows 操作系统中发现的 RPC DCOM 漏洞，利用 Internet 通过 135 端口直接进入用户的计算机。一旦入侵得逞，它将导致受感染计算机的缓存溢出。"冲击波"病毒并非通过常规途径传播，而是利用容易被攻击的 Internet 入侵系统。

4）解决方法

（1）DOS 环境下清除该病毒。

① 当用户中毒出现以上现象后，用 DOS 系统启动盘启动进入 DOS 环境下，进入 C 盘的操作系统目录下输入操作命令集：

```
c:
cd c:\windows
```

或

```
cd c:\winnt
```

② 查找目录中的 msblast.exe 病毒文件。命令操作集：

dir msblast.exe /s/p

③ 找到后进入病毒所在的子目录，然后直接将该病毒文件删除。

del msblast.exe

(2) 在安全模式下清除病毒。如果用户手头没有 DOS 启动盘，还有一个方法，就是启动系统后进入安全模式，然后搜索 C 盘，查找 msblast.exe 文件，找到后直接将该文件删除，然后再次正常启动计算机即可。

(3) 给系统打补丁的方案。当用户手工清除了病毒体后，应上网下载相应的补丁程序，用户可以先进入 Microsoft 网站，下载相应的系统补丁，为系统打上补丁。以下是补丁的具体下载地址：

① 对于 Windows 2000，下载地址为：

http://microsoft. com/downloads/details. aspx?familyid＝c8b8a846-f541-4c15-8c9f-220354449117 & displaylang＝en(连接到第三方网站)

② 对于 Windows XP 32 位版本，下载地址为：

http://microsoft. com/downloads/details. aspx?familyid＝2354406c-c5b6-44ac-9532-3de40f69c074& displaylang＝en(连接到第三方网站)

③ 用户也可以直接登录瑞星网站来下载相应的补丁程序。

http://it. rising. com. cn/newsite/channels/info/virus/topicdatabasepackage/1214590054-7. htm

(4) 安装下载补丁程序。单击补丁程序中的 Setup 文件，按安装向导执行，安装完成后，可在"控制面板"中"添加/删除程序"窗口中的"目前安装的程序"列表框中看到刚刚安装的补丁程序，如图 7.1 所示。

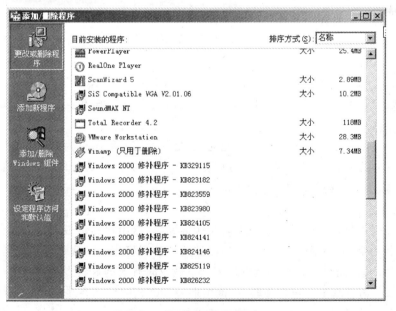

图 7.1　"添加/删除程序"窗口

### 6. 木马病毒

1) 病毒介绍

近几年来,一些别有用心的人利用 QQ 传播木马病毒,俗称"QQ 尾巴"和"QQ 林妹妹"。该病毒会偷偷隐藏在用户的系统中,发作时会寻找 QQ 窗口,给在线上的 QQ 好友发送诸如"快去这看看,里面有蛮好的东西"之类的假消息,诱惑用户单击一个网站。如果有人信以为真并单击该链接的话,就会被病毒感染,然后成为病毒源,继续传播。2003 年 10 月 18 日出现的新型恶性 QQ 病毒"QQ 伪装专家(Trojan. QQ camoufleur)"虽然已经被瑞星公司捕获,但鉴于这个病毒有出现新版本的可能,所以广大用户还是应该做好防毒准备。

该病毒并不是利用 QQ 本身的安全漏洞传播,它实际上是在一些知名度不是很高的网站首页上嵌入了一段恶意代码,利用 Windows 系统下 Internet Exploer 的系统漏洞自动运行恶意木马程序,从而达到侵入用户系统,进而借助 QQ 发送垃圾信息的目的。这类网站暂且称为垃圾网站,用户机器如果没有安装系统漏洞补丁或者没有将 IE 升级到 6.0 版本,那么使用 IE 内核系列的浏览器访问这些垃圾网站时,在其访问的网页中嵌入的恶意代码即被运行,就会紧接着通过 IE 的漏洞运行一个木马程序进驻用户机器。

此病毒用高级语言编写并用 aspack 工具压缩。病毒会伪装成真正的 QQ 程序启动,并在桌面上建立一个名为 QQ2000b 的快捷方式,而真正的 QQ 快捷方式是"腾讯 QQ"。病毒运行时会将用户的 QQ 号码与密码偷偷发送到指定邮箱。该病毒具有极强的网络传染能力,如果发现局域网中有共享目录,便将自身复制到共享目录下,诱使用户运行。

2) 感染症状

(1) 使打印机无故打印乱码。

(2) 在桌面上建立一个名为 QQ2000b 的快捷方式。

(3) 启动后会将自己复制到系统目录下,并改名为 Windll. exe、photo. gif. exe 和 note-pads. exe。

(4) 病毒会在注册表的 HKEY_LOCAL_MACHINE\Software\Microsoft\Windows \Current-Version\Run 项中添加一个键值为 WinInte,内容为 C:\WinNT\System32\windll. exe 的自启项。

(5) 病毒会修改注册表,将命令接口(HKEY_CLASSES_ROOT\Txtfile\shell\open\command)改为病毒体,这样即使是自启动项被用户删除了,病毒也会照常运行。

3) 传染途径

病毒会通过邮件系统传播。建立标题为"这是我的照片",附件为 photo. gif. exe 的病毒邮件。另外,病毒还会攻击打印机。一旦检测到打印机的存在,病毒便会不断地通过打印机大量打印病毒代码,损耗打印机,浪费纸张。

4) 解决方法

随时升级杀毒软件。为长期有效地防止病毒肆虐,给用户提供最完善的服务,腾讯公司已与国内著名的金山、瑞星公司达成协议,由这两家公司将相关的病毒专杀工具正式授权给腾讯公司,广大 QQ 用户可以直接从腾讯网站下载及时有效的病毒专杀工具。

(1) 腾讯公司与瑞星公司强强联手,推出瑞星 QQ 相关病毒在线查杀,完全免费。腾讯公司同时提醒用户及时升级到金山毒霸或者瑞星杀毒最新版,以对付可能发生的病毒蔓延。

金山毒霸网址：http://www.duba.net。

瑞星杀毒网址：http://www.rising.com.cn。

（2）安装系统漏洞补丁。由上述的病毒传播方式可知，即使不执行病毒文件，病毒依然可以借助系统的漏洞自动执行，以达到感染的目的。因此，随时安装系统漏洞补丁与升级杀毒软件一样重要。为 IE 6.0 的漏洞打补丁就可以修补 iFrame 漏洞，防患于未然。

IE 6.0 补丁下载地址：

http://www.microsoft.com/windows/ie/downloads/critical/q319182/download.asp。

### 7. 震荡波病毒

1）病毒介绍

目前，全世界很多计算机系统被"震荡波"病毒大规模袭击过。"震荡波"病毒于 2004 年5 月 1 日开始传播，同以往那些通过电子邮件或是邮件附件形式传播的病毒不同，它可以自我复制到任何一台与因特网相连接的计算机上。在不到一周的时间内，震荡波的变种已经进入了第五代 F(Worm.Sasser.f)区域。该病毒已经在全球范围内感染了超过 1800万台计算机，使得很多公司被迫中断运营来调试系统或者对所使用的防病毒软件进行升级更新。

"震荡波"病毒的核心思路是利用 Windows 操作系统的一个常驻系统服务的缓冲区溢出漏洞，通过 TCP 端口攻击网上的其他目标计算机。中毒计算机又成为新的病毒源，如此引起"多米诺骨牌"效应的大面积传播。涉及的系统包括 Windows 2000/XP/Server 2003。感染该病毒的计算机将会自动关机并重启，而且会多次重复这一过程。该病毒的首要目的就是尽可能多地传染一些未打上软件补丁的计算机。病毒一旦被激活，就会把自身复制到Windows 系统目录中，并且在系统的 start-up 上加上注册密钥。在这个过程中，计算机用户无能为力。不过幸运的是，目前还没有发现"震荡波"病毒会给计算机系统造成其他形式的破坏。

据报道，包括欧盟、芬兰银行、澳大利亚铁路控制中心以及西班牙国家法庭在内的多家知名机构曾经受到了"震荡波"病毒的侵袭。

它的制造者是德国下萨克森州一名 18 岁高中生，他供认自己编写了"震荡波"计算机病毒程序并在因特网上散播。

2）感染症状

病毒创建注册表项，使得自身能够在系统启动时自动运行，在 KEY_LOCAL_MACHINE\Software\Microsoft\Windows\CurrentVersion\Run 下创建键值"avserve"="c:\WINNT\avserve.exe"。

受感染的系统可能死机或者重新启动，同时由于病毒扫描 A 类或 B 类子网地址，目标端口是 TCP 445，可能会对网络性能有一定影响，尤其可能造成局域网瘫痪，并可以在 TCP 9996 端口创建远程 shell。该病毒在传播和破坏形式上与"冲击波"病毒相类似。

3）传播方式

该病毒通过系统漏洞主动进行扫描，当发现网络中存在 Microsoft SSL 安全漏洞时进行攻击，然后在受攻击的系统中生成名为 cmd.ftp 的 FTP 脚本程序，通过 TCP 5554 端口下载蠕虫病毒。

4) 解决方法

(1) 解决病毒的方法一。

① 删除病毒主程序。使用干净的系统启动盘引导系统到纯 DOS 模式,然后转到系统目录(默认的系统目录为 C:\windows),分别输入以下命令,以便删除病毒程序。

```
C:\windows\system32\> del ?_up.exe
C:\windows\system32\> cd .
C:\windows\> del napatch.exe
```

完成后,取出系统启动盘,重新引导到 Windows 系统。

如果没有系统启动盘,可以在引导系统时按 F5 键,也可进入纯 DOS 模式。

② 清除病毒在注册表里添加的项。打开注册表编辑器,选择"开始"→"运行"命令,输入 regedit,运行注册表编辑器,依次双击左侧面板中的 HKEY_CURRENT_USER\SOFTWARE\Microsoft\Windows\CurrentVersion\Run,在右边的面板中找到并删除如下项目:"napatch"="%SystemRoot%\napatch.exe IIKEY_LOCAL_MACHIN E>Software>Microsoft> Windows>CurrentVersion>Run",并删除面板右侧的"avserve"="c:\winnt\avserve.exe",关闭注册表编辑器。

(2) 解决病毒的方法二。

① 使用进程管理器结束病毒进程。用鼠标右键单击任务栏,在弹出的快捷菜单中选择"任务管理器"命令,在弹出的"Windows 任务管理器"窗口中选择"进程"选项卡,在列表框内找到并选中病毒进程 avserve2.exe,单击"结束进程"按钮,然后单击"是"按钮,结束病毒进程,然后关闭"Windows 任务管理器"窗口。

② 查找并删除病毒程序。通过"我的电脑"或"资源管理器"进入系统目录(Winnt 或 Windows),找到文件 napatch.exe 将其删除。然后进入系统目录(Winnt\system32 或 windows\system32),找到文件? _up.exe 将其删除。

③ 清除病毒在注册表里添加的项。有关病毒信息和清除方法可登录 http://vil.nai.com/vil/content/v_125012.htm,进行进一步查询。McAfee AVERT 建议用户使用 4357 DAT 文件来保护机器。

④ 安装系统补丁程序。到以下网站下载安装补丁程序:http://www.microsoft.com/technet/security/bulletin/MS04-011.mspx。或者,通过选择 IE 浏览器的"工具"→Windows Update 命令升级系统。

⑤ 重新配置防火墙。重新配置边界防火墙或个人防火墙,关闭 TCP 5554 和 9996 端口。

### 8. 灰鸽子病毒

1) 病毒简介

"灰鸽子"是国内一款著名后门。比起前辈"冰河"、"黑洞"来,"灰鸽子"可以说是国内后门的集大成者。其丰富而强大的功能、灵活多变的操作、良好的隐藏性使其他后门都相形见绌。客户端简易便捷的操作使刚入门的初学者都能充当黑客。当使用在合法情况下时,灰鸽子是一款优秀的远程控制软件。但如果拿它做一些非法的事,"灰鸽子"就成了很强大的黑客工具。这就好比火药,用在不同的场合,给人类带来不同的影响。

"灰鸽子"的客户端和服务器端都是采用 Delphi 编写。黑客利用客户端程序配置出服务器端程序。可配置的信息主要包括上线类型(如等待连接还是主动连接)、主动连接时使用的公网 IP(域名)、连接密码、使用的端口、启动项名称、服务名称、进程隐藏方式、使用的壳和图标等。

2) 病毒危害

国家计算机病毒应急处理中心通过对因特网的监测发现,近期出现了"灰鸽子"的新变种。专家指出,该变种在受感染计算机系统中运行后,会将病毒文件复制到系统的指定目录下,并将文件属性设置为只读、隐藏或存档,使得计算机用户无法发现并删除。该变种还会修改受感染系统注册表中的启动项,使得变种随计算机系统启动而自动运行。

另外,该变种还会在受感染操作系统中创建新的 IE 进程,并设置其属性为隐藏,然后将病毒文件自身插入到该进程中。如果恶意攻击者利用该变种入侵感染计算机系统,那么受感染的操作系统会主动连接互联网络中指定的服务器,下载其他病毒、木马等恶意程序,同时恶意攻击者还会窃取计算机用户的键盘操作信息(如登录账户名和密码信息等),最终造成受感染的计算机系统被完全控制,严重威胁到计算机用户的系统和信息安全。

3) 传播方式

与"熊猫烧香"病毒的"张扬"不同,"灰鸽子"更像一个隐形的贼,潜伏在用户"家"中,监视用户的一举一动,甚至用户与 MSN、QQ 好友聊天的每一句话都难逃"鸽"眼。专家称,"熊猫烧香"还停留在对计算机自身的破坏,而"灰鸽子"已经发展到对"人"的控制,而被控者却毫不知情。从某种意义上讲,"灰鸽子"的危害及危险程度超出"熊猫烧香"10 倍。

"灰鸽子"自身并不具备传播性,一般通过捆绑的方式进行传播。"灰鸽子"传播的 4 大途径是网页传播、邮件传播、IM 聊天工具传播和非法软件传播。

(1) 网页传播:病毒制作者将"灰鸽子"病毒植入网页中,用户浏览即感染。

(2) 邮件传播:"灰鸽子"被捆绑在邮件附件中进行传播。

(3) IM 聊天工具传播:通过即时聊天工具传播携带"灰鸽子"的网页链接或文件。

(4) 非法软件传播:病毒制作者将"灰鸽子"病毒捆绑进各种非法软件,用户下载解压安装即感染。

4) 解决方法

(1) "灰鸽子"的手工检测。由于正常模式下"灰鸽子"会隐藏自身,因此检测"灰鸽子"的操作一定要在安全模式下进行。进入安全模式的方法是启动计算机,在系统进入 Windows 启动画面前按下 F8 键(或者在启动计算机时按住 Ctrl 键不放),在出现的启动选项菜单中选择 Safe Mode 或"安全模式"。

① 由于"灰鸽子"的文件本身具有隐藏属性,因此要设置 Windows 显示所有文件。打开"我的电脑"窗口,选择"工具"→"文件夹选项"命令,在打开的"文件夹选项"对话框中选择"查看"选项卡,取消对"隐藏受保护的操作系统文件"复选框的勾选,并在"隐藏文件和文件夹"中选择"显示所有文件和文件夹"单选按钮,然后单击"确定"按钮。

② 打开 Windows 的"搜索文件",文件名称输入"_hook.dll",搜索位置选择 Windows 的安装目录(默认 Windows 98/xp 为 C:\windows,Windows 2000/NT 为 C:\Winnt)。

③ 经过搜索,会在 Windows 目录(不包含子目录)下发现一个名为 Game_Hook.dll 的文件。

④ 根据"灰鸽子"原理分析知道,如果 Game_Hook.dll 是"灰鸽子"的文件,则在操作系统安装目录下还会有 Game.exe 和 Game.dll 文件。打开 Windows 目录,果然有这两个文件,同时还有一个用于记录键盘操作的 GameKey.dll 文件。

经过这几步操作,基本就可以确定这些文件是"灰鸽子"服务器端了,就可以进行手动清除。

(2)"灰鸽了"的手工清除。经过上面的分析,清除"灰鸽子"就很容易了。清除"灰鸽子"仍然要在安全模式下操作,主要有两步:

① 清除"灰鸽子"的服务。

② 删除"灰鸽子"程序文件。

**注意**:为防止误操作,清除前一定要做好备份。

(3)清除"灰鸽子"的服务。注意,清除"灰鸽子"的服务一定要在注册表里完成,对注册表不熟悉的网友请找熟悉的人帮忙操作。清除"灰鸽子"的服务一定要先备份注册表,或者到纯 DOS 下将注册表文件更名,然后再去注册表删除"灰鸽子"的服务。

① 打开注册表编辑器,选择"开始"→"运行"命令,输入 Regedit.exe,单击"确定"按钮。打开 HKEY_LOCAL_MACHINE\SYSTEM\CurrentControlSet\Services 注册表项。

② 选择"编辑"→"查找"命令,在"查找目标"文本框中输入 game.exe,单击"确定"按钮,就可以找到"灰鸽子"的服务项(此例为 Game_Server,每个人的这个服务项名称是不同的)。

③ 删除整个 Game_Server 项。

在 Windows 9x 下,"灰鸽子"启动项只有一个,因此清除更为简单。运行注册表编辑器,打开 HKEY_CURRENT_USER\Software\Microsoft\Windows\CurrentVersion\Run 项,可以看到名为 Game.exe 的一项,将 Game.exe 项删除即可。

(4)防止中"灰鸽子"病毒需要注意的事项。

① 给系统安装补丁程序。通过 Windows Update 安装好系统补丁程序(关键更新、安全更新和 Service pack),其中 MS04-011、MS04-012、MS04-013、MS03-001、MS03-007、MS03-049 和 MS04-032 等都被病毒广泛利用,是非常必要的补丁程序。

② 给系统管理员账户设置足够复杂、足够强壮的密码,最好能是 10 位以上,字母＋数字＋其他符号的组合。也可以禁用/删除一些不使用的账户。

③ 经常更新杀毒软件(病毒库),设置允许的可设置为每天定时自动更新。安装并合理使用网络防火墙软件,网络防火墙在防病毒过程中也可以起到至关重要的作用,能有效地阻挡自来网络的攻击和病毒的入侵。部分盗版 Windows 用户不能正常安装补丁,这点也比较无奈,这部分用户不妨通过使用网络防火墙来进行一定防护。

④ 关闭一些不需要的服务,条件允许的可关闭没有必要的共享,也包括 C＄、D＄等管理共享。完全单机的用户可直接关闭 Server 服务。

## 7.2.4　实训注意事项

(1)仔细观察计算机运行状态,开机速度、界面图标的变化。

(2)发现计算机病毒存在后,要及时断开网络,以免扩大病毒的传播。

(3)使用的杀毒软件一定是来路明确,正版的杀毒软件。

（4）计算机安装操作系统后，养成经常给系统打补丁的好习惯，要适当安装实时在线的杀毒软件。

（5）对于网络上下载的杀毒软件，使用前也要进行查毒处理。

（6）对计算机系统要经常使用不同版本的杀毒工具，杀毒软件要经常升级，保证系统的清洁。

### 7.2.5 实训报告

实训结束后，按照上述实训内容和步骤的安排，根据所认识或掌握的相关知识和自己亲身经历计算机病毒的困扰写出实训体会。

### 7.2.6 思考题

（1）如何区别不同计算机病毒的存在？

（2）如何处理计算机病毒？

（3）能否找到一种最佳的处理计算机病毒的方法？

## 7.3 计算机病毒的预防和安全管理

### 7.3.1 计算机病毒的预防

计算机病毒的预防包括两个方面：一是预防，二是杀毒。预防计算机病毒对保护计算机系统免受病毒破坏是非常重要的。但是，如果计算机真的被病毒攻击了，亡羊补牢，为时未晚也，查杀病毒和预防都是不可忽视的。

阻止病毒的入侵比病毒入侵后再去排除要重要得多。堵塞病毒的传播途径是阻止病毒侵入的最好办法。

（1）建立良好的安全习惯。对一些来历不明的邮件及附件不要打开，不要上一些不太了解的网站，不要执行从 Internet 下载后未经杀毒处理的软件等，这些必要的习惯会使用户的计算机更安全。

（2）关闭或删除系统中不需要的服务。在默认情况下，许多操作系统会安装一些辅助服务，如 FTP 客户端、Telnet 和 Web 服务器。这些服务为攻击者提供了方便，而又对用户没有太大用处，如果删除它们，就能大大减少被攻击的可能性。

（3）经常升级安全补丁。据统计，有80％的网络病毒是通过系统安全漏洞进行传播的，像“红色代码”、“尼姆达”等病毒，所以应该定期到 Microsoft 网站下载最新的安全补丁，防患于未然。

（4）使用复杂的密码。有许多网络病毒就是通过猜测简单密码的方式攻击系统的，因此使用复杂的密码将会大大提高计算机的安全系数。

（5）迅速隔离受感染的计算机。当计算机发现病毒或异常时应立刻断网，以防止计算机受到更多的感染，或者成为传播源，再次感染其他计算机。

（6）了解一些病毒知识。这样就可以及时发现新病毒并采取相应措施，在关键时刻使自己的计算机免受病毒破坏：如果能了解一些注册表知识，就可以定期看一看注册表的自启动项是否有可疑键值；如果了解一些内存知识，就可以经常看看内存中是否有可疑程序。

(7) 安装专业的防毒软件进行全面监控。在病毒日益增多的今天，使用防毒软件进行防毒是越来越经济的选择。不过用户在安装了反病毒软件之后，应该经常进行升级，将一些主要监控经常打开(如邮件监控)，遇到问题要上报，这样才能真正保障计算机的安全。

### 7.3.2　计算机的安全管理

#### 1. 计算机的安全管理

(1) 限制网上可执行文件和数据共享，一旦发现病毒，立即断开网络，碰到来路不明的电子邮件，不要打开，而应直接删除，尽量在单机上完成。

(2) 借给他人的软盘要有写保护，不要使用来历不明的软盘。

(3) 将有用的文件和数据赋只读属性。

(4) 对硬盘上的重要文件经常备份。

(5) 建立干净的系统引导盘。

(6) 不要在计算机上玩游戏。

(7) 经常检查系统是否有病毒。

(8) 熟记以下的六字口诀：

① 关，即第1步，关闭电源。

② 开，即第2步，以干净的引导盘开机。

③ 扫，即第3步，用防毒软件扫描病毒。

④ 除，即第4步，若检测到病毒，则删除。

⑤ 救，即第5步，用紧急修复盘或其他方法救回资料。

⑥ 防，即第6步，为了预防计算机以后不再受到病毒的侵害，建议经常更新防毒软件，以建立完善坚固的病毒防护系统。

#### 2. 中毒自救

(1) 正在上网的用户，发现异常应马上断开连接。

(2) 中毒后，应马上备份、转移文档和邮件等。

(3) 需要在 Windows 下先运行一下杀 CIH 的软件(即使是带毒环境)。

(4) 需要干净的 DOS 启动盘和 DOS 下面的杀毒软件。

(5) 如果有分区表和引导区的备份，用之恢复系统后，更改相关密码。

### 7.3.3　病毒防治工具

#### 1. 金山毒霸

金山毒霸具有查毒范围广的特点，可查杀从传统的 DOS、Windows 病毒和 Office 宏病毒,到 Java、HTML、VBScript、JavaScript 等多种新型病毒及近百种黑客程序和变种。它几乎可查杀超过 20 000 种的病毒家族及其变种,支持数十种流行压缩文件格式,包括 ZIP、CAB、RAR、ARJ、LHA、TAR、GZIP 和 LZEXE 等;支持 E-mail 查毒,可查杀包括 MIME、UUENCODE 等编码格式的 E-mail 附件;具备先进的病毒防火墙实时反病毒技术,自动查杀来自 Internet、E-mail 和盗版光盘的病毒;自动查杀 CIH 病毒等恶性病毒,允许在带毒环境中安全查杀 CIH 等病毒,不需重新启动计算机;具备 CIH 终身免疫功能及硬盘分区自动修复功能。将金山毒霸智能升级程序复制到毒霸安装目录下(覆盖原来的 Update.DAT 文件),即可使用毒霸的在线升级功能,享受快捷方便的在线升级服务。

### 2. 瑞星杀毒软件

瑞星杀毒软件是北京瑞星科技股份有限公司研发的反病毒安全工具,它采用国际领先的 MPS 宏定位跟踪技术,可准确、安全、彻底查杀 Office(Word/Excel)宏病毒及其他未知宏病毒,并独创修复用户被不良杀毒软件破坏的文件的功能。瑞星杀毒软件能清除 DOS、Windows 9x/NT 4.0/2000/XP 等多平台的病毒,以及危害计算机网络信息安全的各种"黑客"等有害程序,其界面如图 7.2 所示。

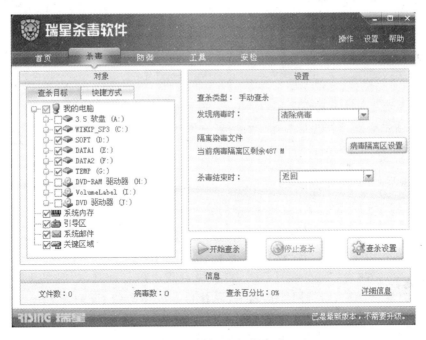

图 7.2 瑞星杀毒软件界面

### 3. 卡巴斯基

卡巴斯基是俄罗斯的大型计算机公司 Kami 的反病毒部门,开发和完善保护计算机及计算机网络的软件来抵御计算机病毒的入侵,AVP Silver、AVP Gold 和 AVP Platinum 等主要产品很快受到国内外用户的好评。

在完善自己的反病毒产品的同时,公司还开发新的项目——信息安全系统,扩充了产品的种类:防火墙和内容过滤产品,其界面如图 7.3 所示。卡巴斯基实验室在提供全面的安全解决方案的同时,还在网站设有网络攻击专栏,包含的内容从网络攻击的基本定义到全面分析,并在卡巴斯基病毒百科全书中收集了形形色色的病毒,这是全面认知病毒的宝库。

图 7.3　卡巴斯基杀毒软件界面

卡巴斯基为了最大限度满足用户的需求,不断发展和完善自己的解决方案,在反病毒行业始终保持领先地位。卡巴斯基对新的病毒能够快速做出反应;努力完善和发展新的产品,给客户提供最先进的信息防护体系。

### 4. KV2009

继 KV300、KV3000、KV2004 杀毒软件后,北京江民新科技有限公司又全新研发推出了 KV2009 产品。这是国内首家研发成功启发式扫描、内核级自防御引擎,填补了国产杀毒软件在启发式病毒扫描以及内核级自我保护方面的技术空白。KV2009 具有启发式扫描、虚拟机脱壳、"沙盒(Sandbox)"技术、内核级自我保护金钟罩、智能主动防御、网页防木马墙、ARP 攻击防护、因特网安检通道、系统检测安全分级、反病毒 Rootkit/HOOK 技术、"云安全"防毒系统等十余项新技术。KV2009 病毒库数量已超过 100 万种(类),江民全球病毒监测网、基于"云计算"原理的防毒系统每日分析处理数十万种可疑文件,更新上万种新病毒,即时将客户端反馈上报的新病毒升级到服务器,极大地提高了病毒处理数量和处理速度,更有效地保障了用户的计算机数据和网络应用安全。其界面如图 7.4 所示。

### 5. 其他工具

其他一些可在网上下载的杀毒软件如图 7.5 所示。

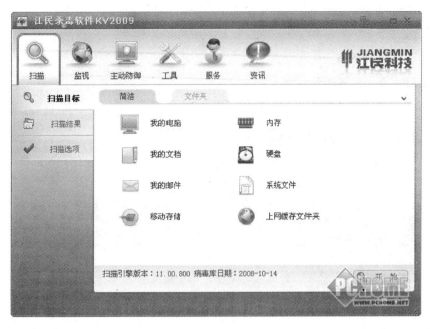

图 7.4 KV2009 界面

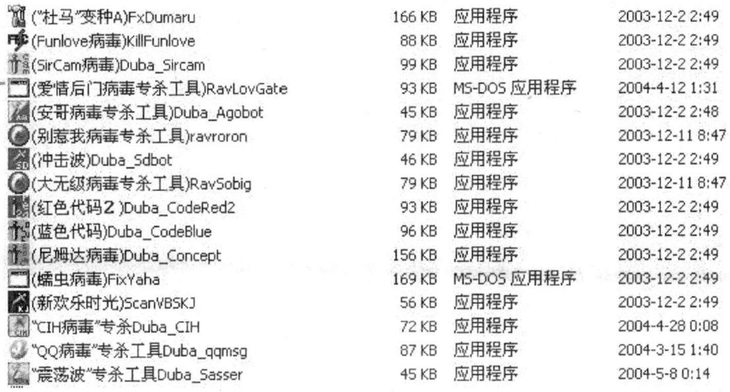

| | | | | |
|---|---|---|---|---|
| ("杜马"变种A)FxDumaru | 166 KB | 应用程序 | 2003-12-2 2:49 | |
| (Funlove病毒)KillFunlove | 88 KB | 应用程序 | 2003-12-2 2:49 | |
| (SirCam病毒)Duba_Sircam | 99 KB | 应用程序 | 2003-12-2 2:49 | |
| (爱情后门病毒专杀工具)RavLovGate | 93 KB | MS-DOS 应用程序 | 2004-4-12 1:31 | |
| (安哥病毒专杀工具)Duba_Agobot | 45 KB | 应用程序 | 2003-12-2 2:48 | |
| (别惹我病毒专杀工具)ravroron | 79 KB | 应用程序 | 2003-12-11 8:47 | |
| (冲击波)Duba_Sdbot | 46 KB | 应用程序 | 2003-12-2 2:49 | |
| (大无级病毒专杀工具)RavSobig | 79 KB | 应用程序 | 2003-12-11 8:47 | |
| (红色代码2)Duba_CodeRed2 | 93 KB | 应用程序 | 2003-12-2 2:49 | |
| (蓝色代码)Duba_CodeBlue | 96 KB | 应用程序 | 2003-12-2 2:49 | |
| (尼姆达病毒)Duba_Concept | 156 KB | 应用程序 | 2003-12-2 2:49 | |
| (蠕虫病毒)FixYaha | 169 KB | MS-DOS 应用程序 | 2003-12-2 2:49 | |
| (新欢乐时光)ScanVBSKJ | 56 KB | 应用程序 | 2003-12-2 2:49 | |
| "CIH病毒"专杀Duba_CIH | 72 KB | 应用程序 | 2004-4-28 0:08 | |
| "QQ病毒"专杀工具Duba_qqmsg | 87 KB | 应用程序 | 2004-3-15 1:40 | |
| "震荡波"专杀工具Duba_Sasser | 45 KB | 应用程序 | 2004-5-8 0:14 | |

图 7.5 网络杀毒软件

# 7.4 实训二：杀毒工具软件的使用

## 7.4.1 实训目的

（1）进一步加深对计算机病毒及其危害性的理解。

（2）了解目前较流行的查杀病毒的工具软件的种类、功能和特点等。

（3）学会使用瑞星工具查杀病毒的方法，并能够独立完成这些工具软件的下载、安装、升级及参数设置。

### 7.4.2　实训前的准备

（1）能正常使用的多媒体计算机一台，最好具有上 Internet 的功能。

（2）瑞星杀毒工具软件各一套。

（3）认真复习有关的知识。

### 7.4.3　实训内容及步骤

瑞星全功能软件如图 7.6 所示。

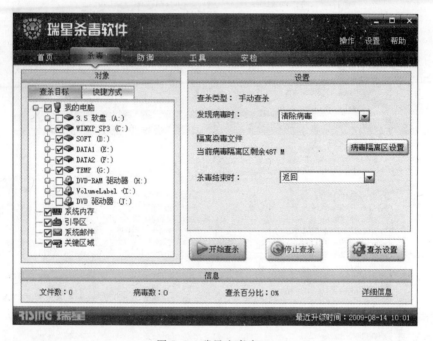

图 7.6　瑞星查毒窗口

（1）设置闲时查杀，自动扫描系统闲时查杀。在用户短暂离开，如外出就餐，开会时，可通过此功能实现在离开情况下自动对系统进行扫描。

（2）调整查杀对象，提高开机速度。很多用户在使用瑞星之后，感觉开机比以前要慢，这主要是因为瑞星软件默认情况下会在开机时自动对系统进行扫描，确定安全后才会允许用户进入系统。若用户希望取消这些功能，可通过瑞星设置选项进行调整。

（3）关闭扫描进度，显示闲时查杀结果。相比以前版，瑞星对邮件监控功能进行了优化，默认情况下会对附件内的病毒程序自动清除。虽然可有效避免用户接收到病毒文件，但无法获知是否在附件中包含病毒程序，故需要手工将通知功能开启。

（4）开启深层防护，实现网络/光盘监控。目前主流杀毒软件都提供了 U 盘病毒查杀功能，而瑞星不但更加有效地查杀移动设备上的病毒程序，还可让病毒文件无法在移动存储设备中执行。

（5）设置个人隐私，多账户使用瑞星。考虑到很多用户目前仍然和他人共用一台计算机，瑞星软件提供强大的隐私保护和账户定制功能。

**1. 设置闲时查杀,自动扫描系统**

(1) 首先单击瑞星主界面右上角"设置"下的"详细设置",在弹出的"设置"对话框中切换到"查杀设置"中的"空闲时查杀"界面,即可看到相应设置级别。可单击"自定义级别"按钮,参照自己的使用环境和需求进行设置,如图 7.7 所示。此外,还可分别对"处理方式"和"查杀文件"类型,以及"检测对象"进行设置。

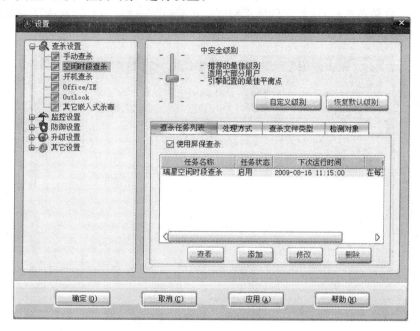

图 7.7 空闲时查杀功能设置界面

(2) 在"查杀任务列表"中的"任务状态"和"自定义运行时间"窗口,用户可单击"添加"按钮,自定义查杀时间,如图 7.8 所示。

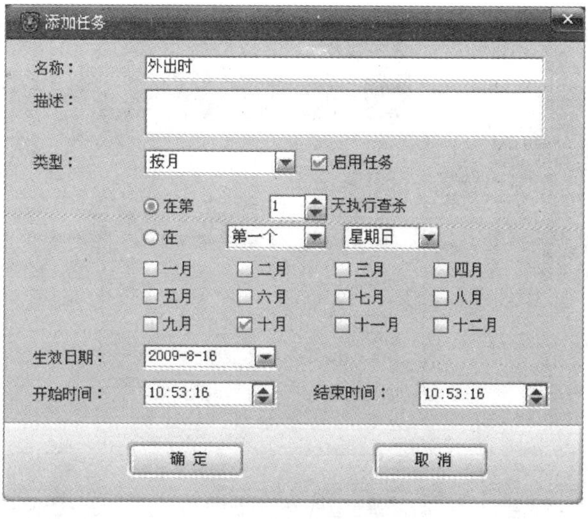

图 7.8 自定义扫描时间

（3）设置完成之后，用户还可在列表中选择相应的时段和属性，进行修改和调整。

设置完成后，用户在离开时，软件便会按照预先设定的时间段自动启动扫描程序，当用户从外面回来时，已完成扫描并查杀存在的病毒和木马程序。

**2.调整查杀对象，提高开机速度**

（1）单击瑞星设置主界面中的"开机查杀"设置界面，将查杀对象设定为"所有的服务和驱动"，这样在启动系统时，瑞星软件便仅对 Windows 的系统服务和驱动程序的完整性进行扫描，不再对所有影片或系统盘进行扫描，如图 7.9 所示。

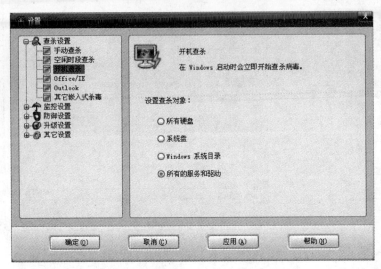

图 7.9  设置瑞星开机查杀类型

（2）在瑞星设置界面的防御设置中，还可对随机加载的项目进行设置，包括是否在开机时启用系统加固，以及是否直接开启木马拦截和挂马网页拦截等，若用户并非在开机后自动联网，则可关闭如自动启动网页挂马防护等功能，如图 7.10 所示。

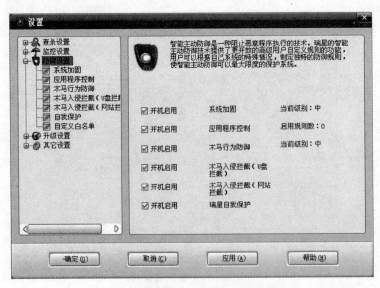

图 7.10  在防御设置中选择开机启动项目

### 3．关闭扫描进度，显示闲时查杀结果

（1）单击瑞星"监控设置"中的"邮件监控"，选中其中的"提示杀毒结果"复选框，则可在收发邮件时，若发现附件中含有病毒内容，会自动给用户提示，如图7.11所示。

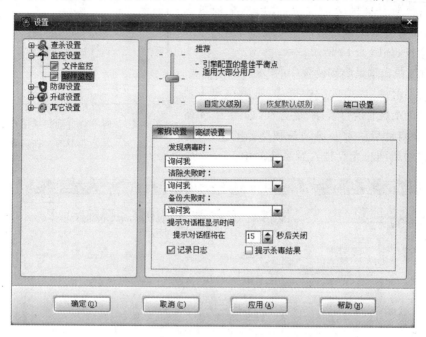

图 7.11  邮件监控设置的提示杀毒结果功能

（2）在使用 Outlook 等邮件客户端软件收发邮件时，瑞星会自动显示邮件扫描进度条。用户通过瑞星邮件监控的"高级设置"，选中"隐藏瑞星邮件收发进度提示"复选框，即可在收发邮件时不再显示瑞星的扫描提示，如图7.12所示。

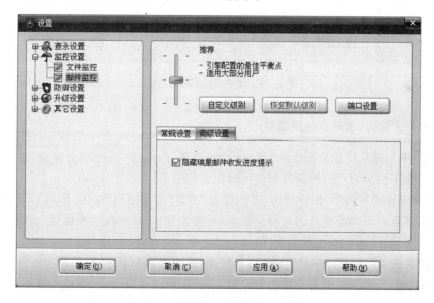

图 7.12  隐藏瑞星邮件收发进度提示

经过设置,在使用 Outlook 收发邮件时,瑞星便不会再显示扫描进度,但遇到病毒程序后,会自动对用户作出提示。

### 4. 开启深层防护,实现网络/光盘监控

(1) 用户通过瑞星防御设置,开启网络硬盘和光盘防御,还可有效阻截通过网络硬盘、网络共享和光盘存储文件,如图 7.13 所示。

(2) 直接单击瑞星防御设置中的"木马入侵拦截"选项,在"监控范围"选项区域中选中"在网络盘上执行程序"和"在光盘上执行程序"复选框,如图 7.14 所示,瑞星便会自动启动对上述设备和路径的防护,防止病毒通过局域网和光盘传入到系统之中。

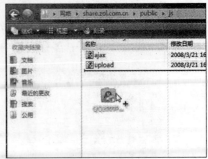

图 7.13 瑞星会自动扫描用户上传到服务器中的文件内容

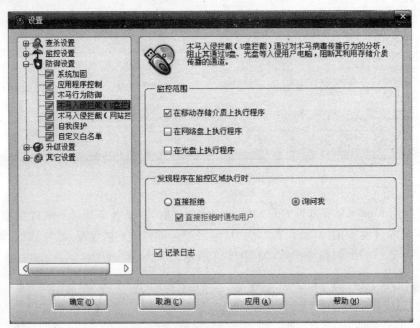

图 7.14 选择入侵拦截选项

### 5. 设置个人隐私,多账户使用瑞星

(1) 用户单击瑞星设置界面中的"其他设置"选项,取消对"保存历史记录"复选框的勾选,瑞星软件便不会再对用户的设置和使用时间进行记录,如图 7.15 所示。

(2) 在瑞星设置界面中,用户单击"其他设置"中的"瑞星密码"选项,即可对瑞星软件进行加密,同时还可对密码应用范围进行设置,如可设置只在"修改查杀毒设置"、"清空病毒隔离区"时才需要设置密码等,如图 7.16 所示。

(3) 在"系统启动时账户模式"下拉列表框中,用户还可默认将其设置为以管理员账户或普通账户启动,前者可随意对软件进行设置,后者若想改变设置,则需输入密码。

图 7.15 取消保存瑞星软件设置记录

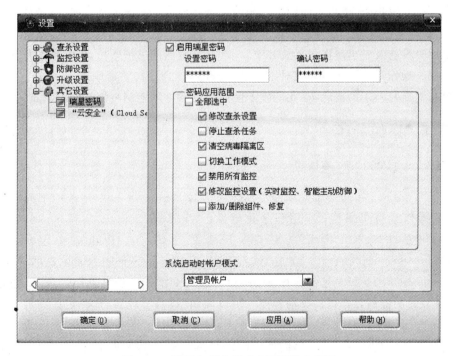

图 7.16 设置在哪些模式中需要输入密码

（4）设置完成之后，瑞星的设置选项即可被保护起来，防止其他用户对软件进行设置，防止因误操作而导致的系统崩溃和文件丢失。

### 7.4.4　实训注意事项

(1) 在查杀病毒前,一定要首先用杀毒工具盘来启动计算机,以防计算机内存被病毒感染。

(2) 杀毒工具盘一定要进行写保护,以防它本身被病毒感染。

### 7.4.5　实训报告

结合对计算机病毒知识的了解以及本实训课的具体操作情况,写出实训报告,并谈谈个人对计算机病毒危害性的认识。

### 7.4.6　思考题

(1) 查毒软件是万能的防治计算机病毒的最好方法吗? 你认为有更好的方法吗?

(2) 如何有效地使用查毒软件?

(3) 在平时的操作系统维护中,应如何使用各种各样的杀毒软件?

## 7.5　计算机系统补丁介绍

信息安全专家提示,用户不能幻想依赖防病毒产品彻底解决安全问题,必须把操作系统补丁打上,否则不能起根本作用。杀毒不能代替打补丁。

如果用户没有及时更新操作系统补丁,一些病毒虽然能够被杀掉,但是不能从根本上预防病毒入侵。操作系统漏洞的存在对用户是一种潜在的威胁,杀毒解决不了这个问题。用户首先要有增强打补丁的概念,在此基础上使用杀毒软件才能够将那些漏洞病毒一网打尽。

### 7.5.1　系统补丁

#### 1. Windows 2000 SP4 简体版

SP4 是 Windows 2000 更新的集合。SP4 包含对 Windows 2000 功能中下列方面的更新:安全;操作系统可靠性;应用程序兼容性;Windows 2000 安装程序。SP4 还包括 Windows 2000 的 Service Pack 1、Service Pack 2 和 Service Pack 3 中包含的更新; Microsoft Internet Explorer 5.01 Service Pack 4;带有 Service Pack 2 的 Microsoft Outlook Express 5.5。SP4 包含具备通用串行总线 2.0 增强主控制器接口(EHCI)外围组件互连(PCI)控制器的计算机的驱动程序。可以使用"设备管理器"来确定计算机中是否装有其中的某个控制器。如果装有这样的控制器,则可以使用"设备管理器"来更新它的驱动程序。SP4 支持 IEEE 802.1x 身份验证协议。

#### 2. Windows XP Service Pack 3

Microsoft Windows XP Service Pack 3 (SP3) 包括了自 2001 年 Windows XP 发布至今的全部升级补丁,也包含少量新功能特性。安装 SP3 并不会像 SP2 那样明显改变用户体验。SP3 的主要新功能包括黑洞路由侦测；网络访问保护（NAP）；安全选项界面更详尽；增强的管理员安全和服务策略入口；内核模式加密模块；Windows 产品激活模式改变。

Windows XP Service Pack 3 在目前支持上一个 Service Pack 基础上的累积 Service Pack。也就是说，Windows XP Service Pack 3 包含了 Windows XP Service Pack 2（SP2）中的所有修补程序。如果已经安装了 Windows XP Service Pack 3（SP3），则无需安装 Windows XP SP2。

**注意**：必须安装了 Windows XP Service Pack 1a 或 Windows XP Service Pack 2，才能安装 Windows XP Service Pack 3。

可以使用 Windows Update 或 Microsoft 下载中心获取 Windows XP Service Pack 3（SP3）。访问下面的 Microsoft 网站：http://windowsupdate.microsoft.com。

### 3. 超级兔子 Windows XP 升级天使

现在网上有许多人利用系统漏洞用病毒进行攻击，除了安装杀毒软件外，给系统打好补丁显得尤为重要。Windows XP 自己就有在线升级补丁功能，但如果新安装系统的话，由于系统的"自动更新"组件并没有补丁备份的功能，一旦重装，用户不得不把所有补丁重新下载一遍，实在是费时费力。为此，超级兔子特意制作了一个补丁升级程序——超级兔子 Windows XP 升级天使。它集成了 Windows XP SP1/SP2 至今大多数必须安装的安全补丁，轻松帮助用户一次性安装系统所需要的补丁。程序会自动检测系统当前的补丁安装情况，如果发现有漏洞，便会在升级列表中打上勾和显示所需的硬盘空间，用户只要单击"安装"按钮，稍等片刻即可安装成功。

### 4. Windows Server 2003 Service Pack 2

在现在这个病毒泛滥、木马横行的网络世界中，安全问题无疑已经成为了广大用户所关心的头等大事。在经过了漫长的等待以及数个测试版本的不断改进与完善后，Microsoft 公司终于发布了 Windows Server 2003 Service Pack 2 简体中文正式版，通过它将为用户构筑安全的防护体系。就服务器信息安全而言，它象征着实现了服务器信息安全的一个巨大飞跃。下面来看看新版 Service Pack 的主要特性：

（1）安装此最新升级程序可以有助于保护用户的服务器安全，并更好地防御黑客的攻击。

（2）Windows Server 2003 SP2 通过提供诸如安全配置向导之类的新安全工具增强了安全基础结构，它有助于确保服务器基于角色的操作的安全、通过数据执行保护提高纵深防御能力，并通过后安装安全更新向导提供安全可靠的第一次引导方案。

（3）Windows Server 2003 SP2 协助 IT 专业人员确保其服务器基础结构的安全，并为 Windows Server 2003 用户提供增强的可管理性和控制。

## 7.5.2 IE 补丁

### 1. IE 再现 4 个新漏洞

国外网站 Bink.nu 宣称，在 Microsoft 的 IE 浏览器上又存在着新的安全隐患，并宣布解决问题的方法是使用 Mozilla 或 Mozilla Firebird 来代替 IE。

Bink.nu 所指的 IE 漏洞有 4 个。

(1) BackTo Framed JPU 跨网域策略漏洞。IE 浏览器的 Sub-Frames 上存在着一个安全漏洞,攻击者可以利用这一漏洞来强行破坏跨网域策略。这个漏洞可以允许脚本代码访问其他网域的属性或在本地区域的主题代码中执行。如果联合其他漏洞进行攻击,这个漏洞将允许攻击者在脆弱系统上执行恶意文件。

(2) MHTML 重新定向本地文件分析漏洞。这个漏洞将允许攻击者分析系统上的本地文件。Symantec 已证实该问题影响到了 IE 5.0 以及研究人员测试的其他版本的 IE。

(3) MHTML 强制文件运行漏洞。研究人员在 IE 浏览器上发现了这样一个漏洞:当处理 MHTML 文件及 URI 时可能导致某个文件被意外地下载并执行。之所以会出现这个问题,主要是由于浏览器无法安全地处理同两个文件相关的 MHTML 文件,其中第一个指向了一个并不存在的资源。结果,脆弱的浏览器用户可能会在无意中访问恶意站点上的某个页面,从中加载一个嵌入式对象。那么,攻击者制作的代码将可以在"Internet 区域"中运行。

攻击者也可以联合其他 IE 漏洞,利用上述安全缺陷达到在"本地区域"内执行任意代码的目的。

(4) 危险区域。IE 系列浏览器中"可信任站点"区域的默认设置为"低"。这意味着 IE 提供了最低限度的安全防护和提醒功能。如此一来,IE 将会在没有提供任何提醒的情况下运行因特网上的很多内容。

### 2. IE 6.0 累积修补程序中文版

IE 网络浏览器的累积补丁修复了该程序中 6 个新的安全漏洞。据 Microsoft 公司称,其中最严重的安全漏洞能够使攻击者控制用户的计算机。累积补丁包含以前发布的修复软件产品错误的所有补丁。6 个新补丁修复的安全漏洞存在于 IE 浏览器的各个部分,使客户端系统面临风险,但是 Microsoft 公司认为,这个累积补丁对于因特网和因特网服务器也是非常重要的。这 6 个新的安全漏洞中有三个能使攻击者在用户系统中运行代码,其他的安全漏洞可以被用来读取用户计算机中的文件,欺骗用户下载恶意代码或在用户系统中运行脚本文件。Microsoft 公司称,这个累积补丁除了修复安全漏洞之外,还永久性地终止了两个容易受到攻击的 ActiveX 控件,一个是连接 MSN 聊天室应用程序的,另一个是与终端服务进程有关的。

### 3. IE 6.0 SP1 中文版

IE 6.0 的升级版本,包括 IE 6.0 的所有补丁和升级包,可极大地增强 IE 浏览器的安全性和稳定性,推荐大家更新。它采用在线升级的方式,典型安装下载大约需要 25MB,定制安装则需要下载 11～75MB。该补丁可以在任何版本中进行安装。

### 4. IE 浏览器补丁集(Q321232)

这是一个包括了 IE5.01,5.5 和 6.0 以前所有补丁修复的补丁集。另外,该补丁还修正了最新发现的 6 个缺陷:一个在本地的 HTML 资源中存在跨站点脚本漏洞;两个暴露信息的缺陷、安全区域欺骗漏洞；两个"Content-Disposition"缺陷的变种；一个修改限制站点区域的行为，这个修改会导致限制站点区域禁止含有框架的页面。

针对这个漏洞的修复程序已经发布，请阅读如下安全公告，得到如何获得补丁的更多信息：

http://www.microsoft.com/technet/security/bulletin/ms02-023.asp

### 7.5.3　Office 2007 补丁

Microsoft Office 2007 套件 Service Pack 2（SP2）为客户提供了 Office 2007 套件的最新更新（下面列出了受到此更新影响的产品），包括两种类型的修补程序：

（1）以前没有发布的、专门为此 Service Pack 开发的修补程序。

（2）除了常规的产品修补程序之外，还包括在稳定性、性能和安全方面的改进。

改进的功能如下：

（1）Office 访问功能。

方便导出 Microsoft Office Excel 的报告，支持邮件的地址、在标签向导的备注字段。报告列出导入数据向导、打印和预览的报表、宏、在 Excel 的集成和日期筛选器中出现的问题。

（2）Microsoft Office Excel。

提高了在 Excel 2007 中图表的机制。这包括更好地与 Office 2003、改进的稳定性和目标的性能改进的奇偶校验。

添加到 Word 和到 PowerPoint 的图表对象模型。

（3）Office Groove。

提高了 Groove 2007 窗体工具。限制的文件共享工作区为 64，以确保所有的工作区可以进行同步。此限制仅适用于添加新文件共享工作区，文件共享工作区超过 64，可以继续使用它们。

## 7.6　实训三：安装系统补丁

### 7.6.1　实训目的

（1）认识 Windows 操作系统不足的地方。

（2）加强 Windows 操作系统的规范和管理。

（3）学会 Windows 操作系统中系统补丁程序的安装。

### 7.6.2　实训前的准备

（1）准备一台刚刚安装好 Windows 操作系统的计算机。

（2）计算机能够访问 Internet，并能下载相应的补丁程序。

（3）学习相关的知识，正确下载补丁程序，并及时更新系统补丁程序。

### 7.6.3　实训内容及步骤

#### 1. 在网上下载系统补丁程序

(1) 网上下载操作系统补丁程序的网站很多,可以任意到一个补丁系统的网站去,也可以通过搜索引擎查找,如在 www.baidu.com 网站上找到了补丁之家的网站,如图 7.17 所示。

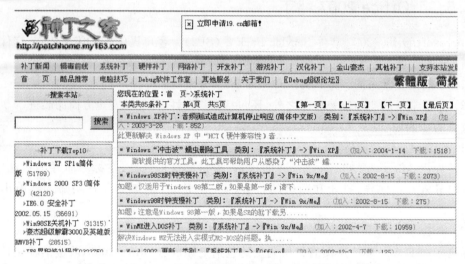

图 7.17　搜索系统补丁网页

(2) 在"补丁之家"网站上选择需要的补丁程序,如 Windows 2000 KB82416 程序,然后将其下载到本地计算机中。

#### 2. 在 Windows 2000 系统上安装补丁程序

(1) 双击下载后的补丁程序,出现图 7.18 所示"Windows 2000 KB82416 安装向导"对话框,单击"下一步"按钮。

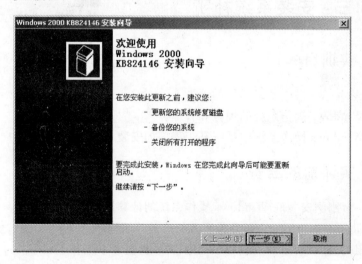

图 7.18　安装补丁程序

（2）出现许可协议窗体，选择"我同意"单选按钮，单击"下一步"按钮。出现复制系统文件的进程，最后出现图7.19所示的安装完成对话框。

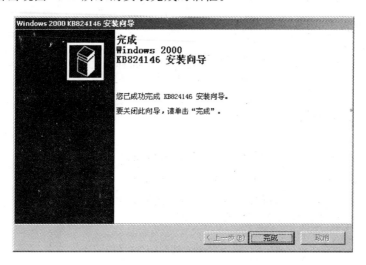

图7.19　完成安装补丁程序

（3）在"控制面板"窗口中双击"添加或删除程序"图标，出现图7.20所示的补丁程序在系统中，重启计算机后，补丁程序才能起作用。

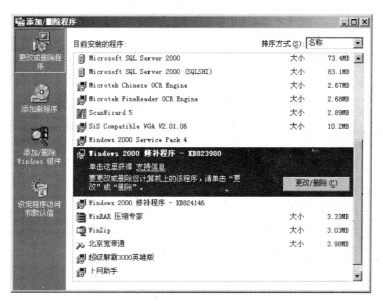

图7.20　显示操作系统安装的程序

用同样的方法，将其他的补丁程序安装在Windows 2000系统中。

## 7.6.4　实训注意事项

（1）养成经常给系统打补丁的好习惯，使操作系统的功能更加完善。

（2）安装补丁程序，必须了解不同操作系统使用的补丁程序是不一样的，Windows

2000 和 Windows XP 使用的补丁程序是不同的。

(3) 下载补丁程序后,要先查毒,然后再安装。

## 7.6.5　实训报告

结合对你使用的计算机操作系统,检查操作系统的补丁程序是否安装齐全,写出安装步骤和安装的补丁程序的种类。

## 7.6.6　思考题

(1) 为什么 Windows 操作系统中的漏洞容易被攻击?

(2) 你认为 Windows 2000 操作系统使用方便吗?

(3) 如何防止计算机病毒侵犯 Windows 2000 系统?

(4) 除了安装补丁程序外,还有更好的方法吗?

# 习题

(1) 计算机病毒是如何定义的?

(2) 计算机病毒有哪些特点? 是如何产生的?

(3) 计算机病毒可以分成几类? 可感染的文件类型是什么?

(4) 危害型计算机病毒有哪些危害?

(5) "蠕虫"型病毒是一种什么类型的病毒? 它的主要活动环境是什么?

(6) 计算机病毒的主要破坏行为有哪些? 你见过几种?

(7) happy time(欢乐时光)有什么现象? 如何处理?

(8) CIH 病毒何时发生? 有什么现象? 如何处理?

(9) 冲击波病毒何时发生? 有什么现象? 如何处理?

(10) 木马病毒(QQ 伪装专家)有什么现象? 如何处理?

(11) 震荡波病毒何时发生? 有什么现象? 如何处理?

(12) 计算机病毒应如何预防? 如何防止病毒的侵蚀?

(13) 你使用过几种杀毒软件? 你认为哪一种杀毒软件比较理想?

(14) 如何为使用的操作系统打补丁程序?

(15) 谈谈防治计算机病毒的好方法。

# 参考文献

1. 微机图书部编. 微机组装 DIY 手册. 北京：海洋出版社，2001.
2. 刘瑞新，丁爱萍，李树东. 计算机组装与维护教程. 北京：机械工业出版社，2000.
3. 赵志强. 多媒体计算机组装与维护教程. 北京：电子工业出版社，2000.
4. Scott Mueller 著. 孙国盟，徐勇等译. PC 硬件金典. 北京：电子工业出版社，1999.
5. 曲志深. 激光打印机原理及维修. 北京：清华大学出版社，2000.
6. 史秀璋. 微机组装与维护教程. 北京：电子工业出版社，2003.
7. 史秀璋. 微机组装与维护教程. 第 2 版. 北京：电子工业出版社，2005.
8. 侯贻波. 微机组装(DIY)与维护. 北京：清华大学出版社，2008.
9. 刘瑞新等. 计算机组装与维护教程. 北京：机械工业出版社，2009.

# 21 世纪高等学校数字媒体专业规划教材

| ISBN | 书　　名 | 定价(元) |
|---|---|---|
| 9787302224877 | 数字动画编导制作 | 29.50 |
| 9787302222651 | 数字图像处理技术 | 35.00 |
| 9787302218562 | 动态网页设计与制作 | 35.00 |
| 9787302222644 | J2ME 手机游戏开发技术与实践 | 36.00 |
| 9787302217343 | Flash 多媒体课件制作教程 | 29.50 |
| 9787302208037 | Photoshop CS4 中文版上机必做练习 | 99.00 |
| 9787302210399 | 数字音视频资源的设计与制作 | 25.00 |
| 9787302201076 | Flash 动画设计与制作 | 29.50 |
| 9787302174530 | 网页设计与制作 | 29.50 |
| 9787302185406 | 网页设计与制作实践教程 | 35.00 |
| 9787302180319 | 非线性编辑原理与技术 | 25.00 |
| 9787302168119 | 数字媒体技术导论 | 32.00 |
| 9787302155188 | 多媒体技术与应用 | 25.00 |
| 9787302235118 | 虚拟现实技术 | 35.00 |
| 9787302234111 | 多媒体 CAI 课件制作技术及应用 | 35.00 |
| 9787302238133 | 影视技术导论 | 29.00 |
| 9787302224921 | 网络视频技术 | 35.00 |
| 9787302232865 | 计算机动画制作与技术 | 39.50 |

以上教材样书可以免费赠送给授课教师,如果需要,请发电子邮件与我们联系。

# 教学资源支持

敬爱的教师:

感谢您一直以来对清华版计算机教材的支持和爱护。为了配合本课程的教学需要,本教材配有配套的电子教案(素材),有需求的教师可以与我们联系,我们将向使用本教材进行教学的教师免费赠送电子教案(素材),希望有助于教学活动的开展。

相关信息请拨打电话 010-62776969 或发送电子邮件至 weijj@tup.tsinghua.edu.cn 咨询,也可以到清华大学出版社主页(http://www.tup.com.cn 或 http://www.tup.tsinghua.edu.cn)上查询和下载。

如果您在使用本教材的过程中遇到了什么问题,或者有相关教材出版计划,也请您发邮件或来信告诉我们,以便我们更好地为您服务。

地址:北京市海淀区双清路学研大厦 A 座 707　　计算机与信息分社魏江江　收
邮编:100084　　　　　　　　　　电子邮件:weijj@tup.tsinghua.edu.cn
电话:010-62770175-4604　　　　　邮购电话:010-62786544

# 《网页设计与制作(第 2 版)》目录

ISBN 978-7-302-25413-3　梁 芳 主编

## 图书简介:

　　Dreamweaver CS3、Fireworks CS3 和 Flash CS3 是 Macromedia 公司为网页制作人员研制的新一代网页设计软件,被称为网页制作"三剑客"。它们在专业网页制作、网页图形处理、矢量动画以及 Web 编程等领域中占有十分重要的地位。

　　本书共 11 章,从基础网络知识出发,从网站规划开始,重点介绍了使用"网页三剑客"制作网页的方法。内容包括了网页设计基础、HTML 语言基础、使用 Dreamweaver CS3 管理站点和制作网页、使用 Fireworks CS3 处理网页图像、使用 Flash CS3 制作动画和动态交互式网页,以及网站制作的综合应用。

　　本书遵循循序渐进的原则,通过实例结合基础知识讲解的方法介绍了网页设计与制作的基础知识和基本操作技能,在每章的后面都提供了配套的习题。

　　为了方便教学和读者上机操作练习,作者还编写了《网页设计与制作实践教程》一书,作为与本书配套的实验教材。另外,还有与本书配套的电子课件,供教师教学参考。

　　本书可作为高等院校本、专科网页设计课程的教材,也可作为高职高专院校相关课程的教材或培训教材。

## 目　录: